U0296556

普通野生稻渗入系构建及其应用

程在全　黄兴奇　主编

科学出版社

北京

内 容 简 介

本书是系统阐述普通野生稻渗入系构建及其应用的一部专著。全书共分六章，第一章概述普通野生稻的基本特点，论述普通野生稻在稻属中的分类及其在进化中的作用。第二章叙述普通野生稻的相关优良遗传特性和渗入系构建相关知识。第三章和第四章以图谱的形式，展示普通野生稻渗入系在苗期、分蘖期和成熟期的株型特点，以及渗入系稻谷分类和籽粒形态结构。第五章和第六章分别探讨普通野生稻渗入系应用的基础研究和育种实践。

本书可供作物学、遗传育种学和分子生物学等专业高等院校师生，以及相关行业科研人员作为参考书使用。

图书在版编目（CIP）数据

普通野生稻渗入系构建及其应用/程在全，黄兴奇主编. —北京：科学出版社，2018.3
　ISBN 978-7-03-056218-0

　Ⅰ.①普…　Ⅱ.①程… ②黄… 　Ⅲ. ①野生稻–杂交育种–研究
Ⅳ.①S511.903.51

中国版本图书馆 CIP 数据核字(2017)第 322975 号

责任编辑：李　迪 / 责任校对：郑金红
责任印制：张　伟 / 封面设计：北京铭轩堂广告设计有限公司

科 学 出 版 社 出版
北京东黄城根北街 16 号
邮政编码：100717
http://www.sciencep.com

北京京华虎彩印刷有限公司 印刷
科学出版社发行　　各地新华书店经销
*

2018 年 3 月第 一 版　　开本：787×1092　1/16
2018 年 3 月第一次印刷　　印张：12 3/4
字数：300 000
定价：128.00 元

(如有印装质量问题，我社负责调换)

《普通野生稻渗入系构建及其应用》
编辑委员会

前　言

普通野生稻（*Oryza rufipogon* Griff.）在植物分类学上隶属于禾本科（Gramineae）稻属（*Oryza* L.），是国家Ⅱ级重点保护野生植物。一般认为普通野生稻是栽培稻的直接祖先种。但关于栽培稻的直接起源祖先种，自研究以来一直存在很大分歧，到目前为止还没有定论。

普通野生稻分布于世界多地，生态类型较多，含有许多优良的遗传特性，往往通过远缘杂交等技术构建渗入系，对其进行发掘应用。特别是近 20 年以来，国内外科研学者纷纷构建了普通野生稻渗入系，应用渗入系开展了广泛和深入的生物学研究，关于普通野生稻渗入系的构建及其应用积累了大量的论文和资料。但迄今，国内外还未见一部比较系统、全面论述这一领域的著作。为了推动今后水稻品种改良事业的发展和更深层次揭示普通野生稻与栽培稻演化关系的真谛，编者不揣冒昧组织本领域的专家学者，根据尽可能收集到的分散的重要文献资料，通过系统整理、分析和概括，撰写了本书，旨在抛砖引玉，共同为我国农业科技献力。

本书综合运用了作物学、遗传育种学和分子生物学等学科的相关知识，以我国的工作为主，对普通野生稻的基本特性、系统进化、优良遗传特性，以及其渗入系的构建与研究应用进行了较系统的论述，在叙述中注意博取各家之长和不同的论点。全书共分六章，第一章为普通野生稻在稻属中的分类及其在进化中的作用；第二章为普通野生稻渗入系构建；第三章为普通野生稻渗入系苗期、分蘖期和成熟期株型特点；第四章为普通野生稻渗入系稻谷分类及籽粒形态结构；第五章为普通野生稻渗入系的应用之一：基础研究；第六章为普通野生稻渗入系的应用之二：育种实践。

本书得以完成并交付出版，获得了科学技术部、农业部、环境保护部和国家自然科学基金委员会的项目支持，云南省科学技术厅、农业厅等部门也给予了支持。相关工作得到了云南省农业科学院，以及一些地、州、市和县农业科学部门的配合和帮助。编辑委员会成员为本书的撰写付出了艰苦的工作。晏慧君、史东燕、杨明挚、罗莉、熊华斌、阿新祥、杨顺发、陈良新、杨和生、张建红、孙涛、林松、唐志敏、周英、封军华、钟丽华、阚东阳、邓磊、邹赛玉等同志虽未列入编写名单，但是他们参与了许多工作，在撰写本书过程中付出了劳动，贡献了智慧，在此我们一并致谢！

鉴于当今科学技术发展迅速，新知识和新问题不断涌现，加之编者编著水平有限，本书难免存在不足之处，敬请批评指正。

程在全　黄兴奇

2017 年 9 月 30 日

目　　录

第一章　普通野生稻在稻属中的分类及其在进化中的作用

稻属（*Oryza* L.）隶属于禾本科（Gramineae）、稻亚科（Oryzoideae）、稻族（Oryzeae），多分布于非洲、南亚、中国、南美洲、中美洲及大洋洲的潮湿热带地区。关于稻属的分类研究国际上有不少报道，积累了丰富的科学资料，在认识上也有很大的发展，形成了世界公认的分类系统——Vaughan 分类系统。普通野生稻（*Oryza rufipogon* Griff.）在进化上一般作为亚洲栽培稻的祖先种，但在研究历史上一直存在着很大的争议，争论的焦点主要集中在祖先种的确定与命名上（王象坤，1993）。相关研究人员通过一系列的研究，取得了新的研究进展，将普通野生稻命名为 *Oryza rufipogon*，但关于亚洲栽培稻直接起源祖先种的确定，自研究以来一直存在较大分歧，到目前为止还没有定论，一般认为普通野生稻才是亚洲栽培稻的直接祖先种（丁颖，1957；李道远和陈成斌，1993；王象坤，1996）。这些研究焦点本章将做系统介绍，并对普通野生稻的形态特征、生长习性、分布范围、表型性状等基本情况进行简略介绍，作为读者转入本书阅读、探讨和思考各章主题时的先导。

第一节　普通野生稻概述

一、普通野生稻的形态学特征

普通野生稻分布范围广，所处的生态环境复杂，不同类型形态特征各异，然而，普通野生稻具有如下典型的形态学特征（高立志等，1996，1998；Cho et al.，1998）。

根，普通野生稻具有强大的须根系（图 1-1A），除地下部分长根外，地上部分接近地面或水中的节也能长出不定根和不定芽（图 1-1B），在原产地冬季能宿根并安全越冬。

茎，根据生长习性可分为匍匐型（茎倾斜超过 60°至完全匍匐于地面，匍匐形状由风向、水流和与其他混生植物的关系决定）（图 1-1C）、倾斜型（茎倾斜 30°~60°）（图 1-1D）、半直立型（茎倾斜 15°~30°）（图 1-1E）和直立型（茎倾斜不超过 15°）（图 1-1F）4 种类型。茎不具有明显的地下茎，有随水涨而伸长特性，具有高节位分支，接近地面的茎节有须根。株高受环境影响大，范围为 60~300cm，一般为 100~250cm。茎地上部有 6~12 个节，一般为 6~8 个，近水面的茎节间较长，最上节长 35~50cm。在深水条件下茎具有浮生特性。茎基部受阳光及其他原因影响，颜色深浅不一，有紫色、淡紫色、青绿色。基部节间坚硬，横切面为椭圆形，常露节。茎秆粗细不一，直径为 0.32~0.83cm，一般为 0.4~0.6cm。茎分蘖能力强，一般有 30~50 个分蘖并集生为一丛。茎越冬能力也较强。

图 1-1 普通野生稻形态特征

Fig. 1-1 The morphological characteristics of *Oryza rufipogon* Griff.

A. 须根系；B. 不定根和不定芽；C. 匍匐型茎；D. 倾斜型茎；E. 半直立型茎；F. 直立型茎；
G. 散状穗型；H. 羽毛状花药；I. 狭长谷粒

A. The fibrous root system；B. The adventitious roots and adventitious buds；C. Prostrate type；D. Sloping type；
E. Slighting type；F. Erect type；G. Panicle like pattern；H. Feathery anther；I. The narrow grain

叶，狭长，披针状，一般长 15~30cm，宽 0.6~1.0cm。叶耳呈黄绿色或淡紫色，具有长的绒毛。叶舌膜质，顶尖二裂，有紫色条纹，无绒毛，有剑叶，叶舌长 0.4~1.0cm，下部叶舌长 1.3~2.7cm，一般为 1.5~2.0cm。叶枕无色或紫色，基部叶鞘紫色、淡紫色或淡绿色，以淡紫色居多，也会因阳光及环境影响而深浅不一。叶鞘内表面淡紫色或淡绿色。剑叶长 12~25cm，宽 0.4~0.8cm；倒三叶较长（30~50cm），最长的可达 123cm。叶开角度为 90°~135°。在成熟后期，茎叶衰老迟而缓慢。

穗，属圆锥花序，穗枝散生（图 1-1G），穗颈较长，一般为 6~20cm，穗长 10~30cm，枝梗较少，往往无二次枝梗。着粒疏，一般每穗 20~60 粒种子，多的可达 100 粒以上（多见于直立型且具有二次枝梗）。外颖顶端为红色、褐色等颜色，并有浅色坚硬的长芒（图 1-1G），芒长 2.5~8cm；内外颖开花期淡绿色，带褐斑，成熟期灰褐色或黑褐色。护颖呈披针状，顶端尖，一般长 0.19~0.3cm。正常天气上午十时到下午二时开花，花药较长（0.5~0.6cm），柱头紫色或无色，外露呈羽毛状（图 1-1H）。谷粒狭长（图 1-1I），一般长 0.7~0.9cm，个别长 1.0cm，宽 0.2~0.28cm，千粒重 19~22g。结实率因生境不同而有差异，有高有低，一般为 30%~80%。育性有高不育或半不育，极易落粒，边成熟边落粒。

米，成熟期种皮多呈红色、红褐色或虾肉色（图 1-1I）。米粒无腹白，玻璃质，胚大小为（0.1~0.17）cm×0.1cm，胚乳类型为不黏，米质量优良。

基本类型的许多数量性状如株高、茎秆高低、穗茎长度等都有差异，高节位分支也因环境而存在较大的差异。谷粒形状比较稳定，只是个别点谷粒大而长，个别点谷粒小而短。

除典型的类型外，还存在多种多样的类型，最明显的是半野生型，具有野生稻和栽培稻的特点。茎有直立型、半直立型、匍匐型；叶较宽大，叶开角度大或小；穗型有集、中、散之分，穗一般较大，粒数较多；育性有可育型、半不育型、不育型；芒有长、中、短 3 种；谷粒有狭长的，有椭圆的，也有宽卵形的；颖壳颜色更是多种多样，米色、浅红、深红或虾肉色；米粒有的腹白大，但也有优质米；有的植株很高大，直立不倒，而有的则很矮小。

二、普通野生稻的生物学和生态学特征

普通野生稻在我国的南方地区分布广泛，这是由于普通野生稻具有如下生物学和生态学特性（高立志等，1996，1998；Cho et al.，1998）。

普通野生稻是喜温植物，多分布于热带、亚热带地区，我国南方 8 个省（自治区）都有普通野生稻的分布。年平均气温在 20℃以上，年最低气温为 −3.4~0.36℃，霜期为 0~4d，是普通野生稻生长、发育、结实最合适的气候条件。海南省的乐东、三亚、陵水 3 县（市）年平均气温为 24~25℃，最低气温为 6~8℃，无霜期为 365d，两广大陆区的年平均气温在 20℃以上，所以海南、广东、广西 3 个省（自治区）是普通野生稻分布最多的地方。而北纬 25°以北的湖南和江西年平均气温为 18.8~19.1℃，年最低气温为 −4.6~−3.2℃，无霜期为 260~310d，结冰及降雪年份较多，普通野生稻地下部分虽然也能安全越冬，但是分布较少，生长也不茂密。

普通野生稻是喜光、感光性强、短日照植物。各地发现的普通野生稻都生长在阳光充足、无遮蔽的地方。无论由种子萌发或宿根的植株都要在 8 月下旬以后才能抽穗，抽穗期与所处的纬度有关。

普通野生稻是喜湿植物，水性很强，对水的要求特别严格。最适宜于浅水层生长，在很干或很湿的环境中生长得不好，竞争不过适合干湿生长的杂草，在水深超过 1m 的环境下则难以繁殖成片。自生地冬季多数无水层，但是土壤湿润，夏、秋季有水层，少部分自生地终年有水层。在流量大、流速急、大的河流边分布较少。静止的浅水层也是普通野生稻繁殖的重要条件。

普通野生稻对土壤有广泛的适应性，对土质要求不严格，一般生长于微酸（pH6~7）的土壤上，既能在酸性土壤上生长，又能在碱性土壤上生长，在重土、壤土、沙壤土、烂泥田、鸭屎土上也能生长。在肥沃的土上生长很茂盛，在极为贫瘠的黏土上也能生长繁殖，只是生长得不太茂盛。

普通野生稻宿根性很强，有性和无性繁殖兼有。无性繁殖是其最重要的繁殖方式，主要通过高效率的营养繁殖（分蘖）来实现。一般冬季地上部分自然枯死或被割去当燃料，开春从宿根地表茎节处长出蘖芽，在旁侧形成后迅速拔节并向四周匍匐伸出，当周围的生境为浅水层或沼泽等时，外露的第一节在适宜的条件下又可生出新的不定根与不定芽，此芽又以同样的方式前伸拓宽空间，周围的生物因子（其他种类的植物）及非生物因子（如风向、水流、潭埂等）决定其匍匐生长的形状：四周匍匐、侧边匍匐或半匍匐等，伸向深水的枝条有漂浮习性并随水深而伸长。有些地下蘖芽也可在冬季前萌芽，冬季长成大苗。

凡是适应于浅水层生长的沼泽植物都能和普通野生稻混生。与普通野生稻伴生的常

见植物有 14 科 27 属 31 种，如李氏禾（*Leersia hexandra* Swarts）、莎草（*Cyperus rotundus* L.）、柳叶箬[*Isachne globosa*（Thunb.）Kuntze]、水禾[*Hygroryza aristata*（Retz.）Nees]、水蓼（*Polygonum hydropiper* L.）、碎米莎草（*Cyperus iria* L.）、金鱼藻（*Ceratophyllum demersum* L.）等。

三、普通野生稻的解剖学特征

叶解剖特征：普通野生稻叶表呈现明显的峰和沟，表皮均由一层细胞组成，表皮上有绒毛和气孔器，上表皮的泡状细胞与维管束相间排列，泡状细胞中间为一个大型薄壁细胞，两侧各排着一至多个小型薄壁细胞，着生深度一般都没有达到叶肉细胞组织厚度的一半，叶肉细胞排列十分紧密，壁向内皱折程度发达。叶片主脉被薄壁细胞隔为两个大气腔。叶片维管束上下机械组织延伸较发达，大维管束在原生木质部导管处破裂产生破生通气道，大小维管束均有两层维管束鞘，外层为薄壁维管束鞘，内层为厚壁维管束鞘。电镜观察发现，普通野生稻叶表上气孔口处于叶表面，乳头状突起排列在气孔口两边，甚至还遮在气孔口上面；叶表上乳头状突起呈不规则的零散分布；在叶脉的上下表皮处有 1~2 列哑铃形的硅化/木栓细胞，硅化/木栓细胞列两旁各分布 2~3 排气孔，气孔是相间排列的，气孔边缘有几个长形的乳头状突起，在正对泡状细胞的下表皮部位有 1~2 列大型瘤状突起。叶绿体基粒数和基粒片层数少，基粒密度低，但基质片层数较多，直立型嗜锇颗粒积累较多，匍匐型没有淀粉积累（陈志强和黄超武，1987）。

茎解剖特征：普通野生稻茎的节间横切面可见到表皮、基本组织和维管束 3 部分。表皮由一层细胞组成，表皮下方为两层厚壁细胞带（厚壁组织发育在外环维管束的厚壁维管束鞘内，后延伸出"人"或"八"字形的厚壁组织带），接着是薄壁组织、维管束和气腔，中部是一大髓腔。维管束分内外两轮，排列很有规律，与气腔（除穗颈节外，所有伸长节间都有气腔，气腔内光滑无物）相间排列；外环维管束较小，下方的维管束鞘有 4~5 层细胞，原生木质部无气隙；内环维管束较大，下方的维管束鞘有 2~3 层细胞，一般有气隙；外环维管束与内环维管束的数量之比为 1 : 2（陈志强和黄超武，1987；陈飞鹏和吴万春，1994）。

根解剖特征：普通野生稻根的导管数为 5~6 个；导管直径为 61~68μm；中柱面积大多为 110~140mm^2；中柱鞘细胞狭长，近似长方形，排列紧密；中柱鞘外的内皮层细胞短小致密。根的皮层厚，通气组织发达；表皮与外皮层之间的细胞机械化程度高，细胞径向壁明显加厚，形成凯氏点（将春苗等，2012）。

花药解剖特征：普通野生稻花药属于长宽饱满型，细胞长度与栽培稻的一致（王国昌和卢永根，1991）。

谷粒解剖特征：普通野生稻谷粒呈椭圆形。谷粒稃表面整齐，均匀分布有乳头状突起，内外稃钩接处外稃缘呈波浪形；稃毛分布密而多，具有粗刺毛和纤细毛两种（王国昌和卢永根，1991）。谷粒中胚的解剖结构与栽培稻相似（韩惠珍和徐雪宾，1994）。

四、普通野生稻的发现历史与地理分布

普通野生稻在世界范围内的分布区主要局限于亚洲和大洋洲的热带和亚热带地区，北至中国江西东乡，南至澳大利亚北部，西至印度东部，最东到达巴布亚新几内亚。

中国处于普通野生稻全球分布区的最北缘，最早于 1917 年由 Merrill 在广东罗浮山麓至石龙平原一带发现（Merrill，1917）。丁颖于 1926 年在广州郊区犀牛尾的沼泽地也发现了普通野生稻（丁颖，1957，1961），随后于广东的惠阳、增城、清远、三水西南经开平、阳江、吴川至合浦、钦县，南经雷州半岛至海南岛，西至广西西江流域均有发现。1935 年在台湾也发现有普通野生稻（Tateoka，1963）。1963 年，原中国农业科学院水稻生态研究室对广东、广西、云南 3 个省（自治区）部分地区进行了野生稻的种类和地理分布调查。1978~1982 年，由中国农业科学院主持，广东、广西、云南、江西、福建、湖南、湖北、安徽等省（自治区）农业科学院，贵州省黔西南州农业科学研究所和江西省樟树市农业学校参与协作，对野生稻进行了全国性的普查与考察。1994 年 9 月至 1995 年 1 月及 1995 年 9~11 月，中国科学院植物研究所同云南省农业科学院、云南省思茅地区农业科学研究所、广西科学院、广西壮族自治区中国科学院广西植物研究所、广西农业科学院、广西壮族自治区南宁市江西乡农业技术推广站等单位两次考察了野生稻分布集中的广西、云南、广东、海南和湖南 5 个省（自治区），对中国野生稻的种类和地理分布有了较清楚的了解。考察发现：中国有 3 种野生稻，即普通野生稻、药用野生稻（*Oryza officinalis* Wall.）、疣粒野生稻（*Oryza meyeriana* Baill.）。

这几次的调查表明，中国普通野生稻是我国野生稻中分布最广、面积最大、资源最丰富的一种，自然分布于广东、广西、海南、云南、江西、湖南、福建、台湾 8 个省（自治区）的 113 个县（市），大致可分为 5 个自然区，即海南岛区、两广大陆区（包括两广大陆、湖南的江永和福建的漳浦）、云南区（景洪和元江）、湘赣区（湖南的茶陵和江西的东乡）、台湾区（桃园和新竹），5 区之间普通野生稻的分布并不连续。分布区域南至海南三亚（北纬 18°09′），北至江西东乡（北纬 28°14′），东至台湾桃园（东经 121°24′），西至东经 100°40′（云南景洪）到东经 117°08′（福建漳浦），南北约跨 10 个纬度，东西约跨 21 个经度。最高海拔为 700m（云南元江），最低海拔为 2.5m（广西合浦公馆），最适海拔小于 130m，分布点随着海拔的下降而增多（高立志等，1996；范树国等，2000a；庞汉华和陈成斌，2002；Wang et al.，2008）。

广东普通野生稻主要分布在东部沿海地区和西南部，群体为粤东普通野生稻和高州普通野生稻。粤东普通野生稻分布区北回归线横贯其中，地理位置特殊。西南部的高州普通野生稻分布区（地理位置为北纬 21°42′34″~22°18′49″，东经 110°36′46″~111°22′44″）地处南亚热带和北热带的过渡地带，属南亚热带季风暖湿气候，地形属低山丘陵型，是目前广东分布面积最大的野生稻，面积达 17.3hm² （卢永根等，2008；练子贤等，2008；李杜娟等，2012）。根据广东省农业科学院在 2005~2016 年对广东普通野生稻实地调查发现，目前，广东共有 25 个县（市）尚存普通野生稻，尚有分布点 118 个，其中 103 个有历史资料记载，15 个为本次调查新发现。根据历史资料统计，广东原有普通野生稻

分布点 1083 个，但截至目前野生稻已全部消失的分布点有 980 个，分布点丧失率为 90.49%，呈现严重濒危的趋势（范芝兰等，2017）。

广西普通野生稻，根据 1978~1981 年全国野生稻普查，在 8 个市的 42 个县有分布，其中在北回归线穿越的 16 个县分布最密集、类型最丰富。分布区地形种类包括喀斯特溶岩地貌区（南宁、柳州、桂林）、河谷（百色）、丘陵（邕宁）和沼泽（广西东南地区）。但根据 2002~2007 年广西全自治区普通野生稻现状调查数据，目前已有 80% 的广西普通野生稻原生地消失，尤其是贵港、桂平、南宁等地原来有普通野生稻连片分布，现已大面积消失。根据地理地形，广西普通野生稻分布区可划分为 4 个特征区：红水河－柳江－郁江－浔江野生稻特征区、南流江野生稻特征区、百色独立特征区和北部山区特征区，其中红水河－柳江－郁江－浔江野生稻特征区地域宽广，是广西普通野生稻分布最密集的地段（黄娟等，2009）。

海南普通野生稻的主要分布区在三亚和琼海，但在其他绝大部分县（市），如海口、文昌、万宁、东方均有分布。三亚是海南岛典型的热带地区，是海南普通野生稻主要的分布区，也是中国普通野生稻分布区的最南端（北纬 18°09′），琼海位于海南岛北部距三亚约 200km 处，最近在其区域内发现的琼海居群是一个普通野生稻原生境居群（陈良兵等，2006）。

江西普通野生稻指的是东乡普通野生稻，是迄今全世界分布最北（北纬 28°14′）的野生稻。1978 年发现时有 3 处 9 个居群，分布面积约为 3hm²。后来由于野生稻的原生境遭受破坏，原始居群数从 9 个急剧下降到 2 个。为了防止东乡普通野生稻灭绝，中国水稻研究所和江西省农业科学院水稻研究所于 1985 年为庵家山和水桃树 2 个保存相对较好的居群建立了高 2m 的围墙，实施了原位保护，保护面积分别为 0.08hm² 和 0.02hm²。目前，除已保护的 2 个居群外，其他 7 个居群均已消失（杨庆文等，2005；胡标林等，2007）。

湖南普通野生稻于 1982 年 11 月下旬由湖南农业科学院野生稻考察组首次发现，共有两个类群，一类为茶陵普通野生稻，分布于湖南省茶陵县尧水乡湖里沼泽地，另一类群为江永普通野生稻，分布于湖南省江永县桃川镇山间盆地中的荒塘里（康公平等，2007）。

福建普通野生稻于 1982 年 10 月初由福建省农业科学院水稻研究所野生稻考察组首次发现，目前主要分布在东南沿海水域，位于漳浦县的有 2 个自然居群，群体 I 位于距离湖西畲族乡赵家堡村约 100m 的石湖潭，群体 II 位于湖西畲族乡岭脚自然村的古塘，是我国大陆普通野生稻分布最东端的普通野生稻（杨庆文等，2005）。

台湾普通野生稻在桃园县和新竹县发现，但于 1978 年消失（Kiang，1979；Oka，1998）。

云南普通野生稻分布零散，覆盖面积小，主要分布于澜沧江流域和元江流域。云南省原有 26 个普通野生稻居群，目前已经消失了 24 个，仅存元江和景洪两个类群。元江普通野生稻分布在云南省元江县曼来乡嘉禾村的一个山头上，是目前发现的海拔最高的普通野生稻分布点，该山头离最近的村寨至少也有 1km 之遥。山头上种满了甘蔗和少量的果树，野生稻生长在山头上的 4 个水塘中及周围，最大的一个水塘面积也不超过 0.13hm²，其余 3 个面积均在 330m² 左右。在这些水塘的周围根本没有栽培稻，没有栽培稻与野生稻渐渗杂交的可能，是原始性最好的野生稻，因而在研究稻种起源与演化等方面具有很高的学术价值（戴陆园等，2001）。现已在该处建立了云南省元江普通野生稻原生境湿地国家级保护点，相比早些年，资源得到了较好的保护。景洪普通野生稻分布于云南省西双版纳傣族自治州，具体位置在景洪市嘎洒镇曼景罕村。引用戴陆园等（2001）的原文："在西双版纳州农业科学研究所王文华所长陪同下，在景洪市嘎洒镇曼景罕村的稻田水沟边寻找普通野生稻。我们 10 人花了近 1 小时才在水田边的水沟中发现了一株野生稻的稻桩（野生稻的上半部分已被割掉）。这株稻桩匍匐型、根系发达、叶耳紫色、叶舌顶尖二裂。而与之相邻的水沟沟底已被翻土开沟，可以预料到再过几日这株野生稻也会随着翻土开沟被消灭。在曾经发现过景洪普通野生稻的其他地点，因修路、盖房子等原因，景洪普通野生稻早已不存在了。可以预料，景洪普通野生稻在其原生境中也将很快不复存在。"目前由云南省农业科学院的程在全团队在昆明建有异位保护圃，现保存有直立型和红芒型景洪普通野生稻。直立型强而广谱抗稻瘟病，叶片厚，茎秆直立，分蘖能力强，大穗，实粒数多，品质优，花药大，长势旺；红芒型与直立型的主要性状区别是具红芒、中抗稻瘟病和白叶枯病。

根据考古资料证实，10 000 年前，栽培稻在长江中下游地区被成功驯化，当时普通野生稻是当地的习见物种（Fuller et al.，2007；Zong et al.，2007）。游修龄（2007）考证普通野生稻有历史文献记载的分布区最北可到达黄河流域。然而，现在只有两个高度隔离的种群位于长江流域，更多的普通野生稻种群分布于华南地区的珠江流域，提示 10 000 年来普通野生稻的分布区已极大缩小。

对于普通野生稻分布区的缩减，目前认为有以下三个原因。第一，栽培稻的驯化与推广种植侵占了野生稻的原生生境。第二，历史上的如末次冰期及新仙女木（Younge Dryas）等全球气候变化事件，使普通野生稻北缘种群灭绝（Kovach et al.，2007）。对普通野生稻进行的生态位模拟分析，清晰地展示了气候变化下分布区面积的波动（Huang and Schaal，2012）。第三，工业时代之后逐渐增强的人类活动破坏了部分野生稻的生境（Gao，2004）。随着人类活动对自然环境的扰动不断加剧，普通野生稻的自然生境受到极大的破坏，自然种群缩小，表现出严重的生境破碎化，甚至有些分布点已经消失。台湾的桃园和新竹普通野生稻于 1978 年消失；云南曾经有 26 个普通野生稻分布点，现已消失 24 个，仅余景洪和元江两个点，而景洪普通野生稻的原生分布点因 2011 年机场扩建，也基本绝迹；福建漳浦的原生分布区被漳汕高速公路所取代；广东、广西和海南 3 个省（自治区）是我国普通野生稻分布最为丰富的地区，同样难逃厄运，约 80%的普通野生稻原生分布点已经不复存在（高立志等，1996；陈成斌，2005；Song et al.，2005；周雯，2013）。

第二节　普通野生稻在稻属中的分类

一、稻属的分类系统

稻属（*Oryza* L.）隶属于禾本科，对于稻属的分类，存在很大争议，Vaughan（1989，

1994）考证了大量稻属植物标本和资料，并结合染色体组资料，建立起一套稻属植物分类系统——Vaughan 分类系统，该分类系统得到了绝大多数分类工作者，特别是细胞遗传学家、分子生物学家和育种学家的认可，是目前世界公认的分类系统。Vaughan（1989，1994）将稻属划分为 22 个种，其中包括 2 个栽培种和 20 个野生种，并分为 5 个组，即马来野生稻（*O. ridleyi*）组、疣粒野生稻（*O. meyeriana*）组、药用野生稻（*O. officinalis*）组、栽培稻（*O. sativa*）组和未归组（表 1-1）。马来野生稻组包括两个四倍体种，即马来野生稻

表 1-1　稻属的 Vaughan 分类系统、基因型及地理分布[据卢宝荣等（2001）和 Zhu 等（2014）资料整理]

Tab.1-1　Vaughan classification system，genotype and geographical distribution of *Oryza* [Summarized from Lu et al（2001）；Zhu et al（2014）]

种类 Taxa & Species	中文名称 Chinese name	染色体数量 Chromosome NO.	基因组类型 Karyotype	分布区域 Geographic distribution
***Oryza sativa* complex**	**栽培稻组**			
O. sativa L.	亚洲栽培稻	24	AA	世界各地
O. rufipogon Griff.	普通野生稻	24	AA	亚洲热带、亚热带，澳大利亚热带
O. nivara Sharma et Shastry.	尼瓦拉野生稻	24	AA	亚洲热带、亚热带
O. breviligulata A. Chev. et Roehr. （*O. barthii* A. Chev.）	短叶舌野生稻 （巴蒂野生稻）	24	A^gA^g	非洲
O. glaberrima Steud.	非洲栽培稻	24	A^gA^g	西非
O. longistaminata A. Chev. et Roehr.	长雄野生稻	24	A^gA^g	非洲
O. meridionalis Ng.	南方野生稻	24	A^mA^m	澳大利亚热带
***Oryza officinalis* complex**	**药用野生稻组**			
O. punctata Kotschy ex Steud.	斑点野生稻	24，48	BB	非洲
O. officinalis Wall. ex Watt.	药用野生稻	24	CC	亚洲热带、亚热带，澳大利亚热带
O. rhizomatis Vaughan	根状茎野生稻	24	CC	斯里兰卡
O. eichingeri A. Peter	紧穗野生稻	24	CC	南亚、东非、中非
O. minuta J S Presl. ex C B Presl.	小粒野生稻	48	BBCC	东南亚、巴布亚新几内亚
O. latifolia Desv.	宽叶野生稻	48	CCDD	拉丁美洲
O. alta Swallen	高秆野生稻	48	CCDD	拉丁美洲
O. gradiglumis Prod	大颖野生稻	48	CCDD	拉丁美洲
O. australiensis Domin	澳洲野生稻	24	EE	澳大利亚热带
***Oryza meyeriana* complex**	**疣粒野生稻组**			
O. meyeriana Baill.	疣粒野生稻	24	GG	中国、南亚、东南亚
O. granulata Nees et Arn ex Watt	颗粒野生稻	24	GG	南亚、东南亚
***Oryza ridleyi* complex**	**马来野生稻组**			
O. ridleyi Hook. f.	马来野生稻	48	HHJJ	东南亚、巴布亚新几内亚
O. longiglumis P. Jansen	长护颖野生稻	48	HHJJ	印度尼西亚、巴布亚新几内亚
Not classified	**未归组**			
O. brachyantha A. Chev.	短药野生稻	24	FF	非洲
O. schlechteri Pilger	极短粒野生稻	48	HHKK	东南亚、巴布亚新几内亚

（*O. ridleyi* Hook. f.）和长护颖野生稻（*O. longiglumis* P. Jansen），它们分布于东南亚、巴布亚新几内亚和印度尼西亚；疣粒野生稻组包括两个二倍体种，即疣粒野生稻（*O. meyeriana* Baill.）和颗粒野生稻（*O. granulata* Nees et Arn ex Watt），它们被发现于南亚和东南亚（包括中国南部）；药用野生稻组是一个在遗传和地理分布上高度分化的种复合体，它既包括二倍体种（B、C 和 E 基因组），又包括四倍体种（CD 基因组和 BC 基因组）；栽培稻组包括所有 A 基因组的种，并含有两个栽培稻种（亚洲栽培稻和非洲栽培稻）；未归组中，极短粒野生稻（*O. schlechteri* Pilger）过去只知道存在于标本馆中，后被重新发现，另一个生长于非洲的 *O. brachyantha* A. Chev. 是唯一携带 F 基因组的种。

二、稻属的分类历程

稻属最早由林奈在《植物种志》（*Species Plantarum*）中定义（Linnaeus，1753）。染色体作为遗传物质的载体，在分类上有重要的参考价值。1910 年，Kuwada 首先确定了栽培稻（*Oryza sativa* L.）的染色体数 $2n=24$，但此后一段时期水稻的染色体研究曾一度停滞不前，原因是稻属植物染色体小，染色反应不好（Lu，1999）。直到 20 世纪 70 年代 Kurata 和 Omura（1978）创立了"标准法"，人们才开始对稻属所有种的染色体进行研究，大部分稻属植物的染色体组型到 20 世纪 80 年代已经清楚。Aggarwal 等（1997）根据 DNA 杂交结果，将马来野生稻（*O. ridleyi* Hook. f.）和疣粒野生稻（*O. meyeriana* Baill.）的基因组命名为 HHJJ 和 GG。Ge 等（1999）在研究稻属分子系统发育时，发现极短粒野生稻（*O. schlechteri* Pilger）为 HHKK 基因组。至此，稻属各种的基因组已经全部清楚，共有 10 个基因组，其中 6 种（AA、BB、CC、EE、FF、GG）为二倍体，4 种（BBCC、CCDD、HHJJ、HHKK）为异源四倍体（Ge et al.，1999；Fu et al.，2008；Lu et al.，2008；Zhu et al.，2014）。

作为系统分类依据的染色体组型虽然已清楚了，但是稻属植物的系统分类还存在很大争议。在稻属建立之后的两个多世纪中，不同的学者对稻属植物进行了大量的研究。19 世纪以前所描述的与稻属有关的物种已超过了 100 个（Vaughan，1989），后来又对属以下种以上的分类等级及属的分类界限做过多次修订。在众多的稻属分类研究中，有几位重要分类学家的工作对稻属现代分类系统的建立起到了关键性的作用。

19 世纪末，在稻属大量物种被描述且分类混乱、物种间关系不清的状况下，Baillion（1894）对稻属植物进行了详细研究，并第一次对稻属进行了系统的分类处理。他将当时的稻属界定为 5 个种，并将其划分在 4 个组中。Prodoehl（1922）将稻属中的种增至 17 个。1931 年苏联学者 Roschevicz 对稻属的分类做出了奠基性的贡献，他整理了过去的许多种名，建立了一个稻属分类系统，该系统包含了 20 个种，归于 4 个组。随着细胞遗传学、生物化学和分子生物学的发展，继 Sampath（1962）首次运用细胞遗传学资料对稻属作了补充和修改后，Hu（1970）、Nayar（1973）、Katayama（1982）等利用核型分析技术，Second（1982）等利用同工酶分析技术，Dally 和 Second（1990）、Wang 等（1992）利用分子标记技术先后对稻属进行了分类研究。虽然大多数学者利用不同技术进行研究的结果能够互相验证，但因为所用的材料往往不一致或不系统，无法形成一个完整的分类体系。因此，Vaughan（1989）在总结众多学者稻属分类研究结果的基础上将稻属划分为 22 个种，包括 2 个栽培种和 20 个野生种。Vaughan 又于 1994 年在其编著的《水稻的野生近缘种：遗传资源手册》一书中，重新修订了稻属植物 22 个种的分类情况，主要把原来的展颖野稻（*O. glumaepatula* Steud.）归并为普通野生稻（*O. rufipogon* Griff.），并新增加了根状茎野生稻（*O. rhizomatis* Vaughan）1 个种。后来又有学者相继对稻属进行了更细致的分类研究，对某些种的分类也提出了不同的看法，Khush 和 Brar（1997）认为稻属植物有 23 个种，将其分为 5 个组。国内学者范树国等（2000b）将稻属分为 4 组 24 个种。卢宝荣等（2001）根据前人对稻属的不同分类及其对稻属资料的积累和分析，将稻属分为 3 组 7 系 24 个种。但 Vaughan 分类系统得到了绝大多数分类工作者，特别是细胞遗传学家、分子生物学家和育种学家的认可，所以稻属的分类迄今仍沿用 Vaughan 分类系统。

针对稻属分类混乱的局面，有学者建议，为了使稻属的系统分类更加科学化和完善化，除研究者之间要加强信息交流和互相讨论之外，还应使稻属的分类方法随着科学技术的进步而日趋多样化、深入化和综合化。今后有必要以形态学、组织学、细胞学、生物统计学、进化生物学方法为主体，辅之以生物化学、植物生理学、植物生态学和电子显微镜技术，并参考生物地理学、考古学、人类学、史前学、历史学和语言学方面的有关资料，再经过上述研究领域里的学者共同研讨来提出完善的科学分类方法。

三、普通野生稻的分类学研究

关于普通野生稻的分类学研究，主要集中在形态分类和稻属植物命名问题上。国际上普通野生稻的分类和命名较混乱，迄今分布在亚洲、美洲和大洋洲的普通野生稻有 15 个命名（李道远和陈成斌，1993）。国际上常用的普通野生稻学名有：①*Oryza sativa* L. f. *spontanea*（Roschevicz，1931），指一年生。②*O. perennis* Moench（Chatterjee，1948），包括 3 个稻种。③*O. rufipogon* Griff.（Tateoka，1962），包括一年生、多年生和一年生至多年生中间类型。④*O. rufipogon* Griff.（Chang，1976），指多年生。

在我国，普通野生稻沿用以往学名 *Oryza sativa* L. f. *spontanea*，国际上现用 *Oryza rufipogon* Griff.，将 *Oryza sativa* L. f. *spontanea* 作为野生稻与栽培稻间自然杂交产生的杂草型种系（庞汉华和应存山，1993），理由如下。

（1）普通野生稻的形态特征和特性与栽培稻 *Oryza sativa* L. 有比较显著的区别。所以普通野生稻应当成为种，而不应为变种 *Oryza sativa* var. *fatua* Prain，更不应为变型 *O. sativa* L. f. *spontanea*。

（2）栽培稻分为 2 个亚种，即籼亚种和粳亚种（Kato，1930），而普通野生稻与栽培稻的区别较粳、籼稻的更为显著，故不宜用变型或变种来命名普通野生稻。

（3）从发表年限来看，*O. rufipogon* Griff.（1851）要比 *O. sativa* L. f. *spontanea*（1931）早，按照《国际植物命名法规》规则第 11.3 规定："对属级之下的任一分类单位，其正

确名称是同一等级中最早的、可用的合法加词与其归隶的那一属或种的正确名称的组合"（Stafleu et al.，1984）。

（4）多数学者采用 *O. rufipogon* Griff.，如 Tateoka（1962）、星川清亲（1976）、Chang（1985）、吴万春（1995）、李文华和赵献英（1984）、Vaughan（1989）、Khush 和 Brar（1997）、卢宝荣（1998）等。

对于普通野生稻的形态分类，我国研究比较多，但由于普通野生稻是世界上分布最广的稻属野生种，其自然繁殖地大多接近稻田，因此野生稻与栽培稻自然杂交类型多样化，导致在形态分类上观点不一。吴妙燊和陈成斌（1986）选取不同地理分布的广西普通野生稻 355 份，在全国野生稻种形态特征观察项目记载的基础上，以具有野生性状多少将广西普通野生稻划分为典野和半野两种类型。李道远和陈成斌（1993）选取广西、江西、湖南 3 个省（自治区）740 份普通野生稻，按照国际水稻研究所的标准对中国普通野生稻进行生物学特性观察，将中国普通野生稻划分为 11 个类型，再根据同工酶分析结果划分为典野和野栽自然杂交两大类群。庞汉华等（1995）选取广西、广东、海南、江西、湖南、云南和福建 7 个省（自治区）571 份普通野生稻，国外 27 份普通野生稻，根据 10 个鉴别普通野生稻与栽培稻的形态性状（表 1-2）的测定数据进行最长距离法聚类分析，按主要繁殖方式将中国普通野生稻划分为多年生和一年生两大类群，按生长习性，多年生类型又可划分为匍匐型、倾斜型和半直立型；一年生类型又可划分为倾斜型、半直立型、直立型和近栽型，共 2 群 7 个类型。这些研究结果表明，中国普通野生稻根据其不同的生物学特性，可分为不同的类型，即按照与栽培稻的亲缘关系，可分为典野、半野和近栽三种类型；按照主要繁殖方式，可分为一年生、多年生和一年生至多年生中间型三种类型；按生长习性，可分为匍匐型、倾斜型、半直立型和直立型（图 1-2）。

表 1-2　鉴别普通野生稻与栽培稻的形态性状与级别标准（引自庞汉华等，1995）
Tab. 1-2　Morphological characters and scoring scales used to distinguish wild rice from cultivated rice（Cited from Pang et al.，1995）

性状 Character	级别 Rank			
	1	2	3	4
生长习性 Growth habit	匍匐	倾斜（或半匍匐）	半直立	直立
茎基部鞘色 Sheath colour	紫	淡紫或紫条斑	淡绿	绿
剑叶长/宽 Flag leaf L/W/cm	15~20/0.3~0.5	18~25/0.4~0.6	18~35/0.6~1.0	
花药长 Anther length/mm	>5.0	4.0~4.9	3.0~3.9	<3.0
柱头颜色 Stigma colour	紫	白		
芒 Awns	红或紫红，长	黄或白，长	无芒	
落粒 Shattering	易落	不易落		
颖片颜色 Glume colour	黑或褐	褐斑或花		
谷粒长宽比 Grain L/W	>3.5	2.5~3.4	<2.5	
米色 Rice colour	红或浅红	白或浅绿		

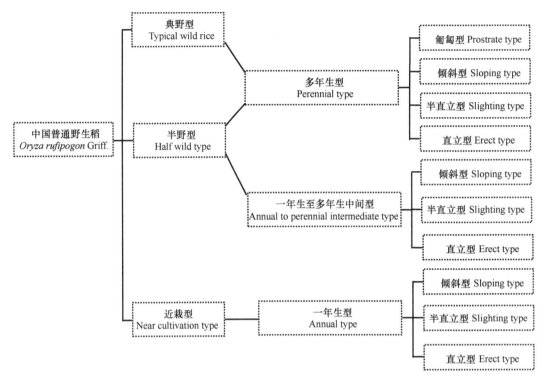

图 1-2　中国普通野生稻的分类[据吴妙燊和陈成斌（1986）、李道远和陈成斌（1993）、
庞汉华等（1995）资料整理]

Fig. 1-2　Classification of common wild rice in China[Summarized from Wu and Chen（1986）；
Li and Chen（1993）；Pang et al（1995）]

第三节　普通野生稻在稻属进化中的作用

一、进化研究中几个易混淆的概念

（一）分子进化与生物进化

分子进化（molecular evolution）与生物进化（biological evolution）是有区别的。严格说来，前者为分子层次，后者为个体或群体层次。所谓分子进化，是指在分子水平上，不同种属生物体的生物大分子（核酸和蛋白质）的亲缘关系。这里，前提是在分子水平上进行研究，对象是不同种属生物体中的同源生物大分子在结构上的差异程度。生物进化则是指个体或群体水平，不同种属生物体间的亲缘关系（刘次全等，1990）。

在分子进化研究中，必须注意到：①像核酸和蛋白质这样的生物大分子，实际上都是极其复杂的生物高分子聚合物；②生物大分子与环境间，与其他分子间存在着复杂的相互作用；③生物大分子具有多维结构和动态特征。通常，生物大分子的结构又可分为一维、二维和三维结构。研究表明，不同种属的同源蛋白质，其一级结构都有一定的相似性，但三级结构（非线性结构）的相似性表现得更为突出。大量研究表明，生物大分子的功能，不仅与其一级结构有关，而且与其三维结构有关。如果只了解生物大分子的一级结构，而不了解其空间结构，那么就不可能全面彻底地阐明它们结构与功能的关系。这就意味着，除生物机体的层次结构外，生物大分子本身的层次结构也是不可忽视的。当然，生物大分子的动态结构同样是不可忽视的（Zhang and Cao，2005）。

（二）基因树和物种树

系统发生（phylogeny）是指一群有机体发生或进化的历史，系统发生树（phylogenetic tree）是描述这一群有机体发生或进化顺序的拓扑结构。根据系统发生树的具体表达形式可分为物种（或种群）树［species（or population）tree］和基因树（gene tree）。研究物种的系统发育，重要的是知道某些物种或种群发生分歧的历史及每一次分歧后趋异的时间，当这些历史事件以系统发生树的形式表现时，此时的系统发生树称为物种（或种群）树（张亚平，1996）。对任何一类生物，要想知道确切的物种（或种群）树是非常困难的，但我们可以通过检测这类生物所包含的一些基因的进化关系来推断物种（或种群）树。如果系统发生树是基于一个基因的核酸或氨基酸序列所建立的，此时的系统发生树就称为一个基因树。基因树有时与物种（或种群）树并不一致，特别是在基因组中存在 2 个或更多的同样基因的拷贝时。但是，通过对多基因、大量序列的正确分析，可以最大限度地缩小基因树与物种（或种群）树间的区别（常青和周开亚，1998）。

（三）相似性和同源性

相似性（similarity）和同源性（homology）是两个不同但有联系的概念。相似性在序列比对过程中是用来描述检测序列和目标序列之间相同碱基或氨基酸残基顺序所占比例高低的。当相似程度高于 50% 时，比较容易推测检测序列和目标序列可能是同源序列；而当相似性程度低于 20% 时，就难以确定或者根本无法确定其是否具有同源性。总之，不能把相似性和同源性混为一谈。所谓"具有 50% 的同源性"这种说法，都是不确切的，应该避免使用。

相似性概念的含义比较广泛，除了指上面提到的两个序列之间相同碱基或残基所占比例外，在蛋白质序列比对中，有时也指两个残基是否具有相似的特性，如侧链基团的大小、电荷性、亲疏水性等。在序列比对中经常需要使用的氨基酸残基相似性分数矩阵，也使用了相似性这一概念。此外，相似性概念还常常用于蛋白质空间结构和折叠方式的比较中。

分子系统学中的同源性存在 3 种关系：直源（orthologous）、并源（paraphyletic）和异源（heterologous）（Patterson，1988）。直源指物种形成后，所有直接后代之间的关系，反映物种血统的同源性。它和形态学中的同源是等同的，对探讨和发现物种的相关关系是最有用的（Fitch and Margoliash，1967）。并源反映基因的历史，它们能在同一有机体中协同存在，如血红蛋白家族（haemoglobin family）的 Myoglobin、Alpha、Beta、Gamma、Delta 和 Epsilon 链（Goodman，1989）。异源可用基因复制来解释，异源序列仅仅部分反映基因的历史，所以序列与携带基因的有机体就不会一致，可能的原因是发生基因水平转移。

二、稻属的系统进化关系研究

稻属是禾本科稻族中最大，也是分布最广的属，由于其包括亚洲栽培稻这世界第一大粮食作物，该属各物种之间的系统进化关系一直是植物分类学家所关注的问题。自 20世纪 60 年代以来，稻属的系统进化关系研究在许多国家开展，研究人员根据形态特征、杂交育性试验（Harland and De-Wet，1971）、同工酶（isozyme）分析、限制性内切酶片段长度多态性（restriction fragment length polymorphism，RFLP）分析（Dally and Second，1990；Sarkar and Raina，1992；Wang et al.，1992）等技术将稻属划分成不同的复合群。但是上述分类的准确性欠佳，尤其是对群内四倍体物种的分辨能力较差，其进化关系仍不清楚（Ge et al.，1999）。Ge 等（1999）通过对稻属所有代表性物种的两个单拷贝核基因（Adh1 和 Adh2）和一个叶绿体基因（matK）的部分片段进行扩增、测序及构建系统进化树，完成了从 DNA 序列水平对稻属进化关系的分析，比较清晰和系统地阐述了稻属全部 23 个种及基因组类型之间的进化关系。同时他们根据系统进化分析的结果，将 Porteresia coarctata（Roxb.）Tateoka 更名为 Oryza coarctata Roxb.，使其成为稻属的第24 个种，该种为 HK 基因组，并对四倍体物种的起源方式及其亲本来源进行了论述。虽然该研究中大部分物种的进化关系比较明晰，但仍存在一些遗留问题：一个是 Adh2 和matK 基因树强烈支持 A 和 B 基因组为姊妹群，而 Adh1 基因树支持 A 和 C 基因组为姊妹群，所以 BB 和 CC 基因组到底哪个与 AA 基因组的位置更近，尚不清楚；另一个是对 FF 基因组的位置存在争议，在 Adh1 和 matK 基因序列构建的进化树中，FF 处于 EE和 HH 之间；而在 Adh2 构建的进化树中，FF 则位于 GG 和 JJ 之间。葛颂（2005，2008，2010）研究组针对稻属系统进化中这些遗留问题，进一步通过对 142 个分离位点的单拷贝基因的序列分析，揭示了稻属植物在进化过程中存在两次快速物种分化过程：一次是AA、BB 和 CC 基因组的分化，AA 和 BB 基因组处于较近的分支；另一次是 FF 与 GG基因组的分化，这次分化过程比较复杂，虽然 GG 基因组位于稻属系统进化的最基部，但是 FF 基因组的快速进化使得 FF 和 GG 与稻属其他分支的关系较为接近。这一研究最终确定了 BB 与 CC 基因组、FF 与 GG 基因组在稻属系统发生树中的位置（Zhu and Ge，2005；Zou et al.，2008；Goicoechea，2010）（图 1-3）。之后，葛颂（2010）研究组又通过系统分析 20 个叶绿体基因片段的分子，对稻属的系统进化和物种分化时间进行探讨（Tang et al.，2010），进一步确认了稻属内部各物种间的系统进化关系。

三、普通野生稻的进化生物学

（一）普通野生稻的演化途径

要清楚普通野生稻的演化途径，首先需弄清普通野生稻的原始型，目前认为普通野生稻的原始型是形态上具有 10 个典型的普通野生稻形态性状（表 1-2）、酯酶同工酶Est-10 位点上为 Est-10[4] 和核 DNA 与线粒体 DNA 上都有特异指纹的类型（王象坤和孙传清，1997）。庞汉华等（1995）认为，具有良好隔离条件的较大群体的匍匐型普通野生稻可能为原始普通野生稻。陈成斌（1997，2001）、陈成斌等（1996，1998）通过对普通野生稻实地考察及对匍匐型和倾斜型普通野生稻人工诱变，认为普通野生稻的形态演化途径是（图 1-4）：极匍匐的具无性生殖的普通野生稻在自然选择下向匍匐的原始无性与有性生殖兼有的普通野生稻演化。原始普通野生稻一部分向现代匍匐型普通野生稻和现代倾斜型普通野生稻演化，并出现匍匐型、半直立型、直立型；另一部分在深水作用下演化为倾斜型普通野生稻。

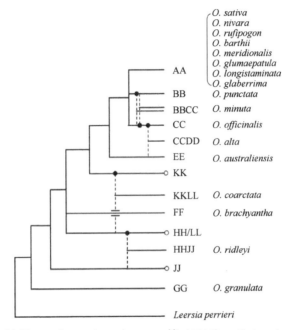

图 1-3 稻属系统发生树[据 Zhu 和 Ge（2005）、Zou 等（2008）、Goicoechea 等（2010）资料整理]

Fig. 1-3 Phylogenetic tree of *Oryza*[Summarized from Zhu and Ge（2005）；Zou et al（2008）；Goicoechea et al（2010）]

虚线表示四倍体种可能的二倍体父母本；黑色圆点为母本；空心圆点为不确定的二倍体物种基因组；*Leersia perrieri* 为外类群；国际稻属基因组计划（*Oryza* map alignment project，OMAP）中用于基因组研究的 17 个代表性物种列在图右侧

Dashed lines indicate putative diploid parents involved in the formation of polyploids；Filled in circles indicate maternal parent，and unfilled circles indicate unidentified diploid genome；*Leersia perrieri* represents the outgroup；Seventeen representative *Oryza* species that are currently subjected to genomic investigation as part of the International *Oryza* map alignment project（OMAP）are indicated next to respective phylogenetic branches

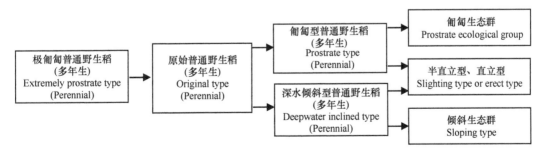

图 1-4 普通野生稻演化途径[据陈成斌（1997，2001）、陈成斌等（1996，1998）资料整理]

Fig. 1-4 The evolutionary path of common wild rice[Summarized from Chen（1997，2001）；Chen et al（1996，1998）]

（二）普通野生稻与稻属其他种群之间的演化关系

探讨普通野生稻与稻属其他种群间的演化关系，不仅有助于阐明普通野生稻的演化机制，还可有助于我们更深入地了解普通野生稻在整个稻属系统进化中的作用。关于普通野生稻与稻属其他种群间的演化关系，研究最多的是其与栽培稻的演化关系。当然除了栽培稻外，相关研究也发现，普通野生稻与 AA 基因组中的其他野生稻也存在一定的演化关系，如尼瓦拉野生稻与普通野生稻之间存在双向基因交流，巴布亚新几内亚北部的普通野生稻是亚洲典型普通野生稻与南方野生稻种间进行天然渐渗杂交的后代（周海飞，2008）。

对于普通野生稻与栽培稻二者间的起源演化关系，存在两个核心问题：①亚洲栽培稻起源问题，包括亚洲栽培稻直接起源祖先种、亚洲栽培稻起源地理位置及籼稻和粳稻两个亚种起源次数等相关疑问；②普通野生稻和栽培稻在进化过程中，基因渐渗方向如何？

关于亚洲栽培稻直接起源祖先种的确定，在研究历史上一直以来存在很大的分歧，到目前为止还没有定论。一般认为普通野生稻才是亚洲栽培稻的直接祖先种（丁颖，1957；李道远和陈成斌，1993；王象坤，1996），但也有学者认为一年生的尼瓦拉野生稻与亚洲栽培稻的性状更为接近，尼瓦拉野生稻才是亚洲栽培稻的直接祖先种（Vaughan，1989）。而 Zhu 等（2014）认为普通野生稻和尼瓦拉野生稻同时作为亚洲栽培稻的祖先种，二者在 72 万年前由共同祖先分开（图 1-5）。导致无法确定这两种野生

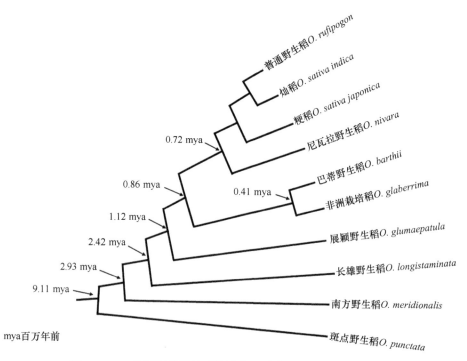

图 1-5　AA 基因组稻属的系统进化（引自 Zhu et al.，2014）

Fig. 1-5　Divergence dating of AA-genome species in comparison with other diploid species in the genus *Oryza*（Cited from Zhu et al.，2014）

稻哪种才是亚洲栽培稻的直接祖先种，还是二者同时作为亚洲栽培稻的祖先种的主要原因是，普通野生稻和尼瓦拉野生稻是与亚洲栽培稻亲缘关系最近的野生种，二者虽在形态、栖息地、交配系统和开花时间上都有显著差异，但二者不存在生殖隔离，遗传差异较小（Oka，1998；Lu et al.，2001，2002；Vaughan et al.，2008），并且有些学者认为尼瓦拉野生稻只是普通野生稻的一种生态类型（Tateoka，1963；Morishima and Oka，1970；Oka，1998；Morishima et al.，1992；Vaughan et al.，2003）。

关于亚洲栽培稻的起源地点同样存在很多争论，主要有印度起源说、喜马拉雅山东南起源说、中国起源说等，即使是在我国，华南、长江中下流域-淮河流域、云贵高原、长江中下游都曾被认为是亚洲栽培稻的起源驯化中心（Ting，1957；Liu，1975；Fuller et al.，2009，2010）。华南学说的提出主要以普通野生稻在华南地区的广泛分布和稻作民族的地理接壤关系为依据（丁颖，1957）。云贵高原学说的依据主要包括两方面：一方面，云南是栽培稻遗传多样性中心之一，生态环境非常复杂，栽培稻在适应不同生态环境条件时形成了复杂的变异类型，品种类型繁多；另一方面，根据同工酶分析，云南的栽培稻品种与普通野生稻有更近的亲缘关系（李昆声，1984）。长江中游-淮河流域学说是伴随河南舞阳贾湖遗址的发现，基于边缘理论而提出的（王象坤等，1998）。长江中下游学说的提出也是以当时发现的较早年代的水稻遗址为主要依据（刘志一，1994；向安强，1995）。目前的核基因组测序技术研究结果表明，亚洲栽培稻可能起源于华南珠江流域（Huang et al.，2012；Wei et al.，2012），但核基因组测序技术研究结果也只能说明在现存的野生稻中，珠江流域的野生稻与亚洲栽培稻亲缘关系最为接近，不足以以此确定华南地区为亚洲栽培稻起源地。

关于亚洲栽培稻两个亚种起源问题存在单次起源和多次起源假说的争论。早在1928年，Kato等就提出了籼稻和粳稻分别是由普通野生稻演化而来的观点。后来也有学者认为，两个亚种分别起源于已产生籼、粳分化的不同野生稻或者同一种野生稻的不同居群，随着时间的推进分别演化成粳稻和籼稻（Second，1982；Dally and Second，1990；Nakano et al.，1992；Sun et al.，2002；Londo et al.，2006），也就形成了多次起源假说。而丁颖（1957）根据栽培稻的地理分布规律和生态特性，提出栽培稻起源与演化的规律为：先由普通野生稻演变成籼稻，再由籼稻演变成一种适应高海拔、高纬度生境的栽培稻类型——粳稻，即栽培稻起源与演化的单次起源假说。

支持单次起源假说的学者认为，籼稻的遗传多样性比粳稻高，无论是多年生的普通野生稻还是一年生的尼瓦拉野生稻，均与籼稻的遗传关系较近（Morishima and Gadrinab，1987；Garris et al.，2005）。目前最新的核基因组测序技术研究结果大部分都支持多次起源假说（He et al.，2011；Huang et al.，2012；Xu et al.，2012）。之所以产生这些看似矛盾的遗传证据，主要是因为栽培稻和普通野生稻之间并没有出现完全的生殖隔离，它们之间有着大量的基因交流。

然而普通野生稻和栽培稻在进化过程中，基因渐渗方向如何？最新研究表明（Wang et al.，2017），普通野生稻与栽培稻是共同演化的，从图1-6可看出，普通野生稻和栽培稻来自同一个祖先（common ancestor），随着普通野生稻和栽培稻的进化历程，大部分栽培稻的基因流入普通野生稻群体。王象坤和孙传清（1997）总结多年来的研究认为，栽培稻的渗入杂交及分化-杂交环的反复作用是中国普通野生稻在形态、蛋白质和 DNA 诸多水平上产生丰富多样性的根本原因。目前对栽培稻的渗入杂交促使普通野生稻呈现复杂的形态变异已达共识，但考虑到栽培稻的遗传变异水平较其祖先种低得多，其花粉的流入是否会在蛋白质与 DNA 水平上使普通野生稻亦体现出丰富的遗传多样性？栽培稻频繁的基因流似乎会阻止普通野生稻居群内及居群间的遗传分化？对于普通野生稻这种以异交为主的植物，自身的基因流对其居群遗传结构的影响是否更重要？这些疑虑都有待考证。

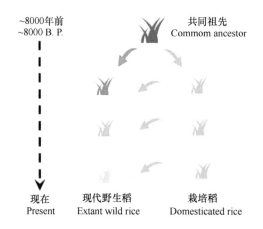

图 1-6　普通野生稻受到栽培稻的遗传侵蚀（引自 Wang 等，2017）
Fig. 1-6　Asian wild rice is heavily admixed with domesticated rice through both pollen and seed-mediated gene flow（Cited from Wang et al.，2017）

参 考 文 献

常青, 周开亚. 1998. 分子进化研究中系统发生树的重建. 生物多样性, 6(1): 55-62.

陈成斌. 1997. 关于普通栽培稻演化途径之我见. 广西农业科学, (1): 1-5.

陈成斌. 2001. 普通野生稻辐射后代习性的变异. 广西农业科学, (2): 57-61.

陈成斌. 2005. 广西野生稻资源研究. 南宁: 广西民族出版社.

陈成斌, 陈家裘, 李道远, 等. 1998. 普通野生稻辐射后质量性状的变异. 西南农业学报, 11(2): 7-16.

陈成斌, 赖群珍, 李道远, 等. 1996. 普通野生稻辐射后 M₁ 代数量性状变异探讨. 广西农学报, (2): 1-7.

陈飞鹏, 吴万春. 1994. 中国三种野生稻根状茎解剖的比较研究. 华南农业大学学报, 15(2): 81-84.

陈良兵, 李迪, 朱汝财, 等. 2006. 海南普通野生稻琼海居群与三亚居群的遗传分化. 分子植物育种, 4(2): 189-193.

陈志强, 黄超武. 1987. 中国三种野生稻茎叶解剖的比较研究. 中国科学, (3): 51-57.

戴陆园, 黄兴奇, 张金渝, 等. 2001. 云南省野生稻资源保存保护现状. 植物遗传资源科学, 2(3): 45-48.

丁颖. 1957. 中国栽培稻种的起源及其演变. 农业学报, 8(3): 243-260.

丁颖. 1961. 中国水稻栽培学. 北京: 农业出版社: 49.

范树国, 张再君, 刘林, 等. 2000a. 中国野生稻的种类、地理分布及其生物学特征特性综述. 武汉植物学研究, 18(5): 417-425.

范树国, 张再君, 刘林, 等. 2000b. 稻属植物分类研究的历史及现状. 武汉植物究, 18(18): 328-337.

范芝兰, 潘大健, 陈雨, 等. 2017. 广东普通野生稻调查、收集与保护建议. 植物遗传资源学报, 18(2): 372-379.

高立志, 张寿洲, 周毅, 等. 1996. 中国野生稻的现状调查. 生物多样性, 4(3): 160-166.

高立志, 周毅, 葛颂, 等. 1998. 广西普通野生稻(Oryza rufipogon Griff.)的遗传资源现状及其保护对策. 中国农业科学, 31(1): 32-39.

韩惠珍, 徐雪宾. 1994 . 中国三种野生稻胚的形态学观察. 中国水稻科学, 8(1): 73-78.

胡标林, 余守武, 万勇, 等. 2007. 东乡普通野生稻全生育期抗旱性鉴定. 作物学报, 33(3): 425-432.

黄娟, 杨庆文, 陈成斌, 等. 2009. 广西普通野生稻的遗传多样性及分布特征. 中国农业科学, 42(8): 2633-2642.

将春苗, 黄兴奇, 李定琴, 等. 2012. 云南野生稻叶茎根组织结构特性的比较研究. 西北植物学报, 32(1): 99-105.

康公平, 徐国云, 陈志, 等. 2007. 茶陵普通野生稻光合特性研究. 作物学报, 33(9): 1558-1562.

李道远, 陈成斌. 1993. 中国普通野生稻的分类学问题探讨. 西南农业学报, 6(1): 1-6.

李杜娟, 陈雨, 潘大建, 等. 2012. 粤东地区普通野生稻表型多样性分析. 广东农业科学, 2: 13-17.

李昆声. 1984. 亚洲稻作文化的起源. 社会科学战线, (4) : 122-131.

李文华, 赵献英. 1984. 中国的自然保护区. 北京: 商务印书馆: 222.

练子贤, 史磊刚, 卢永根, 等. 2008. 广东高州普通野生稻与粳稻杂交 F₁ 花粉育性及其发育特点. 植物遗传资源学报, 9(1): 6-10.

刘次全, 黄京飞, 王莹. 1990. 分子进化研究中的一些问题. 动物学研究, 11(2): 167-172.

刘志一. 1994. 关于稻作农业起源问题的通讯. 农业考古, (3) : 54-70.

卢宝荣. 1998. 稻种遗传资源多样性的开发利用和保护. 生物多样性, 6(1): 63-72.

卢宝荣, 葛颂, 桑涛, 等. 2001. 稻属分类的现状及存在的问题. 植物分类学报, 39(4): 373-388.

卢永根, 刘向东, 陈雄辉. 2008. 广东高州普通野生稻的研究进展. 植物遗传资源学报, 9(1): 1-5.

庞汉华, 才宏伟, 王象坤. 1995. 中国普通野生稻 Oryza rufipogon Griff. 的形态分类研究. 作物学报, 21(1): 17-24.

庞汉华, 陈成斌. 2002. 中国野生稻资源. 南宁: 广西科学技术出版社.

庞汉华, 应存山. 1993. 中国野生稻的种类、地理分布与研究利用//应存山. 中国稻种资源. 北京: 中国农业科学技术出版社: 17-28.

王国昌, 卢永根. 1991. 我国三个野生稻种谷粒和花药形态的扫描电镜观察. 中国水稻科学, 5(1): 7-12.

王象坤. 1993. 中国栽培稻的起源、演化与分类//应存山. 中国稻种资源. 北京: 中国农业科学技术出版社: 8-9.

王象坤. 1996. 中国栽培稻种起源与演化研究专集. 北京: 中国农业大学出版社: 2-7.

王象坤, 孙传清. 1997. 中国栽培稻起源与演化专集. 北京: 中国农业大学出版社: 101-106.

王象坤, 孙传清, 才宏伟, 等. 1998. 中国稻作起源和演化. 科学通报, 43(22): 2354-2364.

吴妙燊, 陈成斌. 1986. 广西野生稻酯酶同工酶研究报告. 作物学报, 12(2): 87-94.

吴妙燊, 李道远. 1986. 野生稻遗传利用展望. 中国种业, (4): 1-4.

吴万春. 1995. 稻属植物分类研究的进展. 华南农业大学学报, 16(4): 115-122.

向安强. 1995. 中国稻作起源问题之检讨——兼抒长江中游起源说. 东南文化, (1): 44-58.

星川清亲. 1976. 水稻的生长(日文). 东京: 社团法人农山渔村文化协会.

杨庆文, 余丽琴, 张万霞, 等. 2005. 原、异位保存普通野生稻种质资源的遗传多样性比较研究. 中国农业科学, 38(6): 1073-1079.

游修龄. 2007. 中国稻作文化. 上海: 上海人民出版社.

张乃群, 李运贤, 祝莉莉, 等. 2003. 稻属分类研究综述. 中国水稻科学, 17(4): 393-397.

张亚平. 1996. 从 DNA 序列到物种树. 动物学研究, 17(3): 247-252.

周海飞. 2008. 稻属 *Oryza rufipogon* 和 *Oryza nivara* 的遗传多样性和居群分化研究. 昆明: 中国科学院植物研究所. 博士学位论文.

周雯. 2013. 中国普通野生稻的地理变异格局及其机制的研究. 武汉: 中国科学院武汉植物园. 博士学位论文.

Aggarwal R K, Brar D S, Khush G S. 1997. Two new genomes in the *Oryza* complex identified on the basis of molecular divergence analysis using total genomic DNA hybridization. Molecular and General Genetics MGG, 254(1): 1-12.

Baillion N. 1894. Histoire des Plantes. Paris: Librairire de L Hachette et Cie.

Chang T T. 1976. The origin, evolution, cultivation, dissemination and diversification of Asian and African rices. Euphytica, 25(1): 435-441.

Chang T T. 1985. Crop history and genetic conservation: rice-a case study. Iowa State Journal of Research, 59(4): 425-455.

Chatterjee D. 1948. A modified key and enumeration of the species of *Oryza* L. Indian Journal of Agricultural Sciences, 18(13): 185-192.

Cho Y G, McCoueh S R, Kuiper M, et al. 1998. Integrated map of AFLP, SSLP, and RFLP markers using a recombinant inbred population of rice (*Oryza sativa* L.). Theoretical and Applied Genetics, 97(3): 370-380.

Dally A M, Second G. 1990. Chloroplast DNA diversity in wild and cultivated species of rice (Genus *Oryza*, Section *Oryza*). Cladistic-Mutation and genetic distance analysis. Theoretical and Applid Genetics, 80(2): 209-222.

Fitch W M, Margoliash E. 1967. Construction of phylogenetic tress. Science, 155: 279-284.

Fu X L, Lu Y G, Liu X D, et al. 2008. Progress on transferring elite genes from non-AA genome wild rice into *Oryza sativa* through interspecific hybridization. Rice Science, 15(2): 79-87.

Fuller D Q, Harvey E, Qin L. 2007. Presumed domestication? Evidence for wild rice cultivation and domestication in the fifth millennium BC of the Lower Yangtze region. Antiquity, 81(312): 316-331.

Fuller D Q, Qin L, Zheng Y, et al. 2009. The domestication process and domestication rate in rice: spikelet bases from the Lower Yangtze. Science, 323(5921): 1607-1610.

Fuller D Q, Sato Y I, Castillo C, et al. 2010. Consilience of genetics and archaeobotany in the entangled history of rice. Archaeological and Anthropological Sciences, 2(2): 115-131.

Gao L. 2004. Population structure and conservation genetics of wild rice *Oryza rufipogon* (Poaceae): a region-wide perspective from microsatellite variation. Molecular Ecology, 13(5): 1009-1024.

Garris A J, Tai T H, Coburn J, et al. 2005. Genetic structure and diversity in *Oryza sativa* L. Genetics, 169(3): 1631-1638.

Ge S, Sang T, Lu B R, et al. 1999. Phylogeny of rice genomes with emphasis on origins of allotetraploid species. Proceedings of the National Academy of Sciences of the United States of America, 96(25): 14400-14405.

Goicoechea J L, Ammiraju J S S, Marri P R, et al. 2010. The future of rice genomics: sequencing the collective *Oryza* genome. Rice, 3(2): 89-97.

Goodman M M. 1989. Emerging alliance of phylogenetic systematics and molecular biology: a new age of exploration. *In*: Feinholm B, Bremer K, Jornvall H. The Hierarchy of Life. Amsterdam: Elsevier: 43-61.

Harland J R, De-Wet M J. 1971. Toward a rational classification of cultivated plants. Taxon, 20(4): 509-517.

He Z, Zhai W, Wen H, et al. 2011. Two evolutionary histories in the genome of rice: the roles of domestication genes. Plos Genetics, 7(6): e1002100.

Hu C H. 1970. Cytogenetic studies of *Oryza officinalis* complex III. The genomic constitution of *O. punctate* and *O. eichingeri*. Cytologia, 35(2): 304-318.

Huang P, Schaal B A. 2012. Association between the geographic distribution during the last glacial maximum of Asian wild rice, *Oryza rufipogon* (Poaceae), and its current genetic variation. American Journal of Botany, 99(11): 1866-1874.

Huang X, Kurata N, Wei X, et al. 2012. A map of rice genome variation reveals the origin of cultivated rice. Nature, 490(7421): 497-501.

Katayama T. 1982. Cytogenetical studies on the genus *Oryza* XIII. Relationship between the genomes E and D. Japanese Journal of Genetics, 57(6): 613-621.

Kato S. 1930. On the affinity of the cultivated varieties of rice plants, *Oryza sativa* L. J Dept Agr Kyushu Imp Univ, 2(9): 241-275.

Kato S, Kosaka H, Hara S. 1928. On the affinity of rice varieties as shown by fertility of hybrid plants. Bulletin of Sciences of Faculty of Agriculture, Kyushu University, 3: 132-147.

Khush G S, Brar D S. 1997. Origin, dispersal, cultivation and variation of rice. Plant Molecular Biology, 35(1): 34-35.

Kiang Y T. 1979. The extinction of wild rice (*Oryza perennis formasana*) in Taiwan. Journal of Asian Ecology, 1: 1-19.

Kovach M J, Sweeney M T, McCouch S R. 2007. New insights into the history of rice domestication. Trends in Genetics, 23(11): 578-587.

Kurata N, Omura T. 1978. Karyotype analysis in rice I : a new method for identifying all chromosomes pairs. Japanese Journal of Genetics, 53(4): 251-255.

Linnaeus C. 1753. Species Plantarum. London: Adlard and Son Bar Tholomew Press: 39.

Liu Z M. 1975. The origin and development of cultivated rice in China. Journal of Genetics and Genomics, 2(1): 23-29.

Londo J P, Chiang Y C, Hung K H, et al. 2006. Phylogeography of Asian wild rice, *Oryza rufipogon*, reveals multiple independent domestications of cultivated rice, *Oryza sativa*. Proceedings of the National Academy of Sciences of the United States of America, 103(25): 9578-9583.

Lu B R. 1999. Taxonomy of the genus *Oryza* (Poaceae): historical perspective and current status. International Rice Research Notes, 24: 4-8.

Lu B R, Ge S, Sang T, et al. 2001. The current taxonomy and perplexity of the genus *Oryza* (Poaceae). Acta Phytotaxonomica Sinica, 39: 373-388.

Lu B R, Zheng K L, Qian H R, et al. 2002. Genetic differentiation of wild relatives of rice assessed by RFLP analysis. Theoretical and Applied Genetics, 106(1): 101-106.

Lu J Z, Zhang X L, Wang H G, et al. 2008. SSR analysis on diversity of AA genome *Oryza* species in the southeast and south asia. Rice Science, 15(4): 289-294.

Merrill E D. 1917. *Oryza sativa* L. Philippine Journal of Crop Science, (12): 2.

Morishima H, Gadrinab L U. 1987. Are the Asian common wild rices differentiated into the indica and japonica types? *In*: Hsieh S C. Crop Exploration and Utilization of Genetic Resources. Taiwan: Taichung Distr Agric Improv Station: 11-20.

Morishima H, Oka H I. 1970. A survey of genetic variation in the populations of wild *Oryza* species and their cultivated relatives. Japanese Journal of Genetics, 45(5): 371-385.

Morishima H, Sano Y, Oka H I. 1992. Evolutionary studies in cultivated rice and its wild relatives. Oxford Surveys in Evolutionary Biology, 8: 135-184.

Nakano M A, Yoshimura A, Iwata N. 1992. Phylogenetic study of cultivated rice and its wild relatives by RFLP. Rice Genetics Newsletter, (9): 132-134.

Nayar N M. 1973. Origin and cytogenetics of rice. Advances in Genetics, 17(3): 153-292.

Oka H I. 1998. Origin of Cultivated Rice. Tokyo: Japan Scientific Societies Press.

Patterson C. 1988. Homology in classical and molecular biology. Molecular Biology and Evolution, 5(6):

603-625.

Prodoehl A. 1922. Oryzease monographice describuntur. Mez Bot, 1: 221-255.

Roschevicz R J. 1931. A contribution to the knowledge of rice. Bull Appl Bot Genet Plant Breed, 27(4): 31-33.

Sampath S. 1962. The genus *Oryza*: its taxonomy and species interrelationships. Oryza, 1: 1-29.

Sarkar R, Raina S N. 1992. Assessment of genome relationships in the genus *Oryza* L. based on seed-protein profile analysis. Tag Theoretical and Applied Genetics, Theoretische und Angewandte Genetik, 85(1): 127-132.

Second G. 1982. Origin of the genetic diversity of cultivated rice (*Oryza* spp.): study of the polymorphism scored at 40 isozyme loci. Japanese Journal of Genetics, 57(1): 25-57.

Song Z P, Xu X, Wang B, et al. 2003. Genetic diversity in the northernmost *Oryza rufipogon* populations estimated by SSR markers. Theoretical and Applied Genetics, 107(8): 1492-1499.

Stafleu F A, Demoulin V, Greuter W, et al. 1984. 国际植物命名法规(1975 年 7 月第十二届国际植物学大会在列宁格勒通过). 赵士洞译. 北京: 科学出版社: 9.

Sun C Q, Wang X K, Yoshimura A, et al. 2002. Genetic differentiation for nuclear mitochondrial and chloroplast genomes in common wild rice (*O. rufipogo*n Griff.) and cultivated rice (*O. sativa* L.). Theoretical and Applied Genetics, 104(8): 1335-1345.

Tang L, Zou X H, Achoundong G, et al. 2010. Phylogeny and biogeography of the rice tribe (Oryzeae): evidence from combined analysis of 20 chloroplast fragments. Molecular Phylogenetics and Evolution, 54(1): 266-277.

Tateoka T. 1962. Taxonomic studies of *Oryza*, Ⅱ. Several species complexes. Botanical Magazine Tokyo, 75(894): 455-461.

Tateoka T. 1963. Taxonomic studies of *Oryza*, Ⅲ. Key to the species and their enumeration. Botanical Magazine Tokyo, 76(899): 165-173.

Ting Y. 1957. The origin and evolution of cultivated rice in China. Acta Agronomica Sinica, 8(3): 243-260.

Vaughan D A. 1989. The genus *Oryza* L: current status of taxonomy. Philippines: IRRI Research Paper Series-International Rice Research Institute, (138): 2-21.

Vaughan D A. 1994. The wild relatives of rice: a genetic resources hand-book. International Rice Research Institute, Los Banos, the Philippines.

Vaughan D A, Lu B R, Tomooka N. 2008. The evolving story of rice evolution. Plant Science, 174(4): 394-408.

Vaughan D A, Morishima H, Kadowaki K. 2003. Diversity in the *Oryza* genus. Current Opinion in Plant Biology, 6(2): 139-146.

Wang H R, Vieira F G, Crawford J E, et al. 2017. Asian wild rice is a hybrid swarm with extensive gene flow and feralization from domesticated rice. Genome Research, 27(6): 1029-1038.

Wang M X, Zhang H L, Zhang D L, et al. 2008. Genetic structure of *Oryza rufipogon* Griff. in China. Heredity, 101(6): 527-535.

Wang Z Y, Second G, Tanksley S D. 1992. Polymorphism and phylogenetic relationships among species in the genus *Oryza* as determined by analysis of nuclear RFLPs. Tag Theoretical and Applied Genetics, Theoretische und Angewandte Genetik, 83(5): 565-581.

Wang Z Y, Tanksley S D. 1989. Restriction fragment length polymorphism in *Oryza sativa* L. Genome, 32(6): 1113-1118.

Wei X, Qiao W H, Chen Y T, et al. 2012. Domestication and geographic origin of *Oryza sativa* in China: insights from multilocus analysis of nucleotide variation of *O. sativa* and *O. rufipogon*. Molecular Ecology, 21(20): 5073-5087.

Xu X, Liu X, Ge S, et al. 2011. Resequencing 50 accessions of cultivated and wild rice yields markers for identifying agronomically important genes. Nature Biotechnology, 30(1): 105-111.

Zhang T, Cao J H. 2005. Molecular cloning and characterization of pollen development related gene *RsMF2* from *Raphanus sativus* L. Journal of Integrative Agriculture, 4(7): 494-500.

Zhu Q H, Ge S. 2005. Phylogenetic relationships among A-genome species of the genus *Oryza* revealed by intron sequences of four nuclear genes. New Phytologist, 167(1): 249-265.

Zhu T, Xu P Z, Liu J P, et al. 2014. Phylogenetic relationships and genome divergence among the AA-genome species of the genus *Oryza* as revealed by 53 nuclear genes and 16 intergenic regions. Molecular Phylogenetics and Evolution, 70(1): 348-361.

Zong Y, Chen Z, Innes J B, et al. 2007. Fire and flood management of coastal swamp enabled first rice paddy cultivation in east China. Nature, 499(7161): 459-462.

Zou X H, Zhang F M, Zhang J G, et al. 2008. Analysis of 142 genes resolves the rapid diversification of the rice genus. Genome Biology, 9(3): R49.

第二章　普通野生稻渗入系构建

　　稻谷是世界超过半数人口、中国超过 60%人口的主粮,是我国农业生产中主要的粮食作物。多年来的粮食生产实践证明,"粮以种为先",栽培稻作为主要粮食作物,其品种改良相当重要,培育高产、优质、抗逆(如抗病、抗虫、抗寒冷、抗干旱等)新品种是其研究和育种的主要目标,也是其产业可持续发展和粮食安全的重要前提条件。

　　目前栽培稻育种和生产面临许多挑战,尤其是生物逆境(如病虫害)和非生物逆境(如干旱、寒冷)胁迫导致稻谷的减产和绝产。稻瘟病是栽培稻最主要的真菌性病害,严重影响其产量,严重时损失可达 50%,甚至可能导致局部田地绝产,每年全球由此造成的产量损失高达 11%~30%,而中国自 20 世纪 90 年代以来,稻瘟病年发生面积在 380万 hm^2 以上,造成数十亿千克稻谷损失。此外,稻瘟病还影响稻米品质(陈彦等,2012;温小红等,2013)。白叶枯病是栽培稻最主要的细菌性病害,一旦发生可减产 10%左右,严重的可减产 50%~60%,甚至绝收。虽然过去已经发现并利用了一些抗白叶枯病基因,但是抗病基因偏少、抗病持久性差等问题还十分严重(王丽等,2013)。在近 10 多年,随着稻飞虱新生物型的出现和其自东南亚国家逐渐向东北方向迁飞,我国自西南向东和向北稻飞虱危害逐渐加重,而且目前大多数生产上所用的栽培稻品种都不具有抗稻飞虱能力(于文娟等,2016)。冷害主要出现在苗期,而在高海拔地区(云贵高原稻区)或高纬度地区(东北、华北和华东北部稻区),在抽穗开花期栽培稻对低温也非常敏感,短期(几天甚至仅几个小时)的极端冷胁迫即可严重破坏栽培稻的生殖器官和生理功能,导致颖花不育、籽粒空瘪,从而降低稻谷产量。我国每年因低温冷害造成的稻谷减产达30 亿~50 亿 kg(韩龙植等,2003)。干旱对栽培稻生产的冲击非常大,全球气候模型预测,在 21 世纪末全球平均气温将提高 2~4.5℃,这造成稻谷产区的水分胁迫将会加倍(梁嘉荣和蔡一霞,2013)。近些年作物生产上越来越突出的一个问题是农药、化肥的大量使用,农药的滥用,不仅增加农民的生产成本,造成粮食食品安全问题,更为严重的是对生态的严重破坏。大量化肥的使用,导致其增产效力越来越低下,化肥一旦通过水体进入江河、湖泊,又造成其富营养化,导致水质下降。因此,中国提出到 2020 年要实现农药和化肥使用的"零增长",而之后还要压缩对化肥、农药的使用。这也要求栽培稻育种和生产还需要重视对肥高效利用,即栽培稻品种能高效利用化肥,具有营养高效基因。

　　培育优良品种还面临现有栽培稻育种亲本遗传基础狭窄的问题,以云南为例,现代栽培稻品种多数都具有西南 175 品种的血缘,这不仅导致现代品种产量潜力难以有突破性的提高,也隐藏着这些栽培稻存在暴发某些病虫害的潜在威胁。因此,实现培育高产、优质、抗逆性强的栽培稻新品种的目标,需要不断地提供栽培稻优良亲本。

　　越来越多的研究表明,发掘利用野生稻有利于改良栽培稻。野生稻经历长期自然逆境的压力选择，遗传物质分化高，具有遗传多样性丰富、抗逆性强的特性，具有栽培稻所不具有或已消失了的大量优良基因，是提高栽培稻产量潜力及其对抗生物或非生物胁迫等的宝贵基因库，是我国稻谷生产能力的战略性生物资源（Xiao et al.，1998）。Sun等（2001）和朱作峰等（2002）研究发现，栽培稻的等位基因数约为野生稻的60%，表明野生稻在演化成栽培稻的过程中，基因多样性降低，一些优异基因已在栽培稻中丢失。国际水稻研究所（International Rice Research Institute，IRRI）的研究发现，从野生稻中发掘出新基因的概率是现代栽培稻的50倍（江川等，2003）。Xiao等（1998）研究表明，来自野生稻中51%的数量性状基因座（quantitative trait locus，QTL）能改善栽培稻的农艺性状；Moncada等（2001）也发现野生稻中56%的QTL能改善栽培稻的农艺性状。然而在众多野生稻中，普通野生稻与栽培稻亲缘关系最近，是解决目前稻谷生产中诸多难题的重要物质基础和遗传资源宝库，也是研究栽培稻起源和演化的珍贵材料。

但从农业生产角度来看，普通野生稻也有一些不能满足现代稻谷生产的不利性状，如低产、株型差、落粒强、高感光、红长芒、黑壳等缺点，而且往往不利性状和优良性状连锁，加之所用平衡群体中野生种不利基因高频出现、基因互作增加、微效多基因效应被掩盖等，导致普通野生稻难以被直接利用（金杰等，2013）。所以必须对它们进行转育改良，一般将普通野生稻与栽培稻进行远缘杂交、回交、自交，促使普通野生稻与栽培稻之间发生染色体交换、重组，从而将普通野生稻所携带的有利性状整合到生产品种中，甚至使一些优良性状和不利性状之间的连锁打破，这样各个优良性状就分别被转移到栽培稻中，形成不同的渗入系，每个渗入系分别携带普通野生稻的一个或几个性状特征，如抗稻瘟病、抗白叶枯病、抗干旱、抗寒冷、高产、大粒、大穗、叶片直立、株型好、根系发达、高产潜力大的优良渗入系。

本章主要叙述不同类型普通野生稻的相关优良遗传特性，以及这些普通野生稻渗入系的构建进展，并对渗入系的概念、构建方法、构建的关键技术和渗入系的优越性进行展述。

第一节　普通野生稻的许多优良遗传特性可以用于改良现代栽培稻

普通野生稻分布广泛，所处生态环境复杂，并且由于受到不同地域的生物和非生物压力的影响，各自具有其特异性，因此各种类型的普通野生稻，甚至是同一类型的普通野生稻的不同居群，都各自具有一些极其优异的性状，主要包括：抗病虫特性（如抗稻瘟病、抗白叶枯病、抗纹枯病、抗白背飞虱、抗褐飞虱、抗叶蝉、抗黄矮病、抗稻瘿蚊、抗普矮病等）、抗（耐）非生物逆境特性（如耐寒冷、耐干旱、耐高盐碱等）、农艺性状优（如生长速度快、生物产量高、分蘖力强、大粒、高/矮秆等）、米质性状优（蛋白质及赖氨酸含量高、米质好）、生殖特性独特［细胞质雄性不育、花药大（长3.5~7mm）、柱头外露、开花时间长、早熟］及功能叶耐衰老等优异特性（吴妙燊和李道远，1986；鄂志国和王磊，2008）。

一、广东普通野生稻资源蕴藏的主要优良性状

广东普通野生稻遗传多样性丰富，广东很可能是华南乃至中国最大的一个普通野生稻遗传分化中心和遗传多样性中心。广东普通野生稻生长习性为水生性，无明显越冬期，四季常绿，一年抽穗一次，穗小，米粒呈褐色，边抽穗、边成熟、边落粒，抗病力、抗虫力、耐瘦力、耐寒性均较强，为宝贵的稻种资源（黄坤德，2004；杨庆文等，2004；李晨等，2006；Li et al.，2006）。1982~1987 年，广东省农业科学院水稻研究所野生稻研究组对广东普通野生稻进行了初步的鉴定，结果发现，抗白叶枯病的有藤桥、洪丰、海头、合江、沙塘等系统；抗稻瘟病的有公坡、长沙、中居、水口、麻章等系统；抗褐飞虱的有君堂、芦苞、增江、泰美等系统；抗稻瘿蚊的有范坡、三门坡、豆坡、良桐等系统；抗三化螟的有隆口等系统；耐涝的有新坡、杨屋、公明、江浦、汝湖等系统；耐旱的有黄流、白沙、大田、龙岗、白土等系统；幼苗期耐寒的有良洞、全鸡、横江、虾坑、罗岗、陈江等系统；根系泌氧力强的有八所、河头、横坡、惠郊等系统。以上带有抗性的普通野生稻系统，虽然糙米表皮为红色，但加工后大多数呈玻璃透明或虾肉色，米身较坚硬，断粒的少，据外观品质评价都为优质米（广东省农业科学院水稻研究所野生稻研究组，1988）。

（一）抗病性

"七五"和"八五"期间，广东省农业科学院鉴定 2557 份广东普通野生稻对白叶枯病的抗性，获高抗 5 份、抗病 142 份、中抗 589 份；鉴定 1626 份广东普通野生稻对稻瘟病的抗性，结果选出 0 级（无病）17 份、1 级（仅有小的针尖大小的褐点）5 份、2 级（有较大褐点）1 份、3 级（有小而圆以至稍长的褐色的坏死灰斑，直径为 1~2mm）4 份；鉴定 2021 份广东普通野生稻对纹枯病的抗性，发现编号 S6070、S6074、S6075、S6191 等 23 份普通野生稻中抗纹枯病；鉴定 2000 余份广东普通野生稻抗性，得到一批单抗和多抗材料，如高抗稻瘟病兼抗白叶枯病材料 S1011、S1153 和 S2159 等，中抗纹枯病兼抗稻瘟病、细菌性条斑病材料 S1001 和 S3192，中抗纹枯病兼抗稻瘟病材料 S1031、S3304 和 S8153，抗细菌性条斑病材料 S7164 和 S7609（徐羡明等，1986，1991；霍超斌等，1987；梁能和吴惟瑞，1993）。

"十一五"期间，潘大建等（2008）采用人工剪叶接种白叶枯病Ⅳ群菌对 135 份广东普通野生稻材料进行鉴定，筛选出抗白叶枯病样本 31 份；另在苗期采用人工接种稻瘟病混合菌株对 108 份高州普通野生稻样本进行鉴定，经过初鉴和复鉴，筛选出抗级为 2~3 级的抗病样本 3 份；利用我国稻瘟病 5 个菌群、7 个生理小种、22 个菌株对初鉴表现中抗的 2 份种茎样本 B35 和 C1 的各 2 个 F_1 单株进行苗期抗谱测定，获得全群抗性频率分别达到 86.36% 和 81.82% 的材料各 1 份。在此期间，赵美玉（2006）还对高州普通野生稻的稻瘟病抗性生理机制进行了研究，从高州普通野生稻中分离鉴定到 7 种酚酸类物质，并发现这些物质对稻瘟病菌均有抑制作用，它们可能是高州普通野生稻中重要的抗稻瘟病物质；还通过外源信号物质对高州普通野生稻体内抗性物质的影响及其生理生

化问题进行研究,获得了一些有价值的结果。吴国昭等(2009)分别用两个浓度(25μmol/L
和50μmol/L)的植物防御信号物质茉莉酸甲酯(MeJA)和水杨酸甲酯(MeSA)喷雾处
理直立型高州普通野生稻幼苗植株,发现适量浓度的MeJA和MeSA可显著提高高州普
通野生稻幼苗对稻瘟病的抗性,且能提高叶片内保护酶POD活性及酚酸类物质的含量。
表明外源信号物质提高高州普通野生稻对稻瘟病的抗性可能与其诱导植物体内保护酶
活性提高及酚酸类物质合成有关。Xia等(2010)选用菲律宾9个代表白叶枯病的菌株
(PXO61、PXO86、PXO79、PXO71、PXO112、PXO99、PXO280、PXO339和PXO124)
对1份高州普通野生稻进行接种鉴定发现,该份材料除感PXO99和PXO339两个菌株
外,抗其余7个菌株。

（二）抗虫性

　　"八五"期间,广东省农业科学院科研团队选出广东普通野生稻高抗褐飞虱的有
S3026、S7468、S7536等7份;抗白背飞虱的有S324、S9004等6份;抗稻瘿蚊的有
S1112、S7553、S1192等7份;抗三化螟的有S2136、S2023等7份(梁能和吴惟瑞,
1993)。与此同时,谭玉娟等(1991)对广东省农业科学院水稻研究所提供的2023份广
东普通野生稻材料进行三化螟抗性鉴定,包括国际水稻研究所抗性对照W1263、感性对
照品种二白矮在内的所有材料的平均枯心率达50%,在此情况下,参试的2023份样本
材料经过反复鉴定,9级(高感)有1069份,占52.84%,7级(感)有453份,占22.39%,
5级(中抗)有501份,占24.77%,未发现1~3级(免疫至抗)的材料。谭玉娟等(1993)
发现,广东澄海普通野生稻对三化螟、褐飞虱有明显的抗性,在分蘗期,三化螟幼虫、
褐飞虱对其危害小,苗期对褐飞虱的危害反应小。李小湘等(1995)对498份广东普通
野生稻进行褐飞虱抗性鉴定,以Mudgo、IR26、ASD7和N22为抗性对照品种,TN1
为感虫对照品种,结果发现92037、92044、92099、92178和92201共5份为5级(中
抗),未发现1~3级(免疫至抗)的材料。

　　"十一五"期间,谢志成等(2007)在水稻分蘗期和乳熟期,调查了广东普通野生
稻及栽培稻对6种潜根线虫(水稻潜根线虫、细尖潜根线虫、贝尔潜根线虫、小结潜根
线虫、纤细潜根线虫和野生稻潜根线虫)的田间抗性。结果显示,栽培稻中存在5~6种
潜根线虫,广东普通野生稻只存在3种潜根线虫,并且无论分蘗期还是乳熟期栽培稻潜
根线虫量都大于广东普通野生稻,表明广东普通野生稻对潜根线虫存在种间选择抗性。

（三）抗（耐）非生物逆境特性

　　"七五"期间,梁能(1989)鉴定了1644份广东普通野生稻的耐寒性,属Ⅰ级的
有55份、Ⅱ级的有95份;鉴定了1555份广东普通野生稻的耐旱性,属Ⅰ级的有30
份、Ⅱ级的有112份;鉴定了1315份广东普通野生稻的耐涝性,属Ⅰ级的有39份、
Ⅱ级的有111份;鉴定了1518份广东普通野生稻的根系泌氧力,属Ⅰ级的有55份、
Ⅱ级的有94份。另外,推荐了优质耐寒的种质S3276、S3374、S6105、S6134、S7252、
S7346、S7523、S7551、S7617和S8128共10份;优质耐旱的种质S1058、S3122、S3254、
S4004、S5005、S6089、S7194、S7354、S7547和S7621共10份;优质耐涝的种质S3028、

S7048、S7123、S7161、S7179、S7438、S7580 和 S8142 共 8 份；根系泌氧力强的种质 S2136、S3146、S6002、S6155、S7116、S7659、S8094、S8161、S9005 和 S9052 共 10 份。

"十五"期间，黄瑶珠（2004）通过异地网室试验，发现植株形态与耐寒性有相关性，其中匍匐型耐寒性最强，半直立型和直立型的耐寒性相对较差。黎华寿等（2004）通过高州普通野生稻生长期间对水分的利用、耐旱、耐寒、耐酸、耐强光和耐淹的情况及有关的生理生化问题进行研究表明，高州普通野生稻体内的生理变化有利于生理抗旱；高州普通野生稻有较强的耐低温能力，较强的耐酸雨能力。黄坤德等（2004）通过对高州普通野生稻原生境的研究发现，其生境周围存在砖瓦厂、小化工厂和采石场，许多居民生活污水和农田排水都汇合到高州普通野生稻所在的河沟湿地，但它仍能生长良好，说明高州普通野生稻具有较强的耐污水和低浓度重金属及其他污染物的能力。董志国（2005）对高州普通野生稻耐光氧化性状进行筛选并初步探讨其机制，结果表明，高州普通野生稻耐光氧化能力整体表现为匍匐型>半直立型>直立型，其中有 2 个编号的高州普通野生稻耐光氧化能力高于对照杂交稻两优培九。

"十一五"期间，基于高州普通野生稻的耐污特性，张学树（2006）对高州普通野生稻对重金属铅（Pb）胁迫的响应进行研究，结果表明，高州普通野生稻具有较强的耐乙酸铅能力，在 4000mg/kg 高铅条件下仍能存活；其对氯酸盐污染胁迫的响应研究表明，高州普通野生稻具有较强的耐低氮胁迫和耐次氯酸强氧化剂胁迫的能力。赵美玉（2006）通过提取高州普通野生稻茎水提物研究其对杂草的化感作用，发现有 5 个编号的高州普通野生稻茎水提物对稗草有强抑制作用。

"十二五"期间，王兰和蔡东长（2011）对 141 份高州普通野生稻进行苗期耐寒性鉴定，鉴定出 2 份（GZW5 和 GZW18）具有苗期强耐寒性。褚绍尉等（2013）利用简单钙溶液培养法对高州普通野生稻进行了耐铝性鉴定，结果表明广东高州普通野生稻具有耐铝特性。

（四）农艺性状

"十五"期间，黄瑶珠（2004）发现高州普通野生稻在抽穗灌浆后期剑叶叶绿素和可溶性蛋白质含量均高于栽培稻，说明高州普通野生稻光合作用衰退慢，不易早衰。黎华寿和黄坤德（2004）利用不同干扰（不同刈割次数、不同刈割强度）对高州普通野生稻作为牧草（养牛、羊、鹅、鱼等）和水质净化植物的可行性进行试验和评价，提出了利用其优良特性选育优良水生牧草具有可能性。

"十一五"期间，卢永根等（2008）利用台中 65 与高州普通野生稻杂交获得 72 个野栽杂交组合，对杂种的再生力和再生植株主要农艺性状进行调查，结果表明：杂种具有很强的再生力，在广州每年可以再生 2 季以上，再生植株具有强大的生物学优势，单株平均有效穗数为 63.22 穗、穗长为 27.56cm、株高为 141.59cm，说明高州普通野生稻作为饲用材料开发具有一定的前景。

"十三五"期间，陈明霞等（2016）调查了 141 份高州普通野生稻的株高、分蘖力和干物质量等农艺性状，结果表明，141 份普通野生稻的株高为 62.0~115.0cm，分蘖数为 21~325 个，干物质量为 4.90~68.30g/株，各品种间存在显著差异。作者从中筛出产量较高的 20 个品种，这些品种株高为 75.0~102.5cm，分蘖数为 114~325 个，干物质量为 25.18~68.33g/株，3 项指标相比所有参试品种的平均值均有提升，其中分蘖数和干物质量指标上升幅度较大。根据株高、产量、分蘖力从 141 份高州普通野生稻材料中初选出 20 个生态型，分析其营养成分并对其作饲用稻的优劣进行综合排序。结果显示，GZW128 的隶属值居前，粗蛋白质产量较高，综合饲用价值好，可直接开发利用；GZW107 的粗蛋白质含量最高，为 17.33%；GZW128 的分蘖数和干物质量最高，分别为 325 个和 68.33g/株；GZW039 的灰分最少，为 11.70%；GZW110 的粗纤维含量最低，为 25.97%。

（五）米质性状

"八五"期间，庞汉华（1992）对 1851 份广东普通野生稻的稻米外观品质进行统计发现，58.02% 为优质稻米，34.58% 为中等稻米，7.40% 为差等稻米。随后，广东省农业科学院选取 528 份广东普通野生稻具体分析了其稻米米质，结果表明，蛋白质含量变幅为 8.53%~17.4%，平均为 11.9%，蛋白质含量达 15% 以上的综合性状好的有 S2067、S3022、S3356 等 10 余份（梁能和吴惟瑞，1993）。万常炤等（1993）对广东普通野生稻的稻米蒸煮品质进行分析，发现直链淀粉含量平均为 19.61%，比参试的 12 个籼稻品种的平均含量（21.47%）低，比参试的 10 个粳稻品种的平均含量（13.17%）高；消减值平均为 3.77，比参试的粳稻均值（6.5）和籼稻均值（4.7）都低；胶稠度平均为 28.33mm，比参试的粳稻值（38.2mm）和籼稻均值（30mm）都低。

"九五"期间，甄海等（1997）用半微量凯氏定氮法测定 721 份广东普通野生稻整粒稻米蛋白质含量，结果发现，蛋白质含量变幅为 8.5%~17.4%，大于 15% 的有 10 份，占总数的 1.4%，在 12.1%~15% 的有 321 份，占总数的 44.5%，在 8.1%~12% 的有 390 份，占总数的 54.1%。

（六）生殖特性

"八五"期间，广东省农业科学院从来自不同生态地区的 1050 份广东普通野生稻中选出细胞雄性全不育（100% 不育）的 S8045、S7002 等 24 份，近全不育（99%~99.9% 不育）的 S2049、S1179 等 12 份，高不育（90%~98.9% 不育）的 S1039、S1112 等 35 份，综合性状好、全不育的有 S1167、S2050、S2051 等 18 份，这些都是培育杂交稻不育系较好的种质资源（梁能和吴惟瑞，1993）。

"十一五"期间，杨培周等（2006a，2006b）对 141 份广东普通野生稻生殖特性（结实率、花粉育性、发育特点）进行了基础研究。发现高州普通野生稻的结实率平均为 57.23%，普遍偏低；花粉育性平均为 89.3%，育性最低的仅为 8%，其中有 7 个编号出现不同程度的败育现象；17 个编号（占 12.06%）的裂药性存在严重的异常现象。进一步利用该实验室建立的整体染色体激光扫描共聚焦显微技术（WE-CLSM）对以上相同编号材料的成熟胚囊育性及发育特点等进行研究表明，绝大多数的高州普通野生稻成熟胚囊存在不同程度的异常现象，包括雌性生殖单位退化、极核位置异常、极核数目异常和胚囊退化等异常类型胚囊，141 个编号的平均异常胚囊频率为 11.11%，最高异常率达 67.86%。这些异常胚囊由于没有正常的卵细胞或极核，理论上不能正常受精，从而在一定程度影响籽粒结实率。另外，了解到高州普通野生稻胚囊的发育过程与正常栽培稻一致，属蓼型。对一些结实率偏低的材料研究，在其胚囊发育过程的不同时期均发现一些异常现象，包括功能大孢子退化、二至八核胚囊发育异常等。对受精后柱头上花粉量调查，发现在所观察的 69 个编号中，多数编号落在柱头上的花粉量偏少，说明花粉量偏少可能是影响受精并导致结实率偏低的主要原因之一。杨培周等（2006c）进一步对 141 个编号的高州普通野生稻的花粉育性、裂药指数、胚囊育性和结实率进行了通径分析，结果表明，花粉育性、裂药指数和胚囊育性决定了结实率变异的61.17%，其中裂药指数对结实率的直接作用最大，通径系数为 0.6495，即裂药指数每增加 1 个标准单位，可使结实率增加 0.6495 个标准单位；花粉育性和胚囊育性对结实率的直接作用较小，通径系数分别为 0.2356 和 0.2137；花粉育性通过裂药指数还有较大的间接通径系数（0.2960），即花粉育性每增加 1 个标准单位，使裂药指数提高，可使结实率增加 0.2960 个标准单位。根据生殖特性对高州普通野生稻进行系统聚类分析，将其分为 4 群，其中 I 群的花粉育性、胚囊育性和裂药指数对结实率影响小；II 群的胚囊育性对结实率影响较大；III 群的裂药指数对结实率影响较大；IV 群的花粉育性和裂药指数均对结实率影响较大。练子贤（2007）在杨培周等（2006a，2006b，2006c）的研究基础上，以粳稻台中 65 为母本，与不同编号的高州普通野生稻杂交配制 72 个杂种 F_1（以下简称为粳野杂种 F_1），通过 WE-CLSM 等技术对粳野杂种 F_1 花粉育性及发育特点、胚囊育性及发育特点、受精和胚胎发育等生殖特性进行研究，结果发现平均结实率为 68.30%，不同组合间的差异显著；平均花粉育性为 76.49%，多数高于 70%，表现正常；成熟胚囊平均育性为 64.61%，异常胚囊的主要类型与高州普通野生稻原种基本一致，胚囊育性低的粳野杂种 F_1 在胚囊发育的二核胚囊时期及之后的各个时期存在多种异常现象；低结实率粳野杂种 F_1 存在胚囊结构正常未受精、结构异常未受精、结构异常未受精但膨大等一些异常现象。进一步对主要生殖性状与结实率的通径分析表明，胚囊育性对粳野杂种 F_1 结实率的直接作用最大，通径系数为 0.8193；花粉育性和裂药性对结实率的影响均不显著。

二、广西普通野生稻资源蕴藏的主要优良性状

广西普通野生稻分布广，类型极为丰富，从"六五"期间对广西普通野生稻考察以来，已鉴定出一批具有抗病虫性强、抗（耐）非生物逆境好、分蘖多、品质优等优异性状的材料。

（一）抗病性

"七五"期间，吴妙燊和陈道远（1986）经过多年的鉴定，发现广西普通野生稻存在极其丰富的高抗白叶枯病抗源，其抗性和 IR26 相同或更抗，与栽培稻杂交的杂种第一代抗性达 1 级。赖星华等（1992）系统鉴定了广西普通野生稻 1679 份，筛选出抗稻瘟病抗源 6 份，抗性与国际著名稻瘟病抗源特特普相当，是良好的抗源材料。孙恢鸿等

（1992）对 1752 份广西普通野生稻进行了白叶枯病抗性鉴定，鉴定出高抗材料 2 份、抗病材料 55 份、中抗材料 426 份，抗性材料占总数的 27.6%。另外，还发现不同来源普通野生稻间的抗性存在明显的差异，同一类型不同分布地点、同一分布地点不同类型，甚至同一分布地点同一类型野生稻的抗性均不尽相同。林世成等（1992）重复评价了 48 份广西普通野生稻对 3 个白叶枯病菌系 P_1、HB84-17 和 T_1 的抗性，结果发现有 6 份材料抗 3 个菌系，其中 1 个材料 RBB16 的抗性是相对稳定和纯合的。

"八五"期间，广西农业科学院筛选出的广西普通野生稻可作白叶枯病抗源的有 YDZ-0480、YDZ-1443 等 86 份；作稻瘟病抗源的有 YD2-0435、YD2-1005、YD2-1263 等 9 份；作稻飞虱抗源的有 YD2-1668 和 YD2-1593 共 2 份（吴妙燊，1993；陈成斌和李道远，1995）。李容柏和秦学毅（1994）采用 A_1、A_{17}、B_1、B_7、B_{13}、B_{15}、C_{15}、G_{18} 8 个小种分测或混合接种，鉴定 1587 份广西普通野生稻对稻瘟病的抗性，获得 67 份抗源，其中有 16 份对全部菌株具有广谱稳定抗性。

"九五"期间，章琦等（2000）对广西普通野生稻 RBB16 进行鉴定，接种广谱毒性菌株菲律宾白叶枯病菌 6 号生理小种（PXO99），发现 RBB16 全生育期高抗 PXO99。

"十五"期间，王春连等（2004）从 269 份广西普通野生稻中鉴定出一个高抗白叶枯病抗源 Y238。

"十一五"期间，黄大辉等（2008）对 1655 份广西普通野生稻进行了细菌性条斑病抗性鉴定，结果发现有 57 份抗病材料，其中 3 级（抗性）有 31 份，占总数的 1.87%；5 级（中抗）有 26 份，占总数 1.57%。韦燕萍等（2009）从 1500 份广西普通野生稻中鉴定出 1 级（高抗）稻瘟病材料 3 份，3 级（抗病）材料 10 份，5 级（中抗）材料 122 份。Xia 等（2010）选用菲律宾 9 个代表白叶枯病的菌株（PXO61、PXO86、PXO79、PXO71、PXO112、PXO99、PXO280、PXO339 和 PXO124）对 3 份广西普通野生稻进行接种鉴定发现，3 份材料都抗 9 个菌株。

"十二五"期间，陈成斌等（2012）对 1609 份广西普通野生稻进行白叶枯病多菌系多年度抗性鉴定，筛选出可作为白叶枯病广谱抗源的有 0309、0312、0395、0418、0422、0437、0445、0477、0482、1116、1119、1121、1251、1331、1380 和 1900 共 16 份。颜群等（2012）采用从广西不同稻作区收集的 8 个稻瘟病菌系对广西普通野生稻 RB221 和 11 个已知抗病基因的水稻品种进行抗谱测定，结果发现，抗源 RB221 的抗谱与 11 个已知抗病基因的水稻品种有差异，其对 8 个菌系均表现出抗病反应，在所有参试品种中抗谱最广。覃宝祥等（2014）利用华南籼稻区优势菌株（Ⅳ型）和 7 个广西优势菌株（广西 I~Ⅶ型菌株）对 1498 份广西普通野生稻进行抗性鉴定，筛选出可作为白叶枯病广谱抗源的有 RB11、RB19、RB5、RB7 和 RB31 共 5 份广西普通野生稻。

（二）抗虫性

"七五"期间，广西农业科学院在鉴定 1412 份广西普通野生稻对褐飞虱的抗性时，选出免疫 3 份、高抗 83 份、中抗 96 份材料（韩飞和侯立恒，2007）。

"八五"期间，李容柏和秦学毅（1994）发现 1214 份广西普通野生稻中有 30 份对褐飞虱具有抗性，1203 份广西普通野生稻中有 8 份对稻瘿蚊具有抗性。韦素美（1994）通过将对褐飞虱具有抗性的种苗进行继代自交和抗性鉴定，获得一批抗性纯合材料。李小湘等（1995）对 578 份广西普通野生稻进行褐飞虱抗性鉴定，以 Mudgo、IR26、ASD7 和 N22 为抗性对照品种，TN1 为感虫对照品种，结果发现 0585 和 0651 共 2 份为 3 级（抗），0034、0037、0038 等 51 份为 5 级（中抗），未发现 1~2 级（免疫至高抗）的材料。

"十五"期间，李容柏等（2002）研究了广西普通野生稻株系 94-42-5-1 对稻褐飞虱的抗性，结果发现 94-42-5-1 高抗稻褐飞虱生物型 2、印度潘特纳加生物型和越南九龙江生物型，其抗性均达到高抗 1 级，具有对稻褐飞虱抗谱广、抗性强的特点，是 AA 染色体组稻种资源中高抗稻褐飞虱的抗源之一。

"十一五"期间，李容柏等（2006）对 1200 多份广西普通野生稻种质的多种稻飞虱生物型抗性鉴定，获得了 30 份抗性资源，其中 6 份对分布于世界主要稻区的稻褐飞虱生物型 1 和 2、孟加拉、湄公河（越南）、九龙江（越南）、潘特纳加（印度）6 种生物型或其中 5 种具有广谱高抗性。谢志成等（2007）在水稻分蘖期和乳熟期，调查了广西普通野生稻及栽培稻对 6 种潜根线虫（水稻潜根线虫、细尖潜根线虫、贝尔潜根线虫、小结潜根线虫、纤细潜根线虫和野生稻潜根线虫）的田间抗性，结果显示栽培稻中存在 5~6 种潜根线虫，广西普通野生稻只存在 1 种潜根线虫，并且无论分蘖期还是乳熟期栽培稻潜根线虫量都大于广西普通野生稻，表明广西普通野生稻对潜根线虫存在种间选择抗性。

"十二五"期间，冯锐等（2012）和 Feng 等（2013）对从 46 个原生地采集获得的 1591 份广西普通野生稻植株进行褐飞虱抗性分析，结果仅有 30 份材料对褐飞虱具有抗性，其抗性等级为 3~5 级，大部分为 5 级。在 11 份抗性材料的自交后代中，Z_1~Z_3 均存在褐飞虱抗性分离，部分材料如 Z_4 抗性表现稳定；有 5 份材料抗性从 3 级提高到 1~2 级，有 4 份材料抗性从 5 级提高到 1~3 级，有 2 份材料抗性从 5 级提高到 3 级。8 个独立起源的花培后代中有 6 个株系抗性等级为 5 级，有 2 个抗性等级达到抗的水平（3 级），未发现具有 1 级（高抗）水平的植株。徐安隆（2015）利用苗期死亡率从 158 份广西普通野生稻材料中筛选出 42 份抗白背飞虱材料，这些抗性材料占总鉴定材料数的 26.58%；利用苗期集团法从 60 份广西普通野生稻材料中鉴定出不同的抗白背飞虱材料，其中高抗材料 1 份，中抗材料 21 份；对广西普通野生稻材料 05WRBPH23、05WRBPH2、05WRBPH22 三个在第一次筛选中为抗的材料进行复筛，复筛结果为这三个材料均表现中抗。利用苗期孵化率、苗期蜜露量、成熟期蜜露量、苗期集团法指标对抗白背飞虱材料 CL37 和 CL32 进行抗性评价，这 4 个抗性评价指标中，苗期孵化率、苗期蜜露量、成熟期蜜露量 3 个指标表现不同程度的抗性，苗期集团法指标表现中抗。

"十三五"期间，祝亚等（2016）通过对 218 份广西普通野生稻进行白背飞虱抗性筛选，获得 22 份对白背飞虱具有中抗以上水平的抗性资源，其中 1 份为高抗，21 份为中抗。

（三）抗（耐）非生物逆境特性

广西普通野生稻一般生长于微酸（pH6~7）的土壤上，少数也能在微碱的土壤上生长。全区 142 个点的考察结果表明，自生在黏土的占 29.6%，沙壤土的占 28.9%，壤土的占 2.5%，黏壤土的占 12%，砂土的占 7%。在肥沃土上生长很繁茂，在极为贫瘠的黏土上也能生存繁殖（广西野生稻普查考察协作组，1983）。庞汉华等（2000）发现，广西合浦有些普通野生稻分布于海水倒流的盐碱地上，耐盐碱性很强，是理想的耐盐育种资源。

"七五"期间，吴妙燊和李道远（1986）已筛选出一批广西普通野生稻，在高寒山区经受自然越冬期≤4℃连续 20~23d、在人工气候箱内于三叶期种子苗经受 6℃连续 6d 和抽穗期经受 15℃连续 6d 的低温处理，表现为耐寒性强，其耐寒性连粳稻也无法比拟。

"八五"期间，广西农业科学院选出能在气温为–5℃、霜冻 15 次、冰冻 4 次、降雪 7 次的高寒山区自然过冬的 YD2-0091、YD2-1089 等 700 余份耐寒性特强的材料，又将筛选出的这些材料在人工气候箱内于三叶期时经受 6℃连续 6d 和抽穗期时经受 15℃连续 6d 的低温处理，得到表现耐寒性强的材料 4 份、较强的 20 余份（秦学毅和李荣柏，1990；吴妙燊，1993；陈成斌和李道远，1995）。林登豪（1992）将 1490 份广西普通野生稻在广西高寒山区自然低温下和人工控温条件下进行宿根越冬期耐冷性鉴定，发现广西普通野生稻的耐冷性与其原产地纬度无明显的相关性。据自然低温鉴定与人工气候箱鉴定结果，综合评选出耐寒性较强的普通野生稻种质 43 份。

（四）农艺性状

"六五"期间，广西野生稻普查考察协作组（1983）对广西 85 个县、市进行野生稻普查，发现广西普通野生稻株高受环境影响很大，范围为 60~300cm，一般为 100~250cm。茎粗为 0.32~0.85cm，一般为 0.4~0.6cm。分蘖力强，多数可达几十个分蘖，无二次枝梗。结实率为 30%~80%，因生境不同而异。谷壳为黑褐色，粒狭长，一般长 0.7~0.9cm，个别长 1cm，宽 0.2~0.28cm，千粒重 19~22g。极易落粒，有边成熟、边落粒的特点。

（五）米质性状

"八五"期间，庞汉华（1992）对 1591 份广西普通野生稻的稻米外观品质进行统计发现，7.98%为优质稻米，90.32%为中等稻米，1.70%为差等稻米。随后，广西农业科学院具体分析了 1256 份广西普通野生稻的蛋白质含量，其变幅为 8.05%~17.08%，其中含量为 11.1%~13%的最多，占 59.5%，其次是含量为 13.1%~15%的，占 23.4%。同时，蛋白质含量达 15%以上、各个性状又好的有 YDZ-0391、YDZ-0127、YDZ-1500 等 20 多份（吴妙燊，1993；陈成斌和李道远，1995）。另外，秦学毅和李荣柏（1990）从广西普通野生稻中筛选到外观品质、碾磨品质、蒸煮品质和食味品质都很优良的材料（如 82ST569、82ST350、82ST372、82ST368、82ST485、82ST518 等），其中许多材料茎属于直立型、半直立型和倾斜型，较易与栽培稻杂交，后代出现不良野生性状的相对较少，稳定也较快，可供优质水稻育种利用。黄勇（1993）分析了 1119 份广西普通野生稻糙米的蛋白质含量，发现蛋白含量为 8.31%~17.37%，含量为 11.01%~13.0%的有 657 份，占总数的 58.71%；含量达 15.88%以上的有 4 份。万常炤等（1993）对广西普通野生稻的稻米蒸煮品质进行分析，发现直链淀粉含量平均为 17.83%，比参试的籼稻品种均值（21.47%）低，比粳稻品种均值

（13.17%）高；消减值平均为 3.5，比参试的粳稻均值（6.5）和籼稻均值（4.7）都低；胶稠度平均为27mm，比参试的粳稻均值（38.2mm）和籼稻均值（30mm）均值都低。

"九五"期间，甄海等（1997）用半微量凯氏定氮法测定891份广西普通野生稻整粒稻米的蛋白质含量，结果发现，蛋白质含量变幅为 10.3%~17.9%，大于 15%的有 85份，占总数的 9.5%，在 12.1%~15%的有 650 份，占总数的 72.9%，在 8.1%~12%的有157 份，占总数的 17.6%。

（六）生殖特性

"十二五"期间，蓝碧秀（2007）通过对广西普通野生稻的雄性不育和恢复特性研究，了解了广西普通野生稻的恢复特性。通过杂交试验、后代育性调查和统计分析等方法研究，结果表明，在 F_2 代获得 39 个含普通野生稻细胞质的不育株系；两个野生稻细胞质导入不育系不育性稳定；发现 W、RW、WRBPH、WRBL 系普通野生稻材料均含有试验所用不育系材料的恢复基因，普通野生稻的恢复力为 41.25%~99.38%；花粉育性平均为 72.90%，变异系数为 17.66%，说明 F_1 多数花粉育性正常，表明恢复基因在广西普通野生稻中是广泛存在的。试验结果证明利用普通野生稻作母本、栽培稻作父本杂交，有希望从中选出不育系类型完全不同的新型细胞质雄性不育系。在核质互作的水稻雄性不育系中，不育系恢复基因可以在提供雄性不育细胞质的亲本物种中找到。广西普通野生稻资源含有不育系的恢复基因，选择结实正常或具高结实率的材料作为选育恢复系的亲本是可行的。

"十二五"期间，韩飞怡等（2015）以 10 份具有丰富遗传多样性的广西普通野生稻对新质源细胞质不育系（CMS-FA）金农 1A 进行恢复，结果表明，10 份普通野生稻核心种质对金农 1A 具有不同程度的恢复力，其中有 2 份种质 GXU16 和 GXU19 对金农1A 的恢复力分别达到 84.30%和 86.07%的正常水平，可以作为水稻雄性不育新质源金农1A 的恢复源。表明利用广西普通野生稻核心种质挖掘育性恢复基因是有效的。

（七）其他优异特性

"七五"期间，吴妙燊和李道远（1986）发现广西普通野生稻中有大批功能叶耐衰老性特强的材料，有的材料在抽穗后 3 个月进入严冬季节尚有 2~3 片青叶。利用这种特性，就有可能育成生育后期具青枝腊秆、叶片不早衰、结实率高、籽粒饱满特性的新良种。

三、海南普通野生稻资源蕴藏的主要优良性状

海南普通野生稻较原始，遗传多样性高，其遗传多样性高于广东、广西、福建、湖南、江西和云南等地的普通野生稻（王美兴等，2008）。但对海南普通野生稻优良性状的鉴定筛选，落后于广东、广西、江西和云南等地。

（一）抗病性

"十一五"期间，Xia 等（2010）选用菲律宾 9 个代表白叶枯病的菌株（PXO61、PXO86、

PXO79、PXO71、PXO112、PXO99、PXO280、PXO339 和 PXO124）对 3 份海南普通野生稻进行接种鉴定，发现其中有 2 份都抗 9 个菌株，另外 1 份材料感 PXO71 菌株，抗其余 8 个菌株。唐清杰等（2010）对海南普通野生稻进行苗期稻瘟病抗性鉴定，发现 41 个居群 410 份材料中分别有 5.1% 和 28.5% 的材料对稻瘟病表现高抗和抗。

"十二五"期间，唐清杰等（2013）对海南普通野生稻进行苗期叶瘟病、孕穗期穗颈瘟病抗性鉴定及田间自然诱发，结果表明：苗期叶瘟病抗性鉴定中有 21 份高抗、117份抗。苗期抗、高抗叶瘟病的 138 份材料中对孕穗期穗颈瘟病高抗的有 4 份、抗的有 3份，14 份表现为田间自然抗病。苗期叶瘟病鉴定为不抗或未做苗期叶瘟病鉴定材料中，4 份表现为抗孕穗期穗颈瘟病和田间自然抗病。

（二）抗虫性

"十一五"期间，谢志成等（2007）在水稻分蘖期和乳熟期，调查了海南普通野生稻及栽培稻对 6 种潜根线虫（水稻潜根线虫、细尖潜根线虫、贝尔潜根线虫、小结潜根线虫、纤细潜根线虫和野生稻潜根线虫）的田间抗性。结果显示，栽培稻中存在 5~6 种潜根线虫，海南普通野生稻只存在 4 种潜根线虫，并且无论分蘖期还是乳熟期栽培稻潜根线虫量都大于海南普通野生稻。表明海南普通野生稻对潜根线虫存在种间选择抗性。

（三）抗（耐）非生物逆境特性

"十一五"期间，林海妹等（2009）以海南普通野生稻 5 个居群（琼海居群、万宁居群、儋州居群、文昌居群、乐东居群）及长雄野生稻为材料，在干旱胁迫条件下分别测定其叶片相对含水量、叶绿素含量、叶片游离脯氨酸含量 3 个生理指标。研究结果表明，海南普通野生稻叶片相对含水量呈下降趋势，但不同居群下降幅度不同；叶绿素含量呈先升后降趋势；脯氨酸含量呈不同程度的上升趋势；不同居群的耐旱性大小顺序为：琼海居群>长雄野生稻>万宁居群>儋州居群>乐东居群>文昌居群。

"十三五"期间，唐清杰等（2016）分别在防雨透光的薄膜棚内和 0.7% 盐溶液的环境下，对 49 个居群 490 份海南普通野生稻材料进行苗期耐旱性和耐盐性鉴定。结果表明，490 份普通野生稻材料中有 9 份材料表现 1 级（高耐旱）且存活率大于 80%，占 1.84%；31 份材料表现 3 级（耐旱），占 6.33%；没有发现高耐盐材料，但有 28 份材料耐盐 3 级且死叶率为 5%~25%，占鉴定总数的 5.71%。进一步，唐清杰等（2017）分别在长期自然条件下和防雨透光薄膜棚内，对海南普通野生稻材料进行耐贫瘠和苗期、抽穗期耐旱性鉴定。结果发现，672 份普通野生稻耐贫瘠；25 份苗期表现 1 级（高耐旱）且存活率大于 80%，占 5.1%；2 份材料萎蔫率和耐旱空壳率皆≤5%，表现 1 级（耐旱），占 60份抽穗野生稻材料的 3.33%。

（四）米质性状

"十二五"期间，徐靖等（2014）对海南普通野生稻与栽培稻稻米营养品质特征进行比较分析，结果表明，不同居群普通野生稻蛋白质含量都在 10% 以上，极显著高于栽培稻；不同居群野生稻总淀粉含量变化无规律，但直链淀粉含量都显著低于栽培稻；海南普通野生稻中钙、镁、锌和铁含量也普遍显著高于栽培稻。说明海南普通野生稻是含蛋白质、营养元素高,直链淀粉含量低的遗传资源。

（五）生殖特性

"十一五"期间,贺晃等（2007）对海南文昌 3 个不同居群普通野生稻花粉育性进行观察研究,结果认为,不同居群和同一居群不同群体的花粉可育率都不同。董轶博等（2008）和王晓玲等（2008）分别研究了海南万宁、儋州普通野生稻居群的开花习性和育性,结果表明,万宁普通野生稻居群内东部和西部群体花期、单穗平均结实率差异显著,花粉育性与栽培稻均无显著差异;儋州普通野生稻居群单穗可育率大于 50%的居多,结实率为 0~45%,多数小于 10%。

"十一五"期间,严小微等（2014）调查和分析了海南北部普通野生稻 40 个居群的柱头颜色、柱头外露率、花粉可育率、自交结实率和自然结实率。结果发现,海南北部普通野生稻柱头颜色分为褐色、紫色、白色、紫白双色、褐白双色 5 类;柱头总外露率均在 60%以上,平均总外露率为 82.4%,其中有 28 个居群总外露率在 80%以上,最高总外露率达 96.7%;花粉可育率平均为 25.6%,可育率在 40%以上的居群占总居群的 22.5%,可育率最高达 91.4%;自然结实率为 3.0%~53.1%,自然结实率最高的单株达 98.6%;自交结实率为 0~46.8%,有 4 个居群的花粉可育率和自交结实率均为 0。孙佩甫（2015）研究了海南普通野生稻的花器性状、自交结实性、异交结实性,比较其不同居群与栽培稻的杂交亲和性,研究结果表明,海南普通野生稻的花药长、花药宽、柱头长、柱头宽、花药的面积和体积、花粉量、柱头的表面积和体积、柱头长+花柱长、柱头跨度、花柱夹角均值均比栽培稻大;而栽培稻的花粉可育率、花粉活力比例、花粉粒大小、花粉粒的面积和体积、自交结实率均值均比普通野生稻高。栽培稻与海南普通野生稻人工杂交的异交结实率范围为 0~18.02%,均值为 2.24%。不同海南普通野生稻与同一栽培稻的亲和性不同,而不同栽培稻与同一海南普通野生稻的亲和性也有差异。海南普通野生稻的异交结实性与其雌蕊花器性状的相关性没有达到显著水平,异交结实性与自交结实性没有明显的相关性。

四、江西普通野生稻资源蕴藏的主要优良性状

江西东乡为普通野生稻世界分布范围的最北端,耐寒冷性特强是江西普通野生稻的特点。在东乡普通野生稻原生地自然条件下,其能自然越冬,江西东乡 1 月平均气温为 5.2℃,极端最低气温为–8.5℃,东乡普通野生稻虽然地上部分全部枯死,但近地表的茎秆及地表以下茎节仍有生命力,每年 2 月下旬或 3 月初萌发。地上枯死日期为 12 月下旬至翌年 1 月上旬。早在 1981 年湖北省农业科学院就把东乡普通野生稻种茎北移至武汉自然繁殖地进行异地越冬,经过连续 10 年的试验发现,在中国和国外普通野生稻中,仅东乡普通野生稻可在武汉完全越冬,冬季其地上部分在地面出现霜雪冻害情况下逐渐枯死、软化,而地下茎或水面下的茎仍保持坚韧性和生命力,翌年 3 月下旬至 4 月上旬开始萌发,每年 9 月中下旬开始陆续抽穗、结实,至 10 月中下旬成熟,自然落粒的种

子在半干半湿的池塘泥土表层或草丛堤崖边自然地休眠越冬后，于翌年3月下旬至4月上旬萌发出苗，自然生长形成新植株繁衍。对1981~1991年武汉普通野生稻自然越冬繁殖地的气象资料进行分析：冬季月平均最低温度为1.3℃，极端最低温度为-12.8℃，与东乡县冬季历年月平均最低温度1.4℃、极端最低温度-8.5℃比较，分别低0.1℃和4.3℃（姜文正和陈武，1993）。姜文正等在1983年，通过控制室内温度对东乡普通野生稻和海南白芒野生稻进行苗期抗寒性鉴定，以枯死百分率作为耐寒性的判定标准，结果表明东乡普通野生稻的耐寒性强于海南白芒野生稻。萍乡市农业科学研究所也发现，东乡普通野生稻不仅宿根忍耐低温能力极强，而且在幼苗期、抽穗期都能抗长期低温寒潮，其中苗期耐冷性比耐冷的粳稻还高一个等级，而抽穗至11月上旬仍能结实，比籼、粳稻耐寒品种结实期长6d，但正常结实时期相同（广西农业科学院作物品种资源研究室，1984）。黄涛等（1998a，1998b）、陈大洲等（1998）和杨军等（1999）对东乡普通野生稻做冷害处理之后进行了生理生化方面的研究。结果表明：低温处理后可显著提高东乡普通野生稻的抗氰呼吸速率，其强耐冷的原因在于，低温下植株体内脱落酸（abscisic acid，ABA）含量的增加与赤霉素（gibberellin A3，GA$_3$）含量的降低有利于抗氰呼吸的增强，从而使东乡普通野生稻对低温反应快，恢复力强。将抗冷性强的东乡普通野生稻和对低温敏感的早稻品种6225幼苗，经过7d低温（4℃黑暗）处理再回暖（25℃、12h光照）2d后，东乡普通野生稻仍能恢复，而6225的死苗率达96%。在低温处理期间和回暖过程中，东乡普通野生稻的叶片含水量变化不大，始终保持在低温前的80%以上，但随着低温处理时间的延长，叶片的电解质渗漏率持续上升，回暖2d内，电解质渗漏率回降到13.8%，接近低温前的水平。对东乡普通野生稻（♀）×6225（♂）的F$_1$抗冷性及正丙基二氢茉莉酸（PDJ）对F$_1$抗冷性的影响研究，发现PDJ处理可进一步减少东乡普通野生稻、6225及F$_1$三种材料的电解质外渗，从而利于提高东乡普通野生稻的抗冷性；F$_1$的电导率（电解质外渗程度）低，在生殖期表现出超亲现象，这暗示东乡普通野生稻的抗冷（寒）基因已转移至F$_1$中，并在F$_1$对冷胁迫的抵抗中表现出来。

江西普通野生稻除特有的抗寒性外，也具有其他普通野生稻具有的优良特性，自"六五"期间以来，已鉴定筛选出一批具有抗病虫性强、抗（耐）非生物逆境好、分蘖多、品质优等优良性状的材料。

（一）抗病性

"六五"期间，褚启人和章振华（1984）发现东乡普通野生稻对稻瘟病及白叶枯病的流行小种具有田间抗性。

"七五"期间，姜文正等（1988）发现东乡普通野生稻9个群落，抗病性各不相同，多数群落对黄矮病免疫，抗稻瘟病，半数以上群落对白叶枯病、细菌性条斑病表现抗性。黄瑞荣等（1990）采用常规方法研究了206份东乡普通野生稻对稻瘟病、白叶枯病和细菌性条斑病的抗性，发现大部分参试的东乡普通野生稻对稻瘟病抗性差，但对白叶枯病和细菌性条斑病抗性较好，同时发现有5份材料对以上3种病害均表现抗性，为理想的抗源材料。

"八五"期间，江西省农业科学院筛选出的江西普通野生稻中可作白叶枯病抗源的有东塘上-1、东源林场-2 等 10 份；抗稻瘟病的有东野樟塘-5、坎下垅-3 等 5 份；抗细菌性条斑病的有东源水沟-1、东野樟塘-5 等 12 份；对黄矮病免疫的有坎下垅-1、水桃树下-1 等 4 份（姜文正和陈武，1993）。

"十一五"期间，李湘民等（2006）在网室条件下，采用人工接种，测定了 222 份东乡普通野生稻单株对稻瘟病菌、纹枯病菌、白叶枯病菌和细菌性条斑病菌的抗性。结果表明，这些东乡普通野生稻种质资源中缺乏高抗稻瘟病和纹枯病的抗源，没有对白叶枯病表现出高抗或高感的单株，抗、中抗、中感和感病单株数所占比例分别为 16.67%、33.78%、40.99% 和 8.56%。黄瑞荣等（2007）通过对东乡普通野生稻的抗病性鉴定结果进行对比分析，明确了东乡普通野生稻群体对稻瘟病和纹枯病的抗性较差，但仍存在中抗类型的个体；确定其对白叶枯病和细菌性条斑病的抗性总体表现良好，且两者呈显著正相关。因此认为从东乡普通野生稻中具有发掘出对白叶枯病和细菌性条斑病具双重抗性的抗源的可能性。Xia 等（2010）选用菲律宾 9 个代表白叶枯病的菌株（PXO61、PXO86、PXO79、PXO71、PXO112、PXO99、PXO280、PXO339 和 PXO124）对 1 份东乡普通野生稻进行接种鉴定发现，该份材料抗这 9 个菌株。

"十二五"期间，余守武等（2015）对东乡普通野生稻的不同群落（庵家山、樟塘和水桃树下）株系进行南方水稻黑条矮缩病抗性鉴定，结果发现，东乡普通野生稻不同群落的株系抗性各有差异，同一群落的不同株系抗性也不一致。其中，东乡普通野生稻庵家山群落株系 S6、樟塘群落株系 S7 和 S8、水桃树下群落株系 S9 和 S10 对南方水稻黑条矮缩病的抗性较好，其发病率分别是 11.8%、13.2%、2.5%、24.3% 和 11.0%，均达到中抗以上水平，表明东乡普通野生稻对南方水稻黑条矮缩病具有良好的抗性。

（二）抗虫性

"七五"期间，姜文正等（1988）发现东乡普通野生稻高抗倒纵卷叶螟，高抗二化螟、三化螟和大螟，且其抗螟性与茎秆结构有关。因其茎秆细而坚韧、髓腔小、茎壁较厚、维管束发达，使稻螟难以侵入；叶片窄长、革质、主脉粗、难纵卷而表现出对纵卷叶螟具抗性。

"八五"期间，江西省农业科学院从江西普通野生稻中筛选出一批高抗二化螟、三化螟、纵卷叶螟、大螟等抗虫源（吴妙燊，1993；陈成斌和李道远，1995）。李小湘等（1995）对 189 份江西普通野生稻进行褐飞虱抗性鉴定，以 Mudgo、IR26、ASD7 和 N22 为抗性对照品种，TN1 为感虫对照品种，结果发现 93-16、93-193 和 93-194 共 3 份为 3 级（抗），93-003、93-056、93-068 等 26 份为 5 级（中抗），未发现 1~2 级（免疫至高抗）的材料。

（三）抗（耐）非生物逆境特性

"七五"期间，姜文正等（1988）发现东乡普通野生稻耐旱性比广西合浦普通野生稻、IRRI 的 9227 等都强。

"十五"期间，杨空松等（2005）利用贫瘠沙性水稻土做盆栽试验，不施肥和施全肥做正、反对照。结果显示：在施肥及氮、磷、钾分别缺失的情况下，东乡普通野生稻表现出各处理间差异较小，而对照栽培品种各处理间差异显著。

"十一五"期间，杨空送等（2006）以东乡普通野生稻中东塘、东塘西侧 2 个居群和耐低磷品种大粒稻、低磷敏感品种新三百粒为材料，采用砂培法和土培法，鉴定营养胁迫下东乡普通野生稻的生物学特性。结果发现，东乡普通野生稻东塘和东塘西侧 2 个居群无耐低氮特性，具有耐低磷、低钾特性，且不同居群对低磷、低钾的忍耐能力有一定差异。胡标林等（2007）对 226 份东乡普通野生稻材料进行了 3 年的抗旱性试验发现，东乡普通野生稻在土壤特干旱情况下仍能存活，甚至在日最高气温持续在 40℃左右的气候条件下，还保持 89.82%的存活率，经过初步调查和对抗旱性相关形态性状的分析表明，东乡普通野生稻蕴藏着珍贵的抗旱基因资源。谢建坤等（2010）选用 4 份来自 3 个居群的东乡普通野生稻与 15 份栽培稻进行苗期抗旱性比较，考察了 3 次重复的盆栽土培试验中 8 个抗旱指标。研究结果表明，东乡普通野生稻比栽培稻更为抗旱，表现在最长根长、茎长、根干重、根鲜重、根干鲜重比及抗旱指数 6 个指标上，其中茎长、最长根长、根干重及根鲜重可作为苗期抗旱性鉴定的重要指标。根据以上 6 个指标分析发现，东乡普通野生稻不同居群材料间的抗旱性存在很大差异，这可能与其原生境状况有关。

"十二五"期间，唐犁等（2011）比较了东乡普通野生稻与栽培稻苗期抗旱特性，结果表明，干旱处理后东乡普通野生稻根含水量不下降，叶片绿色加深，不出现黄叶，叶片展开角度变大；而栽培稻莲香早在干旱处理后根含水量下降近 50%，部分叶片变黄，叶片展开角度没有变化，反映出东乡普通野生稻与栽培稻耐旱性不同。陈小荣等（2011）以常规栽培稻耐低磷品种大粒稻和莲塘早 3 号，低磷敏感品种新三百粒、沪占七和杂交稻保持系协青早 B 为对照，采用 Yoshida 营养液培养法，鉴定出东乡普通野生稻具强耐低磷特性。

（四）农艺性状

东乡普通野生稻分蘖力强，在北京地区，7 月中旬至 8 月中旬为分蘖高峰期，8 月下旬以后随着气温的下降分蘖减少。与栽培稻不同的是，东乡普通野生稻在温度低于 20℃的情况下仍能分蘖。到收获前，东乡普通野生稻植株分蘖数高的达 105 个，低的也有 30 个，平均为 40~50 个，每株有效穗数达 30 穗以上，显著高于对照广东、广西普通野生稻（陈叔平等，1983）。

东乡普通野生稻同广东、广西普通野生稻一样，均无二次枝梗，穗枝披散，穗粒数少，着粒稀；穗长均长于广东、广西普通野生稻；穗实粒数以东乡普通野生稻紫色型为最高，广西普通野生稻为最低；谷粒长度，东乡普通野生稻紫色型为 9.0~9.8mm，无色型为 8.68~9.78mm，均长于广东、广西普通野生稻。东乡普通野生稻同广东、广西普通野生稻一样，成熟时谷壳为黑褐色，具长芒，边成熟、边落粒，自然落粒以东乡普通野生稻为最强（陈叔平等，1983）。

（五）米质性状

"八五"期间，庞汉华（1992）对 173 份江西普通野生稻的稻米外观品质进行统计发现，97.11%为优质稻米，2.31%为中等稻米，0.58%为差等稻米。随后，江西省农业科学院从 173 份江西普通野生稻筛选出 168 份外观品质优的材料，这些材料 100g 干重物质中 19 种氨基酸总含量为 11.23~11.28g，蛋白质含量高达 12.2%，缬氨酸含量达 1.08~1.13g，赖氨酸含量达 0.43~0.44g（姜文正和陈武，1993；李子先等，1994）。姜文正等（1988）对东乡普通野生稻的谷物进行化学研究分析，认为东乡普通野生稻米粒细长、半透明、蛋白质含量高，均优于海南普通野生稻。万常焰等（1993）对江西普通野生稻的稻米蒸煮品质进行分析，发现直链淀粉含量平均为 21.85%，比参试的籼稻（21.47%）和粳稻（13.17%）均值都低；消减值平均为 4.1，比参试的粳稻（6.5）和籼稻（4.7）均值都低；胶稠度平均为 35mm，比参试的粳稻均值（38.2mm）低，比籼稻均值（30mm）高。

"九五"期间，甄海等（1997）用半微量凯氏定氮法测定 43 份江西普通野生稻整粒稻米的蛋白质含量，结果发现，蛋白质含量变幅为 10.2%~16.1%，大于 15% 的有 1 份，占总数的 2.3%，在 12.1%~15% 的有 32 份，占总数的 74.4%，在 8.1%~12% 的有 10 份，占总数的 23.3%。

（六）其他优良特性

"十二五"期间，文飘等（2011）以发芽率为评价指标，对东乡普通野生稻进行休眠特性研究，发现东乡普通野生稻具有强休眠性。

五、湖南普通野生稻资源蕴藏的主要优良性状

（一）抗病性

"十五"期间，李友荣等（2001）对湖南茶陵和江永普通野生稻的白叶枯病和稻瘟病抗性进行评价，发掘出全生育期抗白叶枯病的普通野生稻种质 4 份，抗白叶枯病、抗稻瘟病的普通野生稻种质 2 份。

（二）抗虫性

"八五"期间，李小湘等（1995）对 200 份湖南普通野生稻进行褐飞虱抗性鉴定，以 Mudgo、IR26、ASD7 和 N22 为抗性对照品种，TN1 为感虫对照品种，结果发现 C017、C038、C058、C059、C112 共 5 份为 3 级（抗），C003、C004、C016 等 28 份为 5 级（中抗），未发现 1~2 级（免疫至高抗）的材料。

（三）抗（耐）非生物逆境特性

"十一五"期间，徐孟亮等（2009）以耐冷性强弱不同的栽培稻为参比，通过自然冷胁迫与（或）人工处理，比较了茶陵普通野生稻与不同类型栽培稻受到冷胁迫后的秧苗成活率、净光合速率和光系统 II 光化学量子效率的变化及种茎存活率，对茶陵普通野生稻苗期和种茎的耐冷性作出评估。结果表明：茶陵普通野生稻苗期耐冷性强于籼稻和爪哇稻，但弱于粳稻；而种茎耐冷性很强，不但强于籼稻和爪哇稻，也强于粳稻。随后，陈志等（2010）研究了茶陵普通野生稻苗期耐冷的生理机制，结果发现茶陵普通野生稻苗期的耐冷性与其抗氧化系统受到冷胁迫后发生的适应性变化密切相关。

（四）农艺性状

"十一五"期间，康公平等（2007）以栽培稻两优培九、汕优 63、威优 46、93-11 及日本晴为对照，对茶陵普通野生稻进行光合特性和生长发育特性研究，发现茶陵普通野生稻的光合特性强于栽培稻，尤其在下午、高温逆境下表现更突出，是一种高光效普通野生稻资源；生长快，生物学日产量为 0.88g/d，高于栽培稻（0.23~0.37g/d）；分蘖能力显著强于栽培稻（相同栽培条件下最多为 16 个分蘖），具有明显的营养生长优势。此外，其基本营养生长性、感光性与感温性均很强。易向军（2010）、Mo 和 Xu（2016）通过低温、高温和干旱处理，进一步研究茶陵普通野生稻的光合特性。结果发现，茶陵普通野生稻在低温、高温和干旱逆境下具有较强的光合作用能力，且在非逆境下也表现出优良的光合生理性状，是改良栽培稻光合性状的理想稻属种质资源。

（五）米质性状

"八五"期间，庞汉华（1992）对 100 份湖南普通野生稻的稻米外观品质进行统计发现，75%为优质稻米，25%为中等稻米，未发现米质差的稻米。万常焰等（1993）对湖南普通野生稻的稻米蒸煮品质进行分析，发现直链淀粉含量平均为 14.37%，比参试的籼稻均值（21.47%）低，比粳稻均值（13.17%）高；消减值平均为 4，比参试的粳稻均值（6.5）和籼稻均值（4.7）都低；胶稠度平均为 43mm，比参试的粳稻均值（38.2mm）和籼稻均值（30mm）都高。

"九五"期间，甄海等（1997）用半微量凯氏定氮法测定 73 份湖南普通野生稻整粒稻米的蛋白质含量，结果发现，蛋白质含量变幅为 9.9%~15.8%，大于 15%的有 2 份，占总数的 2.7%，在 12.1%~15%的有 28 份，占总数的 38.4%，在 8.1%~12%的有 43 份，占总数的 58.9%。

（六）生殖特性

Song 等（2004）将茶陵普通野生稻与明恢 63 进行杂交，了解后代的适应性。结果显示，与亲本相比，杂交后代的幼苗生活力、花粉生活力、种子产量均显著降低，杂交后代在生殖生长阶段虽表现不佳，但在营养生长期表现出杂种优势，分蘖力比亲本高。在整个生活史中，其综合适应性与双亲无显著差异。

六、福建普通野生稻资源蕴藏的主要优良性状

（一）抗病性

"十二五"期间，江川等（2012）对漳浦普通野生稻进行稻瘟病抗性鉴定和评价，结果表明：53 份普通野生稻中初步鉴定筛选出苗期抗稻瘟病（R）的有 1 份（M1030），中感（MS）的有 1 份（M1029），其余均为感病（S）或高感（HS）；对照品种汕优 63、丽江新团黑谷表现高感（HS），广陆矮 4 号中感（MS）。

（二）抗虫性

"八五"期间，李小湘等（1995）对 6 份福建普通野生稻进行褐飞虱抗性鉴定，以 Mudgo、IR26、ASD7 和 N22 为抗性对照品种，TN1 为感虫对照品种，结果发现 1 份（M03）为 3 级（抗），1 份（M05）为 5 级（中抗），未发现 l~2 级（免疫至高抗）的材料。

"十一五"期间，谢志成等（2007）在水稻分蘖期和乳熟期，调查了福建普通野生稻及栽培稻对 6 种潜根线虫（水稻潜根线虫、细尖潜根线虫、贝尔潜根线虫、小结潜根线虫、纤细潜根线虫和野生稻潜根线虫）的田间抗性。结果显示，栽培稻中存在 5~6 种潜根线虫，福建普通野生稻只存在 4 种潜根线虫，并且无论分蘖期还是乳熟期栽培稻潜根线虫量都大于福建普通野生稻，表明福建普通野生稻对潜根线虫存在种间选择抗性。

（三）抗（耐）非生物逆境特性

"十一五"和"十二五"期间，李书柯（2010）和江川等（2012）对漳浦不同居群的普通野生稻耐冷性进行鉴定与评价，漳浦普通野生稻群体Ⅰ共有 31 份材料，其中表现为高抗（HR）的有 13 份，占 41.94%；表现为抗（R）的有 11 份，占 35.48%；表现为中抗（MR）的有 6 份，占 19.35%；1 份表现为中感（MS），占 3.23%。群体Ⅱ共有材料 26 份，其中表现为高抗（HR）的有 7 份，占 26.92%；表现为抗（R）的有 2 份，占 7.69%；表现为中抗（MR）的有 5 份，占 19.23%；表现为中感（MS）的有 4 份，占 15.38%；表现为感（S）的有 8 份，占 30.77%。与对照材料的耐冷性比较，试验材料间耐冷性强弱依次为普通野生稻>粳稻>籼稻；普通野生稻间耐冷性强弱依次为海南普通野生稻>漳浦普通野生稻。漳浦普通野生稻两群体间的耐冷性强弱依次为石湖潭群体（群体Ⅰ）>古塘群体（群体Ⅱ）。

（四）农艺性状

"十一五"和"十二五"期间，李书柯（2010）和江川等（2012）对漳浦普通野生稻的农艺性状进行鉴定和评价，发现漳浦普通野生稻的生长习性有 4 种类型：直立（11.76%）、半直立（33.33%）、倾斜（29.41%）、匍匐（25.49%）；茎秆长度的平均值为 111cm，变异幅度为 78.8~145cm；插秧-抽穗期平均为 162d，变异幅度为 109~193d；穗部多数有二次枝梗，占 94.12%，无二次枝梗的占 5.88%；穗长度平均值为 29.74cm，变异幅度为 18.75~39.5cm；花药长度平均值为 5.1mm，变异幅度为 3.8~7.5mm；花粉可育率的平均值为 78%，变异幅度为 18%~100%；谷粒长度的平均值为 8.27mm，变异幅度为 7.06~9.63mm；百粒重的平均值为 1.47g，变异幅度为 1.12~1.82g；垩白粒率的平均值为 30%，变异幅度为 0~80%；垩白大小的平均值为 14.77%，变异幅度为 0~45%；垩白度的平均值为 4.11%，变异幅度为 0~17.6%。对部分农艺性状的相关分析表明，百粒重与基部叶鞘色（$r=-0.31^*$）、穗型（$r=-0.29^*$）显著负相关，与粒型（$r=0.40^{**}$）极显著正相关；花粉育性与插秧-抽穗期（$r=-0.43^{**}$）极显著负相关，与芒色（$r=-0.36^*$）显著负相关，与花药长（$r=0.31^*$）、粒长（$r=0.33^*$）显著正相关；垩白度与生长习性（$r=0.30^*$）

显著正相关，与剑叶长度（$r=0.37^{**}$）、粒长（$r=0.45^{**}$）、花期内外颖色（$r=0.40^{**}$）极显著正相关。此外，高位分蘖与茎秆长度（$r=0.33^{*}$）显著正相关；剑叶角度与穗茎长（$r=-0.32^{*}$）显著负相关，与穗长（$r=0.29^{*}$）显著正相关，与花药长（$r=0.38^{**}$）极显著正相关；穗分枝与穗型（$r=0.30^{*}$）显著正相关，与粒长（$r=-0.38^{**}$）极显著负相关。农艺性状聚类分析表明，不同采集点的漳浦普通野生稻材料分别聚集于不同的亚群（M1001~M1055 聚集于亚群Ⅰ，M2001~M2045 聚集于亚群Ⅳ），同时相互之间又有少量混合（亚群Ⅱ、Ⅲ）。表明漳浦野生稻两个居群具有较高的相似性，但两采集点材料又存在一定程度的差异，具有各自的特点，内部发生了丰富的遗传分化。

（五）米质性状

"八五"期间，庞汉华（1992）对 4 份福建普通野生稻的稻米外观品质进行统计，发现这 4 份都为优质稻米。

"九五"期间，甄海等（1997）用半微量凯氏定氮法测定 24 份福建普通野生稻整粒稻米的蛋白质含量，结果发现，蛋白质含量变幅为 11.3%~15.5%，大于 15%的有 1 份，占总数的 4.2%，在 12.1%~15%的有 21 份，占总数的 87.5%，在 8.1%~12%的有 2 份，占总数的 8.3%。

"十二五"期间，江川等（2012）对漳浦普通野生稻的蛋白质含量进行测定，结果表明：31 份漳浦普通野生稻的蛋白质含量平均为 12.61g/100g，变化幅度为 10.59~15.35g/100g；44 份栽培稻糙米的蛋白质含量平均为 9.58g/100g，变化幅度为 8.09~12.20g/100g。

七、云南普通野生稻资源蕴藏的主要优良性状

云南普通野生稻有元江普通野生稻和景洪普通野生稻两种，目前对元江普通野生稻的优良特性鉴定筛选较多。

（一）抗病性

"六五"期间，彭绍裘等（1982）对产地考察发现，云南普通野生稻自然感白叶枯病和细菌性条斑病。经多年多批的人工接种和病圃鉴定，发现云南普通野生稻均不抗纹枯病、白叶枯病和稻瘟病供试菌株，并且从普通野生稻中分离的白叶枯病菌能侵染栽培稻。邓程振和余南（1984）发掘出 2 份抗黄矮病和普通矮缩病的云南普通野生稻抗源。

"九五"期间，梁斌等（1999）采用以中 A、中 B 和中 C 群为主的稻瘟病菌小种，鉴定元江普通野生稻及景洪白芒型和红芒型普通野生稻抗性，发现元江普通野生稻及景洪白芒型和红芒型普通野生稻高感供试菌株。

"十一五"期间，Yang 等（2007）对云南不同普通野生稻的抗稻瘟病能力进行鉴定，发现景洪直立型普通野生稻对供试的本地稻瘟病生理小种具有较强抗性。耿显胜等（2008）选用 8 个代表稻瘟病的菌株对景洪直立型紫秆普通野生稻进行鉴定，发现景洪直立型紫秆普通野生稻高抗稻瘟病。Xia 等（2010）选用菲律宾 9 个代表白叶枯病的菌株（PXO61、PXO86、PXO79、PXO71、PXO112、PXO99、PXO280、PXO339 和 PXO124）

对 1 份云南普通野生稻进行接种鉴定发现，该份材料抗这 9 个菌株。

"十二五"期间，Cheng 等（2012）发现元江普通野生稻和景洪红芒型普通野生稻高抗白叶枯病，而景洪直立型普通野生稻不抗白叶枯病。李定琴等（2015）采用云南强致病菌株 Y8 和菲律宾强毒性广致病菌株 PXO99，鉴定 2 份景洪普通野生稻和 3 份元江普通野生稻，结果发现，1 份元江普通野生稻对 Y8 抗，对 PXO99 中抗，其余 2 份元江普通野生稻对 2 个小种均表现中抗；1 份景洪普通野生稻对 2 个小种为中抗，另外 1 份景洪普通野生稻对 Y8 抗，对 PXO99 中感。

"十三五"期间，余腾琼等（2016）于孕穗期采用剪叶接种方法，用水稻白叶枯病强致病型代表菌株 BD8438、CN9404 和 X1 接种云南普通野生稻，以病斑长度 6cm 为抗感分界线（病斑≤6cm 为抗，>6cm 为感），对其抗感表现型进行调查分析，发现云南普通野生稻的抗性变化较大，元江普通野生稻和景洪普通野生稻分别有 1 个居群不抗菌株 X1 和 BD8438，其余居群的抗性为 1~3 级。

（二）抗虫性

"十一五"期间，谢志成等（2007）在水稻分蘖期和乳熟期，调查了云南普通野生稻及栽培稻对 6 种潜根线虫（水稻潜根线虫、细尖潜根线虫、贝尔潜根线虫、小结潜根线虫、纤细潜根线虫和野生稻潜根线虫）的田间抗性。结果显示，栽培稻中存在 5~6 种潜根线虫，云南普通野生稻只存在水稻潜根线虫，并且无论分蘖期还是乳熟期栽培稻潜根线虫量都大于云南普通野生稻，表明云南普通野生稻对潜根线虫存在种间选择抗性。

"十二五"期间，邢佳鑫等（2015）采用温室鉴定的方法，鉴定出景洪普通野生稻中抗（MR）稻飞虱，元江普通野生稻抗（R）褐飞虱。

（三）抗（耐）非生物逆境特性

"九五"期间，曾亚文等（1999）将元江普通野生稻与 IR36、秋光、合系、接骨糯杂交的后代在宜良（海拔为 1530m）种植，孕穗开花期在 9~10 月时于低温条件下结实率仍达 43.6%~63.8%，这说明元江普通野生稻可能是一个耐寒性好的广亲和基因源，并发现云南普通野生稻的耐旱性与东乡野生稻相近，明显强于广西普通野生稻。

（四）农艺性状

水稻穗颈维管束是同化产物向穗部运输的重要通道，穗颈大、小维管束数与穗枝梗数和颖花数显著正相关。"十五"期间，荆彦辉等（2005）研究发现元江普通野生稻的穗颈大、小维管束数和穗枝梗数、颖花数都明显少于栽培稻特青。

云南普通野生稻植株高大，抗倒伏能力强，根系发达，分蘖能力强，叶片厚、直立。为了解其原因，"十二五"期间，蒋春苗等（2012）采用徒手切片法，对云南普通野生稻的叶片、茎秆及根的组织结构与栽培稻进行比较研究。结果发现，在叶主脉结构方面，云南普通野生稻存在多个维管束和气腔结构，维管束、束内导管直径及气腔面积较栽培稻大，而栽培稻中气腔均为 2 个；在茎秆结构方面，云南普通野生稻茎秆及茎壁较栽培稻粗厚，维管束数也较栽培稻多，并且茎壁中有通气组织；在根的组织结构方面，云南普通野生稻导管数较栽培稻多，导管直径及中柱面积较栽培稻大，外皮层出现了具有凯氏带功能的凯氏点等。

（五）米质性状

"八五"期间，庞汉华（1992）对 14 份云南普通野生稻的稻米外观品质进行统计，发现这 14 份都为优质稻米。万常炤等（1993）对云南普通野生稻的稻米蒸煮品质进行分析，发现直链淀粉含量平均为 17.83%，比参试的籼稻均值（21.47%）低，比粳稻均值（13.17%）高；消减值平均为 3.8，比参试的粳稻均值（6.5）和籼稻均值（4.7）都低；胶稠度平均为 30mm，比参试的粳稻均值（38.2mm）低，与参试籼稻均值（30mm）一致。

"十五"期间，吴成军（2004）和程在全（2006）对云南普通野生稻的稻米总蛋白质、总淀粉、直链淀粉、总氨基酸、矿质元素含量进行测定分析。结果表明，云南普通野生稻稻米总蛋白质含量均值为 14.64%，比供试栽培稻均值多出 5.49 个百分点；总淀粉含量均值为 66.46%，比供试栽培稻均值少 1.13 个百分点；直链淀粉含量均值为 11.99%，比供试栽培稻均值少 3.97 个百分点；总氨基酸含量均值为 9.02%，比供试栽培稻均值多出 1.23 个百分点；普通野生稻大部分有益矿质元素如 Zn、Fe 含量显著高于栽培稻，而重金属元素中如 Cu 的含量较低。

"十一五"期间，徐玲玲等（2006）对元江普通野生稻和景洪普通野生稻茎、叶和稻米中氨基酸及总蛋白质含量进行分析。结果发现，野生的元江普通野生稻植株的总蛋白质含量为 6.24%±0.3%，茎、叶的总氨基酸含量为（22.8±1.3）mg/g，稻米的总氨基酸含量为（90.2±5.5）mg/g；常规栽培管理的元江普通野生稻植株的总蛋白质含量为 17.02%±0.9%，茎、叶的总氨基酸含量为（39.6±2.5）mg/g，稻米的总氨基酸含量为（111.0±6.5）mg/g；常规栽培管理的景洪普通野生稻植株的总蛋白质含量为 19.83%±1.0%，茎、叶的总氨基酸含量为（37.7±2.0）mg/g，稻米的总氨基酸含量为（107.6±6.5）mg/g。

（六）生殖特性

"九五"期间，曾亚文等（1999）经过鉴定认为，云南普通野生稻含有雄性不育的细胞质及育性恢复基因，有育成广亲和性品系的前景。

"十三五"期间，张忠仙（2016）对元江普通野生稻的结实率、花粉类型、花粉可育率及裂药性进行研究。结果发现，硫酸纸袋和尼龙网袋套袋法对元江普通野生稻结实率的影响存在极显著差异（$P < 0.01$）；元江普通野生稻的花粉类型以正常为主，占85.99%，其次是圆败，占 11.3%，染败为 1.59%，典败为 1.11%；单株间花粉可育率差异较小，单株稳定，其中花粉可育率平均为 80.04%，变幅为 73.20%~95.60%，变异系数为 6.15%；平均裂药指数为 2.6，变幅为 2~3，变异系数为 21.07%。

八、其他国家普通野生稻资源蕴藏的主要优良性状

20 世纪七八十年代，国际水稻研究所制定了用于田间和实验室的"水稻标准评价体

系"（standard evaluation system for rice），从农艺性状、抗病虫特性到品质性状共 133
项，对其他国家的普通野生稻材料进行了生物和非生物胁迫评价，发掘出一批抗白叶枯
病、抗纹枯病、抗通戈洛病毒病、抗纵卷叶螟、抗（耐）酸土和盐土、抗（耐）铁和铝
毒、雄性不育、高产、具有良好节间伸长能力的种质资源（Heinrichs，1985；Brar et al.，
2002）。

"八五"期间，符福鸿等（1992）研究发现，南美普通野生稻属于典型的强感光性
类型，有良好的穗粒结构，穗大粒多，米质优良，结实率较高，有明显的育性分化，耐
寒性强，以及除感纹枯病外未发现任何病虫害。

"九五"期间，甄海等（1997）用半微量凯氏定氮法测定 15 份南亚和东南亚普通
野生稻整粒稻米的蛋白质含量，结果发现，蛋白质含量变幅为 8.7%~15.3%，大于 15%
的有 1 份，占总数的 6.6%，在 12.1%~15%的有 7 份，占总数的 46.7%，在 8.1%~12%的
有 7 份，占总数的 46.7%。

"十五"期间，Moncada 等（2001）和 Fasahat 等（2012）鉴定出马来西亚普通野
生稻 IRGC105491 具有强抗稻瘟病、强抗氧化能力、籽粒小、种皮黑色、米粒易碎、米
质优等特性。郭怡卿等（2004）采用盆栽筛选与室内生物测定方法，对缅甸和印度尼西
亚普通野生稻进行稗草的化感作用分析。试验结果表明，缅甸和印度尼西亚普通野生稻
拔节期都较返青期有较强抑制作用；印度尼西亚普通野生稻（S72）对稗草的影响为距
离稻株越近，对稗草的株高与干重抑制越大；另外还发现，缅甸和印度尼西亚普通野生
稻的分蘖力与抑草作用有一定的相关性。

"十三五"期间，张忠仙（2016）对尼泊尔多年生普通野生稻的结实率、花粉
类型、花粉可育率及裂药性进行研究。结果发现，硫酸纸袋和尼龙网袋套袋法对尼
泊尔普通野生稻结实率的影响存在明显差异；尼泊尔普通野生稻的花粉类型正常、
染败和圆败约各占 1/3，其中正常占 35.56%，圆败占 31.27%，染败占 32.91%，典
败占 0.25%；单株间花粉可育率差异较大，花粉可育率平均为 31.33%，变幅为
0~96.67%，变异系数为 90.85%；平均裂药指数为 4.2，变幅为 4~5，变异系数为
10.65%。

第二节　构建普通野生稻渗入系的策略

一、渗入系的提出

渗入系（introgression line，IL）又被称为染色体片段代换系（chromosomal segment
substituted line，CSSL），渗入系构建是指在受体的基因组中渗入供体亲本的基因组或染
色体片段。渗入系是以高代回交 QTL 分析法为基础，通过系统回交和自交，结合分子
标记辅助选择使供体染色体片段渗入受体中，从而形成以受体亲本为遗传背景，只有一
个或者几个基因片段来自供体亲本的群体。

渗入系在许多植物和动物的研究中得到了广泛的应用（Eshed and Zamir，1995；
Kubo et al.，2002），其中以番茄渗入系的构建和研究最为完善。Eshed 和 Zamir（1994）

以番茄野生种质构建了第一套覆盖整个染色体组的渗入系。在稻属研究方面，各国研究者近十几年也构建了不少关于稻属的渗入系，20 世纪末，国际水稻研究所启动了由 14 个水稻主产国参与的"全球水稻分子育种计划"，近年来广泛利用各国的种质资源，通过大规模的杂交、高代回交和分子标记选择等方法构建了许多渗入系，并在此基础上培育出大量的近等基因系。我国参与此计划的科研单位利用"全球水稻分子育种计划"中的材料为供体亲本，通过高代回交，培育了基因渗入系 6 万余个，经过筛选获得了大量含有优异基因的株系，如株高、穗型、粒型、抗病性和抗逆性等基因（Yu et al.，2003）。Ghesquiere 等（1997）首先提出了水稻重叠代换系的概念，并拟利用非洲栽培稻和亚洲栽培稻创建含有 100 个重叠代换系的群体，初步进行了亲本间多态性筛选和 BC_1F_1 群体的分子标记辅助选择。Ebitanni 等（2005）构建了籼稻 Kasalash 在粳稻 Koshihikari 背景下的渗入系，并通过渗入系在抽穗期进行了 QTL 研究。Ando 等（2008）利用 Sasanishiki/Habatak 构建了一套含 39 份材料的渗入系，调查了 5 项穗部形态特征，定位了 38 个穗性状相关 QTL。Hao 等（2009）以 Koshihikari/Nona Bokra 为亲本构建了一套含 154 份材料的渗入系，检测到 10 个品质性状 QTL 和 8 个理化相关性状 QTL。Gutierrez 等（2010）构建了一套含有 64 份供体片段来自非洲栽培稻的材料的渗入系，导入片段平均长度为 10cM，基本覆盖供体亲本全基因组。通过 QTL 扫描，检测到 14 个分别控制株高、穗数、穗长等性状的 QTL 及 1 个抗水稻纹枯病的 QTL。该抗病 QTL 位于 11 号染色体上，是第一个被认为与抗病相关的遗传因子。

综上所述，渗入系群体带有野生种质或其他优异材料的等位基因，为渗入区域相关的性状鉴定提供了新的机遇，由于渗入系的遗传背景与受体亲本大体相同，排除了其他基因区域的影响，只存在少数染色体渗入片段的差异，渗入系和受体亲本的任何表型差异理论上均由渗入片段所引起，从而将复杂性状的遗传基础分解为单个孟德尔遗传因子来研究，可以方便快捷地对这些表型进行生物化学及遗传功能分析，对提高基因定位的准确性及促进图位克隆规模化将发挥出巨大的作用，为植物的代谢途径、基因间的互作、显性与环境的互作等方面的功能基因组研究奠定基础，同时为新品种选育和育种中间材料选择积累丰富的基因资源，使基因鉴定、基因定位、基因克隆和分子标记辅助选择和育种这些不连续的环节紧密地联系起来，实现植物分子育种从个别基因利用到全基因组的综合开发利用的跨越式发展（Yano and Sasaki，1997；Yamamoto et al.，1998；Monna et al.，2002；王玉民等，2008）。

二、渗入系的构建方法

渗入系的构建一般用高代回交的方法，同时借助于完整的分子标记图谱和分子标记辅助选择技术。因此在构建渗入系之前必须筛选出大量在亲本之间有多态性的分子标记，以便对渗入系的前景和背景选择。

具体步骤是将供体亲本与受体亲本杂交获得 F_1，再以受体亲本作为轮回亲本，经过多代回交并自交获得 BC_nF_2 群体，从 BC_nF_2 或自交后代中选取株系形成一套渗入系（图 2-1）。但不同研究者构建渗入系的方法不同。Howell 等（1996）对甘蓝研究表明，分子标记辅助选择能加速渗入系的构建进程。在以往的渗入系构建研究中，多是从低代（回交 1 代）开始利用分子标记进行连续辅助选择，Ramsay 等（1996）提出了采用低代分子标记辅助选择技术选择单株的 4 个标准。Kubo 等（2002）以 Asominori（粳稻）和 IR24（籼稻）互为轮回亲本，分别用低代（BC_1F_1 开始）和高代（BC_3F_1 开始）进行分子标记辅助选择构建了两套渗入系，结果发现两种方法构建的渗入系中轮回亲本基因数没有显著差异，而高代回交方法辅助分子标记选择工作量小，选择效率更高，省时、省力，节约成本。Li 等（2003）利用水稻花粉不育性对渗入系的回交世代数与渗入片段数、长度关系进行了分析，结果表明平均渗入片段数和平均渗入片段长度均随回交世代的增加而呈逐渐减少的趋势，BC_3 代后两者趋向稳定，与 Temnykh 等（2001）用计算机模拟回交世代渗入片段长度变化的结果一致。

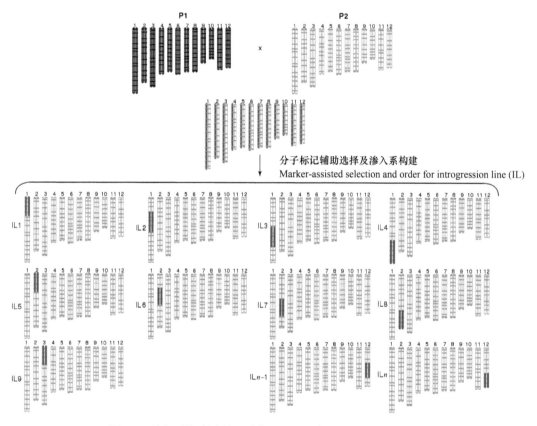

图 2-1　渗入系构建过程（引自 Ashikari 和 Matsuoka，2006）

Fig. 2-1　Production of introgression lines（Cited from Ashikari and Matsuoka，2006）

综上所述，虽然不同研究者构建渗入系所用的方法不同，但在构建渗入系过程中不仅要注重供体亲本基因组的覆盖率，还应该注重保留较大的表型变异。因此在渗入系构建过程中，首先应该选择亲缘关系较远的材料作为供体亲本和受体亲本，其次在构建的过程中要进行表型鉴定，注意选择表型变异较大的单株与轮回亲本回交，以使构建的渗入系保留较大的表型变异。

三、普通野生稻渗入系构建的关键技术

（一）远缘杂交技术

远缘杂交技术（distant hybridization technique）是将不同种、属甚至亲缘关系更远的物种进行杂交，是进行遗传学、育种学和进化生物学研究的重要途径，现已成为植物育种取得突破性进展的关键技术之一。远缘杂交所产生的杂种称为远缘杂种。稻的远缘杂交从广义上包括野生稻与栽培稻种间，栽培稻种间。亚洲栽培稻籼、粳亚种间甚至不同生态型品种之间的杂交。从狭义上讲，它指的是栽培稻与野生稻（A 基因组和非 A 基因组）之间的杂交。

利用普通野生稻构建渗入系时，最通常的手段是采用远缘杂交技术，栽培稻与普通野生稻杂交，不论正、反交，一般情况下较易得到杂交种子。江西省农业科学院水稻研究所用东乡普通野生稻与籼稻杂交，结实率达 70% 左右，与粳稻杂交，结实率为 30% 左右（伏军，1999）。经过多年的试验研究，本课题组将云南普通野生稻与不同栽培稻进行杂交，形成了一套野生稻与栽培稻远缘杂交的操作方法，具体如下。

1. 母本的选择

因普通野生稻谷粒容易脱落，收取杂交种子很难；颖花很小，去雄难度大；胚小，进行离体培养时不易切取胚；杂种后代的一些倾母性状不易改造等，当栽培种与普通野生稻远缘杂交时，应以栽培种为母本，普通野生稻为父本（伏军，1999）。要尽量选择综合性状优良，各方面都接近育种目标的优良栽培稻品种作为母本，选择早熟、高产、矮秆、抗倒伏、抗病、结实性良好的水稻品种作为母本是十分重要的，其中特别重要的是早熟、矮秆、高产等特性。母本选择上第二个重要问题是品种的纯度。如果品种不纯，难以保持很多优良性状，也难以辨别杂交的真伪，同时难掌握杂交后代的变异规律性。亲本的种子最好根据品种的形态特征，在田间进行严格的挑选，按单株或单穗繁殖下来留作母本。当出现杂交不亲和时，通过广泛测交选择出合适的母本。

2. 父本的选择

从育种目标考虑，应当选择具有我们所需要的优良性状的普通野生稻作为父本。从基础研究考虑，应根据实际情况，经表型精准鉴定之后方可选取。

3. 育种材料准备

事先准备好育种材料，包括育种袋、培养皿等盛花粉的容器，以及毛笔、剪刀、镊子、大头针、回形针、纸质吊签、塑质标签、记录本、记号笔等。

4. 人工杂交

在母本开花期，每天上午在母本开花前，挑选已抽穗、即将开花或有少部分颖花

已开过的稻穗，采用温汤去雄法或人工去雄法去雄，然后套上事先准备好的育种袋，防止杂粉串入。翌日清晨授普通野生稻花粉，套袋 40~45h 后授受体母本自身花粉。以未授自身花粉的处理作为对照。为提高杂交效率，往往需要一些特殊处理方式，如在授粉前 15~30min，采用植物激素（IAA、GA$_3$）处理栽培稻柱头；授粉时采用混合授粉法，将灭活的母本花粉与普通野生稻花粉混合或在第 2、3 天用同样的花粉分别重复授粉 2~3 次。

5. 去袋

授粉 5~7d 后去袋观察，待柱头萎缩后，便可将袋子去掉，让其自然生长。对于授粉后的母本植株，要经常观察其生长发育情况，同时加强肥水管理，防止病虫害或人畜损害。

6. 种子采收

待种子变成黄褐色时，将其按组合采收，在阴凉处晾干，促进种子后熟。同时收集父母本种子，以便后续试验研究作为对照。

7. 后代处理

F$_1$ 的种植方法基本上与品种间杂交种相同，但也有一些不同的情况和应当注意的问题。首先是对那些不饱满的种子，即种子的胚乳大小在正常种子胚乳 2/3 以上者，一般可以按正常方法种植，但需要加强管理，精心培育；对那些胚乳不足正常种子胚乳 2/3 的种子，不能直接种在田里，最好在人工培养条件下育苗后进行移植。其次在远缘杂交后代培育过程中，常出现一些异常现象，如初期生长异常缓慢，如同病株，甚至死亡，前期生长正常，但中途突然停止生长或死亡，生长势很弱，植株瘦小，不繁茂，迟迟不发育，生育进程明显推迟，有的到秋仍不抽穗甚至经两年才能抽穗等，针对这些情况必须注意观察，加强管理和采取必要措施加以保护，因为这些正是远缘杂种特有的表现，说明杂交是成功的。

应当特别注意观察每个杂交后代的性状变异情况，不能因为有些杂交后代性状变异不明显而过早予以淘汰。栽培稻与普通野生稻杂交与品种间杂交不同，栽培稻与普通野生稻杂交后，表型总的趋势是：F$_1$ 大部分性状倾向于野生稻，F$_2$ 出现分离；在 F$_2$ 分离类型中，有小部分表现出栽培稻的特性，如生长习性直立、剑叶角度小等，中间类型也有一些，大部分仍以野生性状为主。

远缘杂交后代产生的性状变异，既有优良性状，又有不良性状，在大多数情况下，通过一次远缘杂交直接选育出具目的性状的材料较难。因为远缘杂交后代往往具有各种不良性状或缺点或杂种高度不育，因此需要及时改良，克服其缺点或不良性状，保留其优良性状的唯一措施就是回交，回交可以加快稳定，缩短培育年限，但回交往往不只限于一次，有时需要多次，需根据具体情况而定。其与常规品种间杂交相同，有时也会出现一些异常特殊的材料，在育种上没有利用价值，但这种材料对远缘杂交理论和遗传理论研究仍有重要价值，应当保留，不应全部弃去。

（二）胚挽救技术

胚挽救技术（embryo rescue technique）是常规远缘杂交后针对幼胚死亡等现象而采用的一种幼胚离体培养技术。胚挽救技术常用于非 AA 基因组的野生稻渗入系构建，因为栽培稻与非 AA 组型的野生稻杂交，常遇到受精前或受精后的有性生殖障碍，从而阻碍了遗传物质的转移交流。对于因早期杂种胚的退化而无法获得杂种的情况，目前主要通过胚挽救技术来加以解决。早在 20 世纪 80 年代，吴妙燊等（1988）对栽培稻和药用野生稻有性杂交的 F₀ 种子进行了胚挽救，成功地获得了栽培稻与药用野生稻的杂种植株。同时，栽培稻品种与野生稻杂交，一些通过胚拯救技术获得了单体异源附加系，另一些利用杂种未成熟胚离体培养获得了再生植株（Pongtongkam et al.，1993）。

虽然普通野生稻与栽培稻同为 AA 基因组，但对于有些普通野生稻与栽培稻远缘杂交组合，还是很难获得杂交种或者获得的杂交种很少或杂交种难以发芽成苗，往往需要通过胚挽救途径获得杂交种。所以，为了能最大限度地获得普通野生稻的优良遗传特性，避免远缘杂种胚早衰，使大量远缘杂交胚继续发育成正常种子，有效缩短野栽杂交后代的培育周期和提高杂种成活率，尽快进入选育程序，本课题组形成了一系列研究体系，并从中申请了专利 1 项"一种提高野生稻与栽培稻远缘杂交胚挽救育种效率的方法"，专利号 ZL201510323455.1。下面结合景洪普通野生稻与粳稻 02428 的种间远缘杂交具体实施实例，进一步阐述普通野生稻与栽培稻远缘杂交胚挽救技术。

1. 幼胚消毒处理

在景洪普通野生稻与粳稻 02428 杂交授粉 10d 后，从母本粳稻 02428 上将杂交小穗取下，共获得 50 粒种子，立即带回实验室，剥去颖壳用体积分数为 65%乙醇处理 30s，接着将种子放入质量分数为 0.2%升汞中消毒处理 10min，然后用无菌水清洗 6 次，之后把种子放在灭菌吸水纸上于超净台上风干。

2. 幼胚接种培养

在超净台上，用镊子夹住种子，用手术刀片把 50 粒种子上的胚乳逐渐刮除，保留完整的幼胚，把幼胚接种于装有胚培养基高为 10.5cm、直径为 6.5cm 的透明玻璃培养瓶中，每 1 瓶放置 1 粒种子，置于温度为 25℃、空气相对湿度为 70%、光照强度为 4000lx 的光照恒温培养箱中培养，每天光照时间为 12h。其中胚培养基为改良 MS+琼脂粉 8g/L+蔗糖 10g/L，pH5.8~6.0。改良 MS 由以下大量元素、微量元素、铁盐和有机成分组成：大量元素为 KNO_3 1266mg/L、NH_4NO_3 1100mg/L、KH_2PO_4 170mg/L、$MgSO_4 \cdot 7H_2O$ 370mg/L 和 $CaCl_2 \cdot 2H_2O$ 440mg/L；微量元素为 KI 0.83mg/L、H_3BO_3 6.2mg/L、$MnSO_4 \cdot 4H_2O$ 11.2mg/L、$ZnSO_4 \cdot 7H_2O$ 8.6mg/L 和 $Na_2MoO_4 \cdot 2H_2O$ 0.25mg/L，铁盐为 Na_2 EDTA 37.3mg/L 和 $FeSO_4 \cdot 7H_2O$ 27.8mg/L，有机成分为肌醇 100mg/L 和甘氨酸 2mg/L。

3. 组培苗炼苗方法

经过 25d 的培养后，获得 47 棵三叶期的生根小苗，然后进行炼苗。即将三叶期的生根小苗从培养瓶中取出，自来水冲洗除去琼脂，放到直径为 3cm、高为 20cm 的大试管中，自来水仅淹没小苗根部，试管口用透明保鲜膜封住，放入温度为 25℃、空气相对湿度为 70%、光照强度为 4000lx 的培养室中培养，每天光照时间为 12h，同时从炼苗的第 1~5 天，每天用大头针在封口膜上刺出 10~15 个小孔，第 6 天将苗移栽到盛有土壤的培养钵中，并放置于温室中按常规水稻进行水肥管理。

此措施得到 F_1 代 47 苗，成苗率达到 94%。经过田间种植，又进行了 2 次回交和 2 次自交，目前得到了 1000 份后代株系，这些株系具有景洪普通野生稻的部分遗传特性，是很好的种质创新材料，可以用于研究解析景洪普通野生稻的优良性状和基因，也是用于培育水稻新品系、新品种的优良亲本材料。

（三）原位杂交技术

荧光原位杂交（fluorescence *in situ* hybridization，FISH）和基因组原位杂交（genomic *in situ* hybridization，GISH）技术可以清晰地检测到远缘杂交中染色体是否已经渗入杂种中，了解染色体重排情况。国际水稻研究所采用 FISH 技术，清晰地检测到了下述栽培稻、野生稻远缘杂交的染色体重组/染色体片段渗入的证据：AA×CC、AA×BBCC、AA×EE、AA×FF、AA×GG、AA×HHJJ、BBCC×HHJJ 及 EE×HHJJ（Brar and Khush，1997）。GISH 技术还可快速鉴定栽培稻与野生稻杂种后代的基因组组成，Yi 等（2007）利用 GISH 技术，证实栽培稻与小粒野生稻（BBCC）的天然杂种由 A、B 和 C 三个染色体组组成。

本课题组采用了基因组原位杂交方法，来确定回交 2 次（BG_2F_1）的元江普通野生稻染色体片段是否已经进入了以合系 35 号为遗传背景的杂交后代材料中，选择 2 份具有代表性的杂交后代，具体操作如下。

分别提取两个亲本元江普通野生稻和合系 35 号的基因组 DNA，采用机械破碎法打断，德国 Roche 公司地高辛（DIG-HINGH-PRIMER）试剂盒进行标记，Ziess Axioplan 2 荧光显微镜和 ISIS 成像系统软件对原位杂交结果拍照。用元江普通野生稻基因组 DNA 作为探针，合系 35 号基因组 DNA 作为封阻（封阻比例为 1：40），对杂交后代材料有丝分裂中期染色体进行 GISH 分析。用核型分析软件 Ikaros 对染色体进行排序（短臂在上方）并去除合系 35 号和元江普通野生稻基因同时出现的点，发现如下内容。

在杂交后代材料 I 中，出现了 16 个点的红色荧光信号，这些点分别代表元江普通野生稻染色体片段，分别位于 1 号染色体靠近端粒的位置，2 号染色体一条染色单体的着丝点附近和长臂上，3 号和 4 号染色体的长臂上，6 号、7 号、9 号和 10 号染色体的短臂上，以及 11 号、12 号染色体非常靠近端粒的位置。说明，元江普通野生稻染色体片段渗入杂交后代材料 I 中除 5 号和 8 号染色体外其余全部染色体上。

在杂交后代材料 II 中，也出现了 16 个点的红色荧光信号，这些点分别位于 1 号、3 号和 5 号染色体长臂上，2 号染色体一条染色单体靠近两个端粒的位置，4 号、6 号和 9 号染色体的短臂上，7 号染色体长臂靠近端粒的位置，10 号和 12 号染色体靠近着丝点的位置。说明，元江普通野生稻染色体片段渗入杂交后代材料 II 中除了 8 号染色体外其余全部染色体上。

根据以上 2 份代表材料的基因组原位杂交试验结果，可以确定（证实）杂交后代材料中已有元江普通野生稻的染色体片段渗入，并且已整合到合系 35 号不同染色体的不同位置。根据遗传学理论，杂交 1 次并回交 2 次以后，单个植株上携带的元江普通野生稻遗传血缘物质为 12.5%，而根据原位杂交的红色荧光区所占的比例大致在 10% 以上，再次证明元江普通野生稻的染色体片段已经渗入栽培稻中。因此杂交、回交所得的 BC_2F_1 代材料构建成功，可以继续用于渗入系创建。

（四）花药培养双单倍体技术

通常杂交育种中，杂交后代通过自交 7~8 次后，基因型才能逐渐趋于纯合稳定，但是这需要 7~8 年时间（1 年种植 1 次），或者至少需要 4~5 年时间（1 年种植 2 次）。而近年来发展起来的通过花粉（小孢子）培养产生双单倍体（double haploid，DH）植株途径，能在杂交后 1 年就可以得到纯合稳定基因型，大大提高了育种的时效性，DH 途径提高育种效率在一些十字花科植物已有很多成功的例子，而在水稻等禾本科植物，有个别成功的例子。

本课题组王玲仙等（2012）从元江普通野生稻与粳稻合系 35 号构建的渗入系材料中，选取 125 份作为研究对象，采用液体悬浮培养法，显著提高了花药培养的愈伤诱导率和成苗率，最终建立了提高花药培养效率的技术方法体系，成功获得了双单倍体植株。相关内容已申请并获授权发明专利"一种提高普通野生稻杂交后代花药培养效率的方法" 1 项（专利号：ZL201510036458.7）。花药培养的具体操作和方法如下。

1. 外植体的选择

选取剑叶环和下一叶环之间距离为 5~10cm 的稻穗，用棉球蘸 70% 乙醇擦拭叶片和叶鞘，再用保鲜膜包裹幼穗，置于 4~6℃ 冰箱中低温预处理 7~10d。

2. 外植体灭菌

挑选小穗花药处于单核靠边期的枝梗，用棉球蘸 70% 乙醇擦拭叶鞘，将枝梗剪为长 5~7cm 的段，用 70% 乙醇浸泡 30s 进行表面消毒，无菌蒸馏水冲洗 4~5 次，再用 0.1% 升汞表面消毒 8min，其间不时上下摇动灭菌瓶，最后用无菌蒸馏水冲洗 4~5 次。

3. 花药愈伤的液体悬浮诱导

用镊子的尖部挑出花药接于装有诱导液体培养基的三角瓶中，每瓶 30 枚花药；28℃、100~130r/min 下暗培养 15~25d；花药诱导液体培养基为：N6 基本培养基+2,4-D 2.0mg/L+天冬氨酸 1.0g/L+谷氨酰胺 1.0g/L+酵母 1g/L+蔗糖 50g/L，pH 为 5.8。

4. 花药愈伤的增殖培养

待花药愈伤生长至 1~2mm 时，用已灭菌的 80 目筛网过滤，抖落接种到增殖培养基上，28℃ 下暗培养 10~15d；增殖培养基为：MS 基本培养基+2,4-D 2.0mg/L+植物凝胶 3.8g/L，pH 为 5.8。

5. 花药愈伤组织的分化培养

将长至 3~5mm 的愈伤组织转入分化培养基进行分化，5000~6000lx，光照周期为16h/d，28℃，光照培养 20~30d；分化培养基为：MS 基本培养基+6-BA 3.0mg/L+KT 1.5mg/L+NAA 0.5mg/L+植物凝胶 3.8g/L，pH 为 5.8。

6. 分化苗即花培苗的生根培养

将长至 3~5cm 的分化苗转移到装有生根培养基的直径为 2.5cm、长 25cm 的玻璃管中，5000~6000lx，光照周期为 16h/d，28℃，光照培养 10~15d 至分化苗根长出并长长；生根培养基为：1/2 MS 基本培养基+ NAA 0.2mg/L +植物凝胶 2.0g/L，pH 为 5.8。

7. 花培苗炼苗、移栽

将根系生长较好的花培苗从生根培养基中轻轻拔出，用 28℃的温水洗去根上的培养基，采用育苗基质于 28℃下光照培养 7~15d 进行炼苗，待花培苗长势良好后即可移栽到大田。将 6 份真实的杂交 F_1 植株种植于元江水稻基地，待长至抽穗期，取其幼穗，采用已建立的花药培养技术体系对其进行了花药培养（图 2-2），获得了再生花培苗，将其炼苗后，移栽于元江水稻基地田间（图 2-3 和图 2-4）。所有再生苗在元江水稻田间种植后自然加倍成为基因型纯合稳定的双单倍体植株，最终收获 216 份 DH-a 材料。

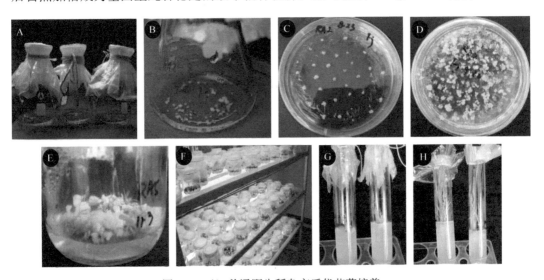

图 2-2　元江普通野生稻杂交后代花药培养
Fig. 2-2　The anther culture of hybrid progeny from Yuanjiang common wild rice
A、B. 液体培养基诱导出愈伤组织；C. 愈伤组织增殖；D~G. 愈伤组织分化；H. 生根培养
A、B. Callus were induced in liquid medium；C. Callus proliferation；D~G. Callus differentiation；H. Rooting culture

（五）分子标记辅助选择技术

分子标记辅助选择（marker-assisted selection，MAS）技术常用于常规育种中，尤其是聚合育种时，分子标记辅助选择技术显得尤其重要。分子标记辅助选择技术比靠表型来进行选择的准确性高，因为通过表型对基因型进行间接选择易受微效多基因、遗传背

图 2-3　花培再生植株炼苗

Fig. 2-3　The plantlet regeneration in anther culture were hardened off

图 2-4　水稻花培再生植株大田栽培

Fig. 2-4　The plantlet regeneration in anther culture were field cultivated

景、环境和发育时期等因素的影响，选择效率低；而分子标记辅助选择技术是通过与目的基因紧密连锁或共分离的分子标记，对 DNA 目标区域进行直接筛选，因而不受环境条件的影响，提高了选择的可靠性和效率。在稻属植物中可以用于分子标记辅助选育的分子标记类型很多，如限制性内切酶片段长度多态性（restriction fragment length polymorphism，RFLP）标记、随机扩增多态性 DNA（random amplified polymorphic DNA，RAPD）标记、简单重复序列区间（inter-simple sequence repeat，ISSR）标记、简单重复序列（simple sequence repeat，SSR）标记等，其中由美国 Cornell 大学 Susan McCouch 教授实验室（Iyer-Pascuzzi et al.，2008）建立的近 3000 个 SSR 分子标记，几乎平均分布在水稻的 12 条染色体上，可以很好地用于确定一些性状的连锁分子标记，再用于辅助选育。国内外已有许多成功的研究报道利用分子标记辅助选育优良品系品种。裴庆利等（2011）总结了目前已报道和定位的抗病虫基因的研究和利用情况，指出利用分子标记辅助选择聚合不同类型抗病虫基因到同一品种，可以提高品种抗性、拓宽抗谱，是水稻抗病虫品种培育的发展方向。李仕贵等（2000）应用与稻瘟病抗性基因 *Pid (t)* 紧密连锁的微卫星标记 RM262，将含有 *Pid (t)* 的地方品种地谷分别与感病品种江南香糯和 8987 进行杂交，对其 F_2 群体进行分子标记辅助选择，准确率可达 98% 以上。曹立勇等（2005）利用分子标记辅助选择技术，育成 2 个携带 *Xa21* 基因的水稻三系恢复系中恢 8006 和中恢 1176，其杂交组合对我国 4 个白叶枯病菌系表现出良好的抗性。王春连等（2005）利用与 *Xa23* 基因紧密连锁的 EST 标记，培育出了 3 个含 *Xa23* 的水稻恢复系。Yoshimura 等（1995）则较早采用多基因聚合策略，将多个抗白叶枯病基因聚合到同一个品种中，以拓宽品种抗谱。Narayanan 等（2004）通过分子标记辅助选择技术将稻瘟病抗性基因和白叶枯病抗性基因聚合到 C039 植株中。桑茂鹏等（2009）利用类似的方法，将抗白叶枯病基因 *Xa21* 和香味基因聚合到同一株系，获得了高抗白叶枯病且米具有浓郁香味的株系。何光明等（2004）通过分子标记辅助选择技术结合回交转育，实现抗衰老基因 *IPT*、抗白叶枯病基因 *Xa3* 和抗稻瘟病基因 *Pi-6* 的聚合，获得了抗衰老、抗白叶枯病和抗稻瘟病的杂交育种中间材料。陈圣等（2009）利用分子标记辅助选择技术将高抗水稻白叶枯病的 *Xa23* 基因、广谱高抗稻瘟病的 *Pi-ta* 基因、抗水稻螟虫和稻纵卷叶螟的 *Bt* 基因聚合到同一株系中，获得了与分别携带 3 种基因的单株抗性水平相当的纯合株系。

另外，分子标记辅助选择也是构建渗入系的重要环节之一。其中的策略主要有回交转移、杂交转移、轮回选择和基因累加等，应用较多的是回交转移和杂交转移方法（邓启云等，2004）。

1. 回交转移

在利用分子标记辅助选择技术进行外源基因的转移时，必须保证目标基因位于足够大的染色体片段之内，同时又不能使这个片段太大，因为片段太大会使与目标基因连锁的非期望基因或不利基因转移到受体亲本中，即带来连锁累赘（linkage drag）。例如，以马来西亚普通野生稻为高产基因（*yld1.1* 和 *yld2.1*）供体，以生产上大面积应用的优良恢复系为高产基因受体和轮回亲本，进行杂交和连续回交，使分子育种建立在一个产量水平较高的平台上，有利于充分发挥高产基因的增产效果。通过回交并对每个回交世代进行分子标记辅助选择，逐步建立起野生稻高产基因近等基因系，对中选的优良恢复系材料进行测交鉴定，最后根据大量测交 F$_1$ 的产量表现再决选恢复系株系。配制的杂交组合同时进行生产试验和大面积示范以确认其实际增产效果。采用这种分子标记分析与田间选择、杂种鉴定相结合的方法，可以避免由交换造成的含野生稻高产基因的 DNA 片段丢失。传统的回交转移方法最大的缺陷是多代回交后还存在着大量的来自供体亲本的非期望基因。利用分子标记辅助选择技术可直接选择在目的基因附近发生重组的个体，从而可望在很大程度上解决连锁累赘的问题，同时可以减少回交代数（Tanksley，1983；Melchinger，2010）。理论上，可能在回交一代就有一些个体的一些染色体是纯合的而目标基因是杂合的，选择它们进行回交将大大缩短育种进程，但这需要以前景选择（foreground selection）和背景选择（background selection）为前提（Hillel et al.，1990；Hospital et al.，1992；Tanksley and Nelson，1996）。比较好的办法就是多进行两轮回交选择，即大大降低分子鉴定的费用。在番茄上利用分子标记辅助进行回交育种的工作十分出色（Messeguer et al.，1991；de Vicente and Tanksley，1993；Eshed and Zamir，1994；Zamir et al.，1994）。

2. 杂交转移

杂交育种是选育杂交水稻亲本中一种普遍使用的方法。就前述野生稻高产基因

yld1.1 和 *yld2.1* 而言，由于它们是两个控制产量性状的主效 QTL，每个 QTL 对产量的贡献值都非常显著，因此适合采用分子标记辅助的杂交育种策略将高产基因进行亲本间转移。近年来，以初步育成的携带野生稻高产基因的强优恢复系 Q611 为供体亲本与生产上大面积应用的优质或多抗的优良恢复系直接进行杂交，在 F_2 或回交 F_2 进行分子标记辅助选择，并将筛选得到的优良单株与不育系进行测交鉴定，比直接向普通野生稻中导入高产基因更容易稳定，优良单株的中选率大大提高。玉米分子标记辅助育种研究证实，在杂交育种的早期世代就可以开展分子标记辅助选择（Eathington et al.，1997）。但仅仅根据分子标记进行选择并不太有效，分子标记分析必须与田间选择相结合方可明显提高效率。

四、普通野生稻渗入系构建进展

近年来，利用野生稻构建渗入系的报道很多。据统计（Ali et al.，2010；Jena，2010；Fu et al.，2010），至 2010 年国际上报道的以野生稻为供体的渗入系共涉及 AA、BBCC、CCDD、CC、EE、FF 6 个基因组，13 个野生稻种，包括：*O. rufipogon*、*O. nivara*、*O. glaberrima*、*O. glumaepatula*、*O. longistaminata*、*O. meridionalis*、*O. barthii*、*O. minuta*、*O.grandiglumis*、*O. latifolia*、*O. officinalis*、*O. australiensis* 和 *O. brachyantha*，受体亲本包括籼稻、粳稻和热带粳稻，考察的性状几乎覆盖了生产上常用的所有农艺性状，如产量、品质、抗病虫、逆境胁迫、生育期、育性等。这些野生稻渗入群体对丰富栽培稻遗传多样性、拓宽栽培稻的遗传构成、促进野生稻基因资源的发掘利用具有重要意义。目前，以中国广东、广西、海南、江西、福建、云南，以及马来西亚、泰国等普通野生稻为供体或受体构建渗入系有相关报道，具体如下。

（一）广东普通野生稻渗入系构建

赵杏娟等（2010）以广东省优良籼稻品种粤香占为受体亲本，利用杂交、回交和微卫星标记辅助选择相结合的方法，构建了以高州普通野生稻（GZW087）为供体亲本的水稻单片段代换系群体。该群体由具 20 个编号的 9 个单片段代换系构成。这 9 个单片段代换系分别分布在水稻的 1 号、2 号、3 号、10 号和 11 号染色体上，代换片段长度为 8.1~23.8cM，总长度为 152.7cM，平均长度为 17.0cM，代换片段对水稻基因组的覆盖总长度为 136.1cM，覆盖率为 7.5%。具体构建过程如图 2-5 所示。

井赵斌等（2010）以高州普通野生稻（编号为 52-9）为母本，以粤香占为父本杂交得到 F_1 代，再以粤香占为轮回亲本，连续回交 2 次，获得 241 个 BC_3F_1 株系，在 BC_3F_1 群体的基础上，连续自交 1~2 次得到 $BC_3F_{2~3}$ 群体。初步构建了一套覆盖高州普通野生稻基因组约 93.9% 的初级渗入系，该渗入系的构建路线如图 2-6 所示。该套渗入系由 60 个单株组成，每个渗入系的平均渗入片段数为 8.12 个（图 2-7）。其中高州普通野生稻纯合渗入片段长度占全基因组 5% 以下的渗入系共有 27 个，占该套渗入系的 45.0%；占全基因组 5.1%~10% 的渗入系共有 23 个，占该套渗入系的 38.3%；占全基因组 10.1%~15% 的渗入系共有 5 个，占该套渗入系的 8.3%；占全基因 15% 以上的渗入系共有 5 个，占该套渗入系的 8.3%。这些初级渗入系的构建可为后续的相关研究提供参考数据。

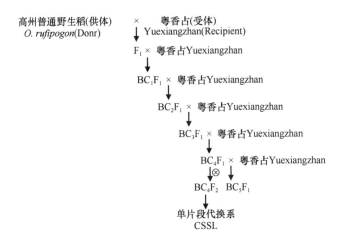

图 2-5　高州普通野生稻单片段代换系构建示意图（引自赵杏娟等，2010）

Fig. 2-5　Procedure for developing single segment substitution line of *O. rufipogon* which originated from Gaozhou（Cited from Zhao et al.，2010）

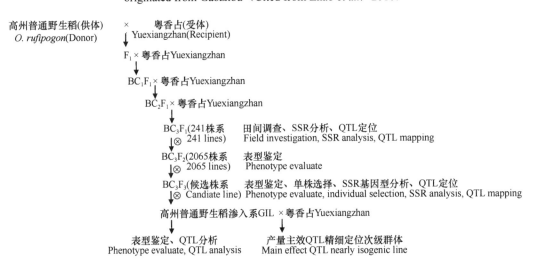

图 2-6　高州普通野生稻渗入系构建示意图（引自并赵斌等，2010）

Fig. 2-6　Procedure for developing introgression line of *O. rufipogon* which originated from Gaozhou（Cited from Jing et al.，2010）

（二）广西普通野生稻渗入系构建

宋建东等（2010）以粳稻日本晴为受体和轮回亲本，以广西普通野生稻核心种质 DP15 为供体，通过连续回交和 SSR 标记辅助选择的方法构建普通野生稻单片段代换系群体。主要田间试验于 2005~2010 年在广西农业科学院水稻研究所试验基地进行，其中杂交 F_1 和第一次回交工作在海南完成。2008 年晚稻种植 BC_1F_1，每个株系种 10 株，按以下标准选取 BC_1F_1 单株用来继续回交：①含有野生稻供体基因型的单株；②有特殊、

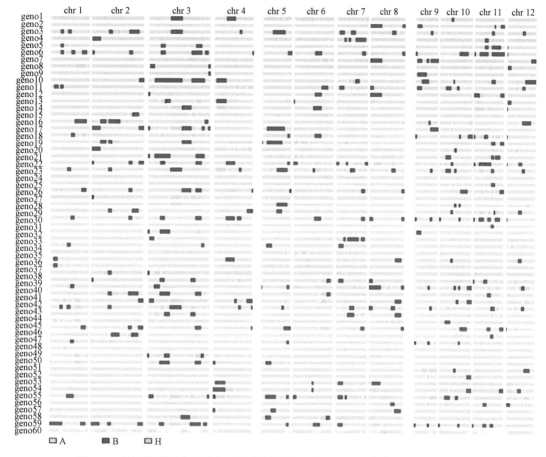

图 2-7　高州普通野生稻渗入系全基因组图示基因型（引自井赵斌等，2010）

Fig. 2-7　The graphic genotype of introgression line for *O. rufipogon* which originated from Gaozhou（Cited from Jing et al.，2010）

A. 粤香占纯合片段（*O. sativa/O. sativa*）；B. 高州普通野生稻纯合片段（*O. rufipogon/O. rufipogon*）；
H. 杂合片段（*O. rufipogon/ O. sativa*）

A. Homozygous segments（*O. sativa/O. sativa*）；B. Homozygous segments of Gaozhou common wild rice
（*O. rufipogon/O. rufipogon*）；H. Heterozygous segments（*O. rufipogon/O. sativa*）

较明显野生稻特征表型的单株。2009 年早稻种植 BC_2F_1 株系，每个株系种植 20 株，用上一代已标记的引物检测，在遗传距离较远的区间进一步参考日本晴的物理图谱，设计和筛选多态性标记，检测含有野生稻基因型的单株继续回交。2009 年晚稻种植 BC_3F_1 株系和 BC_2F_2 株系，继续检测用于回交，并初步估算代换片段的长度。如果获得的 BC_3F_1 世代的代换片段还未能覆盖整个基因组，针对空白的野生稻覆盖区域，需从 BC_2F_2 世代寻找，后面的工作将按此技术路线继续进行，直到获得一整套能相互重叠并覆盖整个染色体组的单片段代换系，技术路线如图 2-8 所示。

（三）海南普通野生稻渗入系构建

郝伟等（2006）将籼稻特青与海南普通野生稻杂交，产生的 F_1 植株与特青回交 2 次，通过 118 对 CAPS 或 SSR 标记选出遗传背景为特青且含有一段杂合片段的 BC_2F_1

植株，再与特青回交 1 次，将得到的 BC_3F_1 植株自交 1 次，产生 BC_3F_2 植株。用 MAS 技术在 BC_3F_2 植株内筛选出一套包含 133 个株系、遗传背景为特青的覆盖绝大部分野生稻基因组的渗入系。图 2-9 显示的是海南普通野生稻渗入系的构建过程。

图 2-8　广西普通野生稻单片段代换系构建示意图（引自宋建东等，2010）

Fig. 2-8　Procedure for developing single segment substitution line of *O. rufipogon* which originated from Guangxi（Cited from Song et al.，2010）

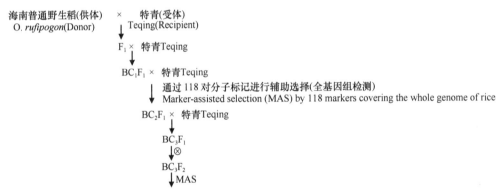

图 2-9　海南普通野生稻单片段代换系构建示意图（引自郝伟等，2006）

Fig. 2-9　Procedure for developing single segment line of *O. rufipogon* which originated from Hainan（Cited from Hao et al.，2006）

Qiao 等（2016）以海南三亚普通野生稻 CWR276 为供体，籼稻 9311 为受体，进行杂交得到 F_1，9311 作为轮回亲本与 F_1 回交 2 次获得 BC_3F_1，选用 230 对平均覆盖水稻 12 条染色体的 SSR 标记对 1000 株 BC_3F_1 进行辅助选育，根据 SSR 基因型，选取 236 株 BC_3F_1 植株与 9311 回交，获得 BC_4F_1，BC_4F_1 自交 4 次获得 BC_4F_5，或与 9311 继续回交和自交，获得 BC_5F_4、BC_6F_4 和 BC_7F_4，从而获得一套覆盖野生稻基因片段 84.9%，并且包含 198 份材料的渗入系。具体构建过程见图 2-10。

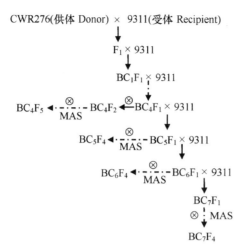

图 2-10 海南普通野生稻渗入系构建示意图（引自 Qiao 等，2016）

Fig. 2-10 Procedure for developing introgression line of *O. rufipogon* which originated from Hainan（Cited from Qiao et al.，2016）

（四）江西普通野生稻渗入系构建

赵德军（2003）以江西东乡普通野生稻（采自原生长地的根茎）为父本，桂朝 2 号为母本，杂交获得 F_1，F_1 与桂朝 2 号回交得 BC_1F_1，在 BC_1F_1 基础上取单株再与桂朝 2 号连续回交 3 次得到 BC_4F_1 群体，对 BC_4F_1 群体进行分子标记辅助选择，同时对 BC_4F_1 群体单株套袋连续自交 3 次得 BC_4F_4 群体。从 BC_4F_4 群体中按系随机选取 214 个单株，用分布在水稻 12 条染色体的 126 对 SSR 标记对 BC_4F_4 群体的 214 个单株做全基因组检测。这 126 对 SSR 标记在染色体基本上呈均匀分布，标记间平均距离为 12.4cM。在 214 个被检测的单株中，50 株左右（约 23%）没有检测到东乡普通野生稻基因片段，即同桂朝 2 号基因型相同。排除基因型相同的单株，共得到了 159 个基因型彼此不同的单株，也就是 159 个渗入系。159 个渗入系的渗入片段共覆盖了东乡普野基因组的 67.5%，其余 32.5% 在本套渗入系材料中已"丢失"，其中有 23 个东乡普野单片段纯合渗入系和 14 个东乡普通野生稻单片段杂合渗入系。构建过程见图 2-11。

（五）福建普通野生稻渗入系构建

Yang 等（2016）以福建漳浦普通野生稻为供体，籼稻 Dongnanihui 810 为受体，进行杂交获得 F_1，将 F_1 与 Dongnanihui 810 连续回交 2 次，获得 156 个 BC_3F_1，对 BC_3F_1 群体进行分子标记辅助选择，排除在 4 个染色体区域以上为杂合的株系，选取大部分染色体区域纯合的株系，共获得 213 个 BC_3F_1 株系，将含有野生稻单片段代换的 31 个 BC_3F_1 株系自交 2 次，通过对表型和分子标记基因型鉴定，获得 36 个杂合渗入系，42 个纯合渗入系。另外，将剩余的 182 个 BC_3F_1 株系分别与 Dongnanihui 810 回交，获得 BC_4F_1 群体，将 BC_4F_1 自交获得 BC_4F_2 群体，其中 104 个为纯合渗入系，208 个为杂合渗入系，综上所述，最终获得 146 个纯合渗入系，244 个杂合渗入系。146 个纯合渗入系对野生稻基因组的覆盖总长度为 1145.65Mb，为整个基因组的 3.04 倍；244

个杂合渗入系对野生稻基因组的覆盖总长度为 1683.75Mb，为整个基因组的 4.47 倍。具体构建过程见图 2-12。

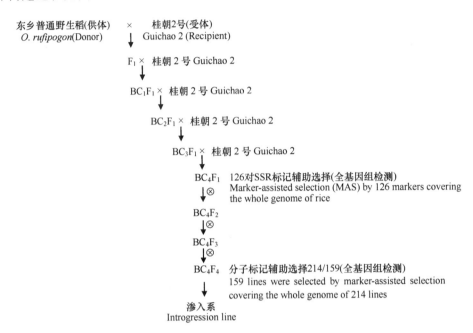

图 2-11　东乡普通野生稻渗入系构建示意图（引自赵德军，2003）

Fig. 2-11　Procedure for developing introgression line of *O. rufipogon* which originated from Dongxiang
（Cited from Zhao，2003）

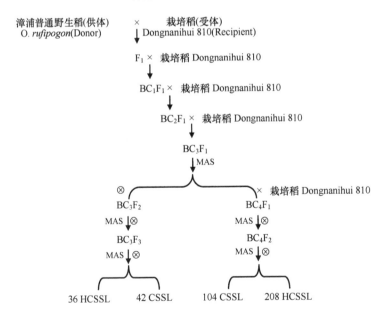

图 2-12　漳浦普通野生稻渗入系构建示意图（引自 Yang 等，2016）

Fig. 2-12　Procedure for developing introgression line of *O. rufipogon* which originated from Zhangpu
（Cited from Yang et al.，2016）

（六）云南普通野生稻渗入系构建

自 2001 年，本课题组在国家自然科学基金项目、云南省重点基金项目和科技攻关项目的资助下，利用云南省农业科学院自育的优良粳稻品种合系 35 号为母本，元江普通野生稻为父本进行远缘杂交，经胚挽救成苗后，回交 2 次，自交 11 次，同时结合染色体原位杂交技术和分子标记辅助选择技术，于 2009 年获得遗传稳定的 4006 个渗入系。其建立程序见图 2-13。

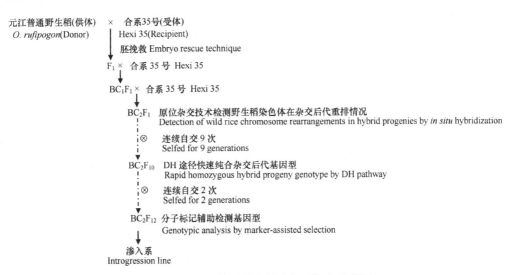

图 2-13　元江普通野生稻渗入系构建示意图

Fig. 2-13　Procedure for developing introgression line of *O.rufipogon* which originated from Yuanjiang

刘家富等（2007）以元江普通野生稻（采自原生长地的根茎）为母本，以优良籼稻品种特青为父本，配制杂交组合，以特青为轮回亲本，连续回交 3 次，自交 1 次，获得了源自不同 BC_3F_1 单株的 383 个 BC_3F_2 株系，连续自交 1~2 次得到 $BC_3F_{3~4}$ 群体。根据 BC_3F_2 株系形态性状和基因型分析结果，选择 600 个 BC_3F_3 株系和 243 个 BC_3F_4 株系作为构建渗入系的基础材料，构建了由 106 个株系组成的元江野生稻渗入系群体。随后进行 2 次连续自交，获得遗传稳定的 120 个元江野生稻渗入系。详见图 2-14。

汪文祥（2012）以景洪普通野生稻为供体，特青为受体，杂交获得 F_1。F_1 与特青回交得 BC_1F_1，在 BC_1F_1 基础上取单株连续回交 3 次得 BC_4F_1 群体。对 BC_4F_1 群体进行分子标记辅助选择，同时对 BC_4F_1 群体单株连续自交 3 次得到 BC_4F_4 群体。从 BC_4F_4 群体中按系随机选取 282 个单株，用分布在水稻 12 条染色体的 212 对 SSR 标记对 BC_4F_4 群体的 282 个单株做全基因组检测。212 对在亲本间具有多态性的 SSR 标记在染色体上基本呈均匀分布，标记间平均距离为 6.9cM。在 282 个被检测的单株中，共检测到 3727 个景洪普通野生稻渗入片段，覆盖率约 97%，渗入片段大小在平均 0.1~80.8cM 之间，平均渗入片段长度 9.0cM。构建过程见图 2-15。

（七）其他国家普通野生稻渗入系构建

邓化冰等（2005）以超级杂交中稻恢复系 9311 为受体和轮回亲本，马来西亚普

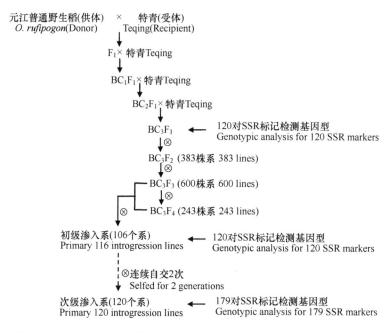

图 2-14　元江普通野生稻渗入系构建示意图（引自刘家富等，2007）

Fig. 2-14　Procedure for developing introgression line of *O. rufipogon* which originated from Yuanjiang
（Cited from Liu et al.，2007）

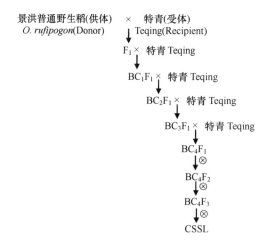

图 2-15　景洪普通野生稻渗入系构建示意图（引自汪文祥，2012）

Fig. 2-15　Procedure for developing introgression line of *O. rufipogon* which originated
from Jinghong（Cited from Wang，2012）

通野生稻为增产 QTL *yld1.1* 和 *yld2.1* 的供体进行杂交和连续回交，各世代采用分子标记辅助选择，至 BC$_6$F$_1$ 后自交，得到 BC$_6$F$_2$ 群体，通过分子标记检测，获得分别携带野生稻增产 QTL *yld1.1*、*yld2.1* 及同时携带 *yld1.1* 和 *yld2.1* 的 3 套近等基因系。对同时携带 *yld1.1* 和 *yld2.1* 的近等基因系进行遗传背景分析，发现其与受体9311的遗传组成有93.9%一致。之后，邓化冰等（2007）以杂交稻恢复系明恢63为受体和轮回亲本，马来西亚普通野生稻为增产 QTL *yld1.1* 和 *yld2.1* 的供体进行杂交和连续回交，各世代采用分了标记辅助选择，至 BC_6F_1 后自交，得到 BC_6F_2 群体，通过分子标记检测，获得分别携带野生稻增产 QTL $yld1.1$、$yld2.1$ 及同时携带 $yld1.1$ 和 $yld2.1$ 的3套回交近交系。

张晨昕（2010）以珍汕 97B 为受体亲本，马来西亚普通野生稻 IRGC105491 为供体亲本，进行杂交和连续回交，构建了 3 套群体材料，第一套为回交重组自交系 BC_2F_4，第二套为混收自交系 BC_3F_3，第三套为 BC_2F_1 与珍汕 97B 连续回交至 BC_6F_1 后自交，得到 BC_6F_2 渗入系群体，该套野生稻渗入系含有 131 份材料，利用 174 对在亲本间具有多态性的 SSR 标记检测，结果显示，平均背景恢复率为 94.6%，最高达到 99.1%，最低为 79.9%。目标片段重叠覆盖全基因组 362.6Mb（约 1450.4cM），所有目标片段累计总长度为 838.6Mb（约 3354.4cM），相当于全基因组 2.3 倍，最大片段长 23.75Mb（约 95cM），最小片段长 0.55Mb（约 2.2cM），平均长度为 8.14Mb（约 32.6cM）。构建过程见图 2-16。

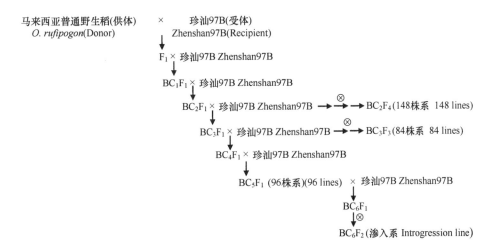

图 2-16　马来西亚普通野生稻渗入系构建示意图（引自张晨昕，2010）
Fig. 2-16　Procedure for developing introgression line of *O.rufipogon* which originated from Malaysia（Cited from Zhang，2010）

Hirabayashi 等（2010）以 2 份泰国普通野生稻（IRGC ACC. No. 104814 和 104812）为供体（父本），籼稻 Koshihikari 为受体（母本），分别杂交获得 F_1。F_1 与 Koshihikari 回交得 BC_1F_1，在 BC_1F_1 基础上取单株连续回交 2 次得 BC_3F_1 群体。从 BC_3F_1 开始，进行分子标记辅助选择，同时将 BC_3F_1 群体单株再与 Koshihikari 回交 1 次得 BC_4F_1 群体，选取携带有野生稻纯合基因位点的 BC_4F_1 连续自交 3 次得到 BC_4F_4 群体作为渗入系。两套渗入系分别含有 40 份和 47 份材料，分别覆盖 2 个野生稻片段全基因组 94.3% 和 96.0%。构建过程见图 2-17。

Sabu 等（2006）、Lim（2007）和 Wickneswari 等（2012）采用马来西亚普通野生稻（IRGC105491）与栽培稻 MR219 进行杂交，回交和自交获得 BC_2F_2，Ngu 等（2014）在此基础上，选取 BC_2F_2 群体中与粒重相关的株系自交 3 次，获得含有 212 个株系的 BC_2F_5 群体，通过基因型和表型选择出与粒重相关的株系共 5 份，分别与 MR219 回交 2 次，自交 2 次，每代都进行目标性状的选择，最终获得 BC_4F_4 群体作为粒重相关性状的近等基因系。具体构建过程见图 2-18。Keong 等（2012）也以类似的方式、同样的亲本获得了有效穗数和分蘖数 2 个性状的近等基因系。具体构建过程如图 2-19 所示。

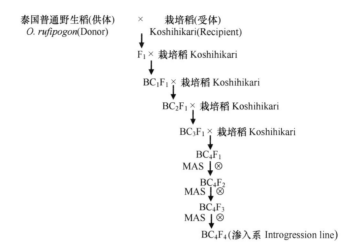

图 2-17　泰国普通野生稻渗入系构建示意图（引自 Hirabayashi 等，2010）

Fig. 2-17　Procedure for developing introgression line of *O. rufipogon* which originated from Thailand（Cited from Hirabayashi et al.，2010）

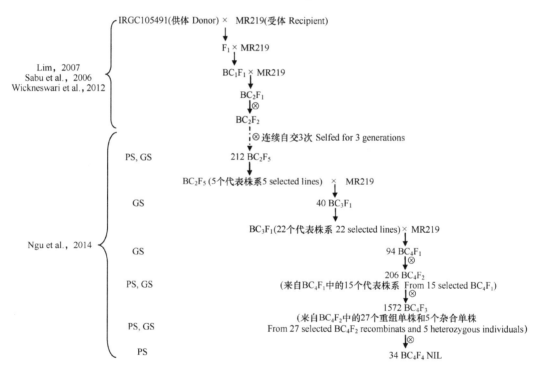

图 2-18　粒重性状近等基因系构建示意图[据 Sabu 等（2006）、Lim（2007）、Wickneswari 等（2012）、Ngu 等（2014）资料整理]

Fig. 2-18　Sketch map of developing near isogenic line（NIL）about grain weight [Summarized from Sabu et al（2006），Lim（2007），Wickneswari et al（2012），Ngu et al（2014）]

PS. 表示表型鉴定；GS. 表示基因型鉴定

PS. phenotype selection；GS. genotype selection

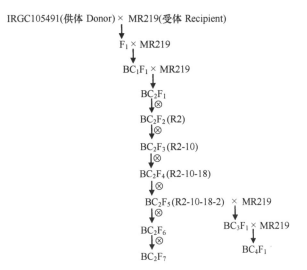

图 2-19 有效穗数和分蘖数性状近等基因系构建过程示意图（引自 Keong 等，2012）

Fig. 2-19 Development of near isogenic line about number of panicles and tillers

（Cited from Keong et al.，2012）

BC$_2$F$_2$～ BC$_2$F$_6$ 表示选用括号里的材料进行自交

BC$_2$F$_2$～ BC$_2$F$_6$.Designation in parentheses identifies the individual plant selected for selfing

Arbelaez 等（2015）以马来西亚普通野生稻（IRGC105491）为供体，粳稻 Curinga 为受体，进行杂交得 F$_1$，F$_1$ 与 Curinga 进行回交得 80 个 BC$_1$F$_1$，选用 131 对 SSR 标记对 BC$_1$F$_1$ 进行基因型分析，了解双亲在 BC$_1$F$_1$ 的覆盖度，同时 BC$_1$F$_1$ 与 Curinga 再回交并通过分子标记辅助选择和双单倍体途径，最终获得 BC$_3$F$_1$-DH 群体含有 48 个株系作为渗入系。通过双亲覆盖度检测，该渗入系含有 97.6% 的野生稻基因片段和 89.9% 的栽培稻基因片段。

参 考 文 献

曹立勇, 占小登, 庄杰云, 等. 2005. 利用分子标记辅助育种技术育成优质高产抗病杂交稻国稻 1 号. 杂交水稻, 20(3): 16-18.

陈成斌, 李道远. 1995. 广西野生稻优异种质评价与利用研究进展. 广西农业科学, (5): 193-195.

陈成斌, 曾华忠, 梁云涛, 等. 2012. 广西野生稻抗白叶枯病多菌系鉴定. 广西农业学报, 27(3): 1-4, 15.

陈大洲, 邓仁根, 肖叶青, 等. 1998. 东乡野生稻抗寒基因的利用与前景展望. 江西农业学报, 10(1): 65-68.

陈明霞, 和赵芬, 张建国. 2016. 普通野生稻饲用特性初探. 中国稻米, 22(4): 21-24.

陈圣, 倪大虎, 陆徐忠, 等. 2009. 分子标记辅助选择聚合 Xa23，Pi9 和 Bt 基因. 生物学杂志, 26(3): 7-9.

陈叔平, 庞汉华, 肖和生. 1983. 东乡普通野生稻性状观察. 中国种业, (2): 20-25.

陈小荣, 陈明, 贺浩华, 等. 2011. 东乡野生稻(Oryza rufipogon Griff.)的耐低磷能力鉴定. 江西农业大学学报, 33(3): 405-411.

陈彦, 赵彤华, 王兴亚, 等. 2012. 52.5% 丙环唑·三环唑悬浮剂防治水稻稻瘟病和纹枯病药效评价. 辽宁农业科学, (1): 69-71.

陈志, 易向军, 张俊, 等. 2010. 茶陵野生稻苗期耐冷性与抗氧化系统的关系. 生命科学研究, 14(1): 67-72.

程在全. 2006. 云南野生稻遗传特性及其优良基因克隆的研究. 成都: 四川大学博士学位论文.

褚启人, 章振华. 1984. 中国东乡野生稻粗线期分析及其与普通栽培稻的亲和性. 遗传学报, 11(6): 466-471.

褚绍尉, 王林, 刘桂富, 等. 2013. 广东高州普通野生稻耐铝性及其 QTL 定位. 华北农业学报, 28(3): 12-18.

邓程振, 余南. 1984. 从野生稻中可找到黄矮和普通矮缩病的抗源. 城乡致富, (10): 12-13.

邓化冰, 邓启云, 陈立云, 等. 2005. 野生稻增产 QTL 导入 9311 之近等基因系的构建. 杂交水稻, 20(6): 52-56.

邓化冰, 邓启云, 陈立云, 等. 2007. 野生稻增产 QTL 导入明恢 63 之回交近交系的构建. 湖南农业大学学报(自然科学版), 33(2): 127-131.

邓启云, 袁隆平, 梁凤山, 等. 2004. 野生稻高产基因及其分子标记辅助育种研究. 杂交水稻, 19(1): 6-10.

董轶博, 孔华, 彭于发, 等. 2008. 海南万宁普通野生稻居群开花习性和生殖特性研究. 植物遗传资源学报, 9(2): 218-222.

董志国. 2005. 高州普通野生稻耐光氧化种质资源筛选及其机理研究. 广州: 华南农业大学硕士学位论文.

鄂志国, 王磊. 2008. 野生稻有利基因的发掘和利用. 遗传, 30(11): 1397-1405.

冯锐, 郭辉, 刘白龙, 等. 2012. 普通野生稻褐飞虱抗性遗传纯合研究. 南方农业学报, 43(2): 146-150.

伏军. 1999. 水稻育种中的稻属种间远缘杂交. 作物研究, (2): 1-3.

符福鸿, 邱润恒, 黄文剑, 等. 1992. 玻利维亚野生稻种质特性的观察. 福建稻麦科技, (1): 19-21.

耿显胜, 杨明挚, 黄兴奇, 等. 2008. 云南景洪直立型普通野生稻抗稻瘟病 pi-ta+等位基因的克隆与分析. 遗传, 30(1): 109-114.

广东省农业科学院水稻研究所野生稻研究组. 1988. 野生稻资源在常规稻育种上的利用. 广东农业科学, (1): 1-5.

广西野生稻普查考察协作组. 1983. 广西野生稻的地理分布及其特征特性. 中国种业, (1): 12-18.

广西农业科学院作物品种资源研究室. 1984. 野生稻资源研究的主要进展和初步体会. 中国种业, (4): 8-12.

郭怡卿, 张付斗, 陶大云, 等. 2004. 野生稻化感抗(耐)稗草种质资源的初步研究. 西南农业学报, 17(3): 295-298.

韩飞, 侯立恒. 2007. 中国普通野生稻优异基因的研究与利用. 安徽农业科学, 35(25): 7794-7796.

韩飞怡, 桑洪玉, 韩法营, 等. 2015. 基于广西普通野生稻染色体单片段代换系的 Rf3 和 Rf4 复等位基因的恢复效应分析. 分子植物育种, 13(8): 1695-1702.

韩龙植, 林钟泽, 高熙宗. 2003. 水稻耐冷性对稻米品质冷水反应的影响. 中国农业科学, 36(7): 757-763.

郝伟, 金健, 孙世勇, 等. 2006. 覆盖野生稻基因组的染色体片段替换系的构建及其米质相关数量性状基因座位的鉴定. 植物生理与分子生物学学报, 32(3): 354-362.

何光明, 孙传清, 付永彩, 等. 2004. 水稻抗衰老 IPT 基因与抗白叶枯病基因 Xa23 的聚合研究. 遗传学报, 31(8): 836-841.

贺晃, 王晓玲, 符儒民, 等. 2007. 海南普通野生稻的花粉育性观察及杂交亲和性. 热带作物学报, 28(3): 10-14.

胡标林, 余守武, 万勇, 等. 2007. 东乡普通野生稻全生育期抗旱性鉴定. 作物学报, 33(3): 425-432.

黄大辉, 岑贞陆, 刘驰, 等. 2008. 野生稻细菌性条斑病抗性资源筛选及遗传分析. 植物遗传资源学报, 9(1): 11-14.

黄坤德. 2004. 高州野生稻编目//杨庆文, 陈大洲. 中国野生稻研究与利用(第一届全国野生稻大会论文集). 北京: 气象出版社: 108-110.

黄坤德, 李月芬, 黎华寿. 2004. 广东省高州市野生稻现状调查//杨庆文, 陈大洲. 中国野生稻研究与利用(第一届全国野生稻大会论文集). 北京: 气象出版社: 89-92.

黄瑞荣, 李湘民, 华菊玲, 等. 2007. 东乡野生稻种质资源的抗病稳定性研究. 江西农业学报, 19(1): 493-497.

黄瑞荣, 曾小萍, 文艳华, 等. 1990. 江西东乡野生稻对三种病害抗性的研究. 中国种业, (4): 36-37.

黄涛, 陈大洲, 夏凯, 等. 1998a. 抗冷与不抗冷性水稻在低温期间叶片 ABA 与 GA 水平变化的差异. 华北农学报, 13(4): 56-60.

黄涛, 夏凯, 陈大洲, 等. 1998b. ABA 与 GA$_3$ 对稻胚抗氰呼吸影响及其抗冷性的关系. 南京农业大学学报, (1): 14-17.

黄瑶珠. 2004. 高州普通野生稻形态、生育特性及雄性不育性初步研究. 广州: 华南农业大学硕士学位论文.

黄勇. 1993. 广西稻种资源蛋白质含量测定. 广西农业科学, (4): 145-146.

霍超斌, 李秀容, 刘智英, 等. 1987. 广东野生稻种质资源对稻瘟病的抗性鉴定. 广东农业科学, (6): 38-40.

江川, 李书柯, 李清华, 等. 2012. 福建稻种资源收集、保存、鉴定评价与利用研究. 福建稻麦科技, 30(4): 85-88.

江川, 王金英, 李清华. 2003. 野生稻的优异特性及其在水稻育种中的利用. 福建稻麦科技, (3): 8-10.

姜文正, 陈武. 1993. 稻种资源//应存山. 中国稻种资源. 北京: 中国农业科学技术出版社: 356-359.

姜文正, 涂英文, 丁忠华, 等. 1988. 东乡野生稻研究. 作物品种资源, (3): 1-4.

蒋春苗, 黄兴奇, 李定琴, 等. 2012. 云南野生稻叶茎根组织结构特性的比较研究. 西北植物学报, 32(1): 99-105.

金杰, 李绍清, 谢红卫, 等. 2013. 野生稻优良基因资源的发掘、种质创新及利用. 武汉大学学报(理学版), 59(1): 10-16.

荆彦辉, 孙传清, 谭禄宾, 等. 2005. 云南元江普通野生稻穗颈维管束和穗部性状的 QTL 分析. 遗传学报, 32(2): 178-182.

井赵斌, 陈雨, 潘大建, 等. 2010. 广东高州普通野生稻初级渗入系的构建和评价. 分子植物育种, 8(13): 1-8.

康公平, 徐国云, 陈志, 等. 2007. 茶陵普通野生稻光合特性研究. 作物学报, 33(9): 1558-1562.

赖星华, 高汉亮, 宋文学, 等. 1992. 广西野生稻种质资源对稻瘟病的抗性研究. 广西农业科学, (1): 37-40.

蓝碧秀. 2007. 普通野生稻雄性不育和恢复特性研究. 南宁: 广西大学硕士学位论文.

黎华寿, 黄坤德. 2004. 水面浮床种植普通野生稻作为饲草作物的初步研究//杨庆文, 陈大洲. 中国野生稻研究与利用(第一届全国野生稻大会论文集). 北京: 气象出版社: 177-181.

黎华寿, 聂呈荣, 胡永刚. 2004. 模拟酸雨对杂交稻、栽培稻、野生稻影响的研究. 农业环境科学学报, 23(2): 284-287.

李晨, 潘大建, 毛兴学, 等. 2006. 用SSR标记分析高州野生稻的遗传多样性. 科学通报, 51(5): 551-558.

李定琴, 陈玲, 李维蛟, 等. 2015. 云南 3 种野生稻中稻白叶枯病基因的鉴定. 作物学报, 41(3): 386-393.

李容柏, 李丽淑, 韦素美, 等. 2006. 普通野生稻(*Oryza rufipogon* Griff.)抗稻褐飞虱新基因的鉴定与利用. 分子植物育种, 4(3): 365-375.

李容柏, 秦学毅. 1994. 广西野生稻抗病虫性鉴定研究的主要进展. 广西科学, 1(1): 83-85.

李容柏, 秦学毅, 韦素美, 等. 2002. 普通野生稻 94-42-5-1 对稻褐飞虱的抗性评价及其遗传研究. 中国水稻科学, 16(2): 115-118.

李仕贵, 王玉平, 黎汉云, 等. 2000. 利用微卫星标记鉴定水稻的稻瘟病抗性. 生物工程学报, 16(3): 324-327.

李书柯. 2010. 福建漳浦普通野生稻特征特性鉴定与评价. 福州: 福建农林大学硕士学位论文.

李湘民, 黄瑞荣, 兰波, 等. 2006. 东乡野生稻种质资源的抗病性研究. 江西农业大学学报, 28(4): 493-497.

李小湘, 孙桂芝, 黎用朝, 等. 1995. 普通野生稻对褐飞虱的抗性鉴定初报. 湖南农业科学, (3): 32-33.

李友荣, 侯小华, 魏子生, 等. 2001. 湖南野生稻抗病性评价与种质创新. 湖南农业科学, (6): 14-18.

李子先, 刘国平, 陈忠友. 1994. 中国东乡野生稻遗传因子转移的研究. 遗传学报, 21(2): 133-146.

练子贤. 2007. 广东高州普通野生稻与台中 65 杂交 F₁ 的生殖特性. 广州: 华南农业大学硕士学位论文.

梁斌, 肖放华, 黄费元, 等. 1999. 云南野生稻对稻瘟病的抗性评价. 中国水稻科学, 13(3): 183-185.

梁嘉荣, 蔡一霞. 2013. 高温干旱对水稻产量、品质及剑叶生理特性影响研究综述. 中国农学通报, 29(27): 1-6.

梁能. 1989. 普通野生稻种质资源抗性鉴定. 广东农业科学, (2): 3-7.

梁能, 吴惟瑞. 1993. 广东和海南的野生稻资源//应存山. 中国稻种资源. 北京: 中国农业科学技术出版社: 285-301.

林登豪. 1992. 广西野生稻资源耐冷性鉴定. 广西农业科学, (2): 53-56.

林海妹, 郭安平, 王晓玲, 等. 2009. 普通野生稻抗旱性初探. 中国农学通报, 25(17): 124-128.

林世成, 章琦, 阙更生, 等. 1992. 普通野生稻对水稻白叶枯病抗性的评价及遗传研究初报. 中国水稻科学, 6(4): 155-158.

刘家富, 奎丽梅, 朱作峰, 等. 2007. 普通野生稻稻米加工品质和外观品质性状 QTL 定位. 农业生物技术学报, 15(1): 90-96.

卢永根, 刘向东, 陈雄辉. 2008. 广东高州普通野生稻的研究进展. 植物遗传资源学报, 9(1): 1-5.

潘大建, 范芝兰, 朱小原, 等. 2008. 广东高州普通野生稻稻瘟病抗性鉴定. 植物遗传资源学报, 9(3): 358-361.

庞汉华, 杨庆文, 赵江. 2000. 中国野生稻资源考察、鉴定和保存概况. 植物遗传资源科学, 1(4): 52-56.

庞汉华. 1992. 中国普通野生稻种质资源若干特性分析. 作物品种资源, (4): 6-8.

裴庆利, 王春连, 刘丕庆, 等. 2011. 分子标记辅助选择在水稻抗病虫基因聚合上的应用. 中国水稻科学, 25(2): 119-129.

彭绍裘, 魏子生, 毛昌祥, 等. 1982. 云南省疣粒野生稻、药用野生稻和普通野生稻多抗性鉴定. 植物病理学报, 12(4): 58-60.

秦学毅, 李荣柏. 1990. 广西普通野生稻品质鉴定初报//吴妙燊. 野生稻资源研究论文选篇. 北京: 中国科学技术出版社: 46-48.

桑茂鹏, 姜明松, 李广贤, 等. 2009. 利用分子标记辅助选择双基因 *Xa21* 和 *fgr* 水稻植株. 山东农业科学, (1): 4-7.

宋建东, 黄悦悦, 阳海宁, 等. 2010. 粳稻为背景的普通野生稻单片段代换系群体的初步构建. 广西农业科学, 41(4): 297-302.

孙恢鸿, 农秀美, 黄福新, 等. 1992. 广西野生稻资源抗白叶枯病研究. 植物保护学报, 19(3): 237-241.

孙佩甫. 2015. 海南普通野生稻花器性状、结实率及遗传多样性研究. 海南: 海南大学硕士学位论文.

覃宝祥, 刘驰, 焦晓真, 等. 2014. 广西普通野生稻白叶枯病广谱抗源的鉴定与评价. 南方农业学报, 45(9): 1527-1531.

谭玉娟, 张扬, 潘英, 等. 1991. 广东省普通野生稻种质资源对三化螟的抗性鉴定. 植物保护, 17(3): 27-28.

谭玉娟, 张扬, 潘英, 等. 1993. 广东普通野生稻种质资源对白背飞虱的抗性鉴定. 中国水稻科学, 7(1): 42.

唐犁, 杨正威, 邱兵余, 等. 2011. 东乡野生稻和常规稻"莲香早"苗在干旱胁迫下外观及生理性状变化的比较. 江西农业大学学报, 33(1): 1-5.

唐清杰, 王效宁, 邢福能, 等. 2016. 海南普通野生稻耐旱和耐盐资源的鉴定与评价. 江苏农业科学, 44(11): 96-98.

唐清杰, 王效宁, 熊怀阳, 等. 2013. 海南普通野生稻稻瘟病抗性资源调查和鉴定. 植物遗传资源学报, 14(5): 821-825.

唐清杰, 王效宁, 云勇, 等. 2010. 海南普通野生稻稻瘟病的抗性鉴定与评价. 中国野生植物资源, 29(6): 8-10.

唐清杰, 严小微, 徐靖, 等. 2017. 海南普通野生稻资源不同生长期耐旱性鉴定与筛选. 福建农业学报, 32(2): 130-133.

万常炤, 范洪良, 陆家安, 等. 1993. 我国三个野生稻种的稻米蒸煮品质. 上海农业学报, 9(2): 37-42.

汪文祥. 2012. 云南景洪普通野生稻渗入系的构建及杂种劣势互作基因的定位. 南昌: 江西农业大学硕士学位论文.

王春连, 戚华雄, 潘海军, 等. 2005. 水稻抗白叶枯病基因 *Xa23* 的 EST 标记及其在分子育种上的利用. 中国农业科学, 38(10): 1996-2001.

王春连, 赵炳宇, 章琦, 等. 2004. 水稻抗白叶枯病新抗源 Y238 的鉴定及其近等基因系的培育. 植物遗传资源学报, 5(1): 26-30.

王兰, 蔡东长. 2011. 高州普通野生稻苗期耐寒性鉴定及其 SSR 多态标记分析. 华北农学报, 26(6): 12-15.

王丽, 郭跃泉, 李绍芹, 等. 2013. 水稻白叶枯病发生规律与防治措施. 科技致富向导, (21): 208.

王玲仙, 付坚, 尹明, 等. 2012. 普通野生稻与栽培稻杂交后代游离小孢子的培养. 西南农业学报, 25(6): 1959-1963.

王美兴, 张洪亮, 张冬玲, 等. 2008. 中国普通野生稻(*O. rufipogon* Griff.)的地理多样性与分化. 科学通报, 53(22): 2768-2775.

王晓玲, 余洁, 郭安平, 等. 2008. 海南儋州普通野生稻开花习性及育性研究. 热带亚热带植物学报, 16(1): 75-82.

王玉民, 席章营, 尚爱兰, 等. 2008. 作物单片段代换系的构建及应用. 中国农学通报, 24(3): 67-71.

韦素美. 1994. 广西普通野生稻种质资源抗褐飞虱鉴定. 广西植保, (1): 1-4.

韦燕萍, 黄大辉, 陈英之, 等. 2009. 广西野生稻资源抗稻瘟病材料的鉴定与评价. 中国水稻科学, 23(4): 433-436.

温小红, 谢明杰, 姜健, 等. 2013. 水稻稻瘟病防治方法研究进展. 中国农学通报, 29(3): 190-195.

文飘, 罗向东, 付学琴, 等. 2011. 东乡野生稻及其种间杂交后代的休眠特性研究. 杂交水稻, 26(6): 74-77.

吴成军. 2004. 云南野生稻资源的保护生物学与遗传性状研究. 上海: 复旦大学博士学位论文.

吴国昭, 谢丽君, 宋圆圆, 等. 2009. 外源信号物质诱导广东高州普通野生稻抗稻瘟病的生理生化机理. 西北农业学报, 18(3): 254-258.

吴妙燊. 1993. 广西野生稻资源//应存山. 中国稻种资源. 北京: 中国农业科学技术出版社: 241-260.

吴妙燊, 李道远. 1986. 野生稻遗传资源利用展望. 作物品种资源, 18(4): 1-4.

吴妙燊, 舒理慧, 李道远, 等. 1988. 野生稻种质利用技术的研究 I. 稻属种间杂种(AA×C 染色体组)的获得. 作物品种资源, (1): 6-9.

谢建坤, 胡标林, 万勇, 等. 2010. 东乡普通野生稻与栽培稻苗期抗旱性的比较. 生态学报, 30(6): 1665-1674.

谢志成, 杨卿, 陈璟, 等. 2007. 野生稻对潜根线虫的抗性调查. 福建农林大学学报(自然科学版), 36(3): 241-243.

邢佳鑫, 陈玲, 李维蛟, 等. 2015. 云南野生稻抗褐飞虱评价及其抗性基因鉴定. 西北植物学报, 35(12): 2391-2398.

徐安隆. 2015. 抗白背飞虱水稻材料的鉴定与抗性基因定位研究. 南宁: 广西大学硕士学位论文.

徐靖, 唐清杰, 韩义胜. 2014. 海南普通野生稻与栽培稻的营养品种比较. 热带农业科学, 34(4): 57-59.

徐玲玲, 陈善娜, 程在全, 等. 2006. 野生稻材料中氨基酸、碳、氮含量分析及其在种质资源评价中的应用. 云南大学学报(自然科学版), 28(1): 78-82.

徐孟亮, 陈志, 肖媛, 等. 2009. 茶陵野生稻苗期耐冷性研究. 激光生物学报, 18(6): 805-809.

徐羡明, 增列先, 林壁润, 等. 1991. 普通野生稻种质资源对纹枯病的抗性鉴定. 植物病理学报, 22: 300.

徐羡明, 增列先, 伍尚忠. 1986. 广东野生稻种质资源对白叶枯病的抗性鉴定. 广东农业科学, (5): 29-31.

严小微, 唐清杰, 王惠艰, 等. 2014. 海南北部普通野生稻育性相关性状调查与分析. 植物遗传资源学报, 15(4): 882-887.

颜群, 潘英华, 秦学毅, 等. 2012. 普通野生稻稻瘟病广谱抗性基因 *Pi-gx(t)* 的遗传分析和定位. 南方农业学报, 43(10): 1433-1437.

杨军, 陈大洲, 夏凯, 等. 1999. 正-丙基二氢茉莉酸和"东野"(♀)F₁抗冷性的影响. 南京师范大学学报(自然科学版), 22(3): 133-137.

杨空松, 陈小荣, 傅军如, 等. 2006. 营养胁迫下东乡野生稻生物学特性鉴定初报. 植物遗传资源学报, 7(4): 427-433.

杨空松, 贺浩华, 陈小荣. 2005. 野生稻有利基因的挖掘利用及研究进展. 种子, 24(12): 92-95.

杨培周, 郭海滨, 赵杏娟, 等. 2006a. 广东高州普通野生稻生殖特性的研究 I. 结实率、花粉育性及其发育特点. 植物遗传资源学报, 7(1): 7-12.

杨培周, 郭海滨, 赵杏娟, 等. 2006b. 广东高州普通野生稻生殖特性的研究 I. 胚囊育性、胚囊发育、胚胎发生和胚乳发育. 植物遗传资源学报, 7(2): 136-143.

杨培周, 李金泉, 刘向东, 等. 2006c. 广东高州普通野生稻主要生殖性状的数量分析. 植物遗传资源学报, 7(4): 393-397.

杨庆文, 张万霞, 时津霞, 等. 2004. 广东高州普通野生稻(*Oryza rufipogon* Griff.)的遗传多样性和居群遗传分化研究. 植物遗传资源学报, 5(4): 315-319.

易向军. 2010. 茶陵野生稻逆境下的光合特性研究. 长沙: 湖南师范大学硕士学位论文.

于文娟, 王健, 赖凤香, 等. 2016. 西南和长江流域水稻生产品种对稻飞虱的抗性. 西南农业学报, 29(4): 751-757.

余守武, 范天云, 杜龙刚, 等. 2015. 抗南方水稻黑条矮缩病水稻光温敏核不育系的筛选和鉴定. 植物遗传资源学报, 16(1): 163-167.

余腾琼, 肖素琴, 殷富有, 等. 2016. 云南野生稻和地方稻资源抗白叶枯病分析. 植物保护学报, 43(5): 774-781.

曾亚文, 陈勇, 徐福荣, 等. 1999. 云南三种野生稻的濒危现状与研究利用. 云南农业科技, (2): 10-12.

甄海, 黄炽林, 陈奕, 等. 1997. 野生稻资源蛋白质含量评价. 华南农业大学学报, 18(4): 16-20.

张晨昕. 2010. 野生稻染色体片段代换系完善及其 SPAD-QTL 精细定位. 武汉: 华中农业大学硕士学位论文.

张学树. 2006. 环境胁迫对广东高州普通野生稻生理生态特性影响的研究. 广州: 华南农业大学硕士学位论文.

张忠仙. 2016. 五个野生稻种质的生殖特性分析. 南方农业, 10(6): 250-251.

章琦, 赵炳宇, 赵开军. 2000. 普通野生稻的抗水稻白叶枯病新基因 *Xa23* 的鉴定和分子标记定位. 作物学报, 26(5): 536-542.

赵德军. 2003. 江西东乡普通野生稻渗入系的构建及高产 QTL 定位. 北京: 中国农业大学博士学位论文.

赵美玉. 2006. 高州普通野生稻化感作用的研究. 广州: 华南农业大学硕士学位论文.

赵杏娟, 刘向东, 李金泉, 等. 2010. 以广东高州普通野生稻为供体亲本的水稻单片段代换系构建. 中国水稻科学, 24(2): 210-214.

朱作峰, 孙传清, 付永彩, 等. 2002. 用 SSR 标记比较亚洲栽培稻与普通野生稻的遗传多样性. 中国农业科学, 35(12): 1437-1441.

祝亚, 徐安隆, 炬莉, 等. 2016. 广西普通野生稻抗白背飞虱鉴定. 南方农业学报, 47(10): 1693-1697.

Ali M L, Sanchez P L, Yu S B, et al. 2010. Chromosome segment substitution lines: a powerful tool for the introgression of valuable genes from *Oryza* wild species into cultivated rice (*O. sativa*). Rice, 3(4): 218-234.

Ando T, Yamamoto T, Shimizu T, et al. 2008. Genetic dissection and pyramiding of quantitative traits for panicle architecture by using chromosomal segment substitution lines in rice. Theoretical and Applied Genetics, 116(6): 881-890.

Arbelaez J D, Moreno L T, Sing N, et al. 2015. Development and GBS-genotyping of introgression lines (ILs) using two wild species of rice, *O. meridionalis* and *O. rufipogon,* in a common recurrent parent, *O. sativa* cv. *curinga*. Molecular Breeding, 35(2): 81.

Ashikari M, Matsuoka M. 2006. Identification, isolation and pyramiding of quantitative trait loci for rice breeding. Trends in Plant Science, 11(7): 344-350.

Brar D S, Buu B C, Khush G S. 2002. Transferring agronomically important genes from wild species into rice: application of tissue culture and molecular approaches. Kathmandu Nepal: Abstract of International Conference on Wild Rice, 17-18.

Brar D S, Khush G S. 1997. Alien introgression in rice. Plant Molecular Biology, 35(1-2): 35-47.

Cheng Z Q, Ying F Y, Li D Q, et al. 2012. Genetic diversity of wild rice species in Yunnan Province of China. Rice Science, 19(1): 21-28.

de Vicente M C, Tanksley S D. 1993. QTL analysis of transgressive segregation in an interspecific tomato cross. Genetics, 134(2): 585-596.

Eathington S R, Dudley J W, Rufener G K. 1997. Usefulness of marker-QTL associations in early generation selection. Crop Science, 37(6): 1686-1693.

Ebitanni T, Takeuchi Y, Nonoue Y, et al. 2005. Construction and evaluation of chromosome segment substitution lines carrying overlapping chromosome segment of indica rice cultivar 'Kasalath' in a genetic background of japonica elite cultivar 'Koshihikari'. Breeding Science, 55(1): 65-73.

Eshed Y, Zamir D. 1994. Introgressions from *Lycopersicon pennellii* can improve the soluble-solids yield of tomato hybrids. Theoretical and Applied Genetics, 88(6-7): 891-897.

Eshed Y, Zamir D. 1995. An introgression line population of *Lycopersicon pennellii* in the cultivated tomato enables the identification and fine mapping of yield-associated QTL. Genetics, 141(3): 147-162.

Fasahat P, Muhammad K, Abdullah A, et al. 2012. Proximate nutritional composition and antioxidant properties of *Oryza rufipogon,* a wild rice collected from Malaysia compared to cultivated rice, MR219. Australian Journal of Crop Science, 6(11): 1502-1507.

Feng R, Guo H, Liu B L, et al. 2013. Genetic homozygosis of resistance of common wild rice (*Oryza rufipogon*) against brown planthopper. Plant Diseases and Pests, 4(2): 5-9.

Fu Q, Zhang P J, Tan L B, et al. 2010. Analysis of QTLs for yield-related traits in Yuanjiang common wild rice (*Oryza rufipogon* Griff.). Journal of Genetics and Genomics, 37(2): 147-157.

Ghesquiere A, Sequier J, Second G, et al. 1997. First steps towards a rational use of Africa rice, *O. glaberrima,* in rice breeding through a 'contig line' concept. Euphytica, 96(1): 31-39.

Gutierrez A G, Carabali S J, Giraldo O X, et al. 2010. Identification of a rice stripe necrosis virus resistance locus and yield component QTLs using *O. sativa*×*O. glaberrima* introgression lines. BMC Plant Biology, 10(1): 6.

Heinrichs E A. 1985. Genetic evaluation for insect resistance in rice. IRRI, Los Banos, the Philippines.

Hillel J, Schaap T, Haberfeld A, et al. 1990. DNA fingerprint applied to gene introgression breeding program. Genetics, 124(3): 783-789.

Hirabayashi H, Sato H, Nonoue Y, et al. 2010. Development of introgression lines derived from *Oryza rufipogon* and *O. glumaepatula* in the genetic background of japonica cultivated rice (*O. sativa* L.) and evaluation of resistance to rice blast. Breeding Science, 60(5): 604-612.

Hospital F, Chevalet C, Mulsant P. 1992. Using markers in gene introgression breeding programs. Genetics,

132(4): 1199-1210.

Howell P M, Marshall D F, Lydiate D J. 1996. Towards developing intervarietal substitution lines in *Brassica napus* using marker-assisted selection. Genome, 39(2): 348-358.

Iyer-Pascuzzi A S, Jiang H, Huang L, et al. 2008. Genetic and functional characterzation of the rice bacterial blight disease resistance gene *xa5*. Phytopathology, 98(3): 289-295.

Jena K K. 2010. The species of the genus *Oryza* and transfer of useful genes from wild species into cultivated rice, *O. sativa*. Breeding Science, 60(5): 518-523.

Keong B P, Harikrishna J A. 2012. Genome characterization of a breeding line derived from a cross between *Oryza sativa* and *Oryza rufipogon*. Biochemical Genetics, 50(1-2): 135-145.

Kubo T, Aida Y, Nakamura K, et al. 2002. Reciprocal chromosome segment substitution series derived from japonica and indica cross of rice (*Oryza sativa* L.). Breeding Science, 52(4): 319-325.

Li C, Pan D J, Mao X X, et al. 2006. The genetic diversity of gaozhou wild rice analyzed by SSR. Chinese Science Bulletin, 51(5): 562-572.

Li W T, Zeng R Z, Zhang Z M, et al. 2003. Analysis of introgression segments in near-isogenic lines for F_1 pollen sterility in rice (*Oryza sativa*). Rice Science, 17(2): 95-99.

Lim L S. 2007. Identification of quantitative trait loci for agronomic traits in an advanced backcross population between *Oryza rufipogon* Griff. and the *O. sativa* L. cultivar MR219. Doctoral thesis, Universiti Kebangsaan Malaysia, Selangor.

Melchinger A E. 2010. Use of molecular markers in breeding for oligogenic disease resistance. Plant Breeding, 104(1): 1-19.

Messeguer R, Ganal M, Vicente M C D, et al. 1991. High-resolution RFLP map around the root knot nematode resistance gene (*Mi*) in tomato. Theoretical and Applied Genetics, 82(5): 529-536.

Mo X, Xu M L. 2016. The photosynthetic characteristics of 'Chaling' common wild rice (*Oryza rufipogon* Griff.) under stress. Notulae Botanicae Horti Agrobotanici Cluj-Napoca, 44(2): 404-410.

Moncada P, Martinez C P, Borrero J, et al. 2001. Quantitative trait loci for yield and yield component s in an *Oryza sativa×Oryza rufipogon* BC_2F_2 population evaluated in an upland environment. Theoretical and Applied Genetics, 102(1): 41-52.

Monna L, Lin H X, Kojinma S, et al. 2002. Genetic dissection of a genomic region for a quantitative trait locus, *Hd3*, into two loci, *Hd3a* and *Hd3b*, controlling heading date in rice. Theoretical and Applied Genetics, 104(5): 772-778.

Narayanan N N, Baisakh N, Oliva N P, et al. 2004. Molecular breeding: marker-assisted selection combined with biolistic transformation for blast and bacterial blight resistance in Indica rice (cv. CO39). Molecular Breeding, 14(1): 61-71.

Ngu M S, Thomson M J, Bhuiyan M A R, et al. 2014. Fine mapping of a grain weight quantitative trait locus, *qGW6*, using near isogenic lines derived from *Oryza rufipogon* IRGC105491 and *Oryza sativa* cultivar MR219. Genetics and Molecular Research, 13(4): 9477-9488.

Pongtongkam P, Klakhaeng K, Ratisoontorn P, et al. 1993. Immature embryo culture in hybrid rice. Witthayasan Kasetsart, 27(1): 15-19.

Qiao W H, Qi L, Cheng Z J, et al. 2016. Development and characterization of chromosome segment substitution lines derived from *Oryza rufipogon* in the genetic background of *O. sativa* spp. *indica* cultivar 9311. BMC Genomics, 17(1): 580.

Ramsay L D, Jennings D E, Kearsey M J, et al. 1996. The construction of a substitution library of recombinant backcross lines in *Brassica oieracea* for the precision mapping of quantitative trait loci. Genome, 39(3): 558-567.

Sabu K K, Abdullah M Z, Lim L S, et al. 2006. Development and evaluation of advanced backcross families of rice for agronomically important traits. Communications in Biometry and Crop Science, 1(2): 111-123.

Song Z P, Lu B R, Wang B, et al. 2004. Fitness estimation through performance comparison of F_1 hybrids with their parental species *Oryza rufipogon* and *O. sativa*. Annals of Botany, 93(3): 311-316.

Sun C Q, Wang X K, Li Z C, et al. 2001. Comparison of the genetic of common wide rice (*Oryza rufipogon*

Griff.) and cultivated rice (*O. sativa* L.) using RFLP makers. Theoretical and Applied Genetics, 102(1): 157-162.

Tanksley S D, Nelson J C. 1996. Advanced backcross QTL analysis: a method for the simultaneous discovery and transfer of valuable QTLs from unadapted germplasm into elite breeding lines. Tag Theoretical and Applied Genetics, Theoretische und Angewandte Genetik, 92(2): 191-203 .

Tanksley S D. 1983. Molecular markers in plant breeding. Plant Molecular Biology Reporter, 1(1): 3-8.

Temnykh S, de Clerck G, Lukashova A, et al. 2001. Computational and experimental analysis of microsatellites in rice (*Oryza sativa* L.): frequency, length variation, transposon associations, and genetic marker potential. Genome Research, 11(8): 1441-1452.

Wickneswari R, Bhuiyan M A R, Sabu K K. 2012. Identification and validation of quantitative trait loci for agronomic traits in advanced backcross breeding lines derived from *Oryza rufipogon×Oryza sativa* cultivar MR219. Plant Molecular Biology Reporter, 30(4): 929-939.

Xia Z H, Han F, Gao L F, et al. 2010. Application of functional markers to identify genes for bacterial blight resistance in *Oryza rufipogon*. Rice Science, 17(1): 73-76.

Xiao J, Li J, Grandillo S, et al. 1998. Identification of trait-improving quantitative trait loci alleles from a wild rice relative, *Oryza rufipogon*. Genetics, 150(2): 899-909.

Yamamoto T, Kuboki Y, Lin S Y, et al. 1998. Fine mapping of quantitative trait loci *Hd-1*, *Hd-2*, *Hd-3*, controlling heading date of rice, as single Mendelian factors. Theoretical and Applied Genetics, 97(1-2): 37-44.

Yang D W, Ye X F, Zheng X H, et al. 2016. Development and evaluation of chromosome segment substitution lines carrying overlapping chromosome segments of the whole wild rice genome. Frontiers in Plant Science, 7(81): 1737.

Yang M Z, Cheng Z A, Chen S N, et al. 2007. A rice blast resistance genetic resource from wild rice in Yunnan, China. Journal of Plant Physiology and Molecular Biology, 33(6): 589-595.

Yano M, Sasaki T. 1997. Genetic and molecular dissection of quantitative traits in rice. Plant Molecular Biology, 35(1-2): 145-153.

Yi C D, Liang G H, Gong Z Y, et al. 2007. Molecular cytogenetic analysis of a spontaneous interspecific hybrid between *Oryza sativa* and *Oryza minuta*. Rice Science, 21(3): 223-227.

Yoshimura S, Yoshimura A, Iwata N, et al. 1995. Tagging and combining bacterial blight resistance genes in rice using RAPD and RFLP markers. Molecular Breeding, 1(4): 375-387.

Yu S B, Xu W J, Vijayakumar C H M, et al. 2003. Molecular diversity and multilocus organization of the parental lines used in the international rice molecular breeding program. Theoretical and Applied Genetics, 108(1): 131-140.

Zamir D, Ekstein-Michelson I, Zakay Y, et al. 1994. Mapping and introgression of a tomato yellow leaf curl virus tolerance gene, *TY-1*. Tag Theoretical and Applied Genetics, Theoretische und Angewandte Genetik, 88(2): 141-146.

第三章　普通野生稻渗入系苗期、分蘖期和成熟期株型特点

有关水稻株型（plant type）的研究，早在 20 世纪 20 年代初就有报道（Engledow and Wadham，1923），迄今为止，不同的学者对于水稻株型的概念有不同的观点。有些研究者认为，水稻的株型是指植物体在空间的排列方式，它是与水稻产量能力有关的一组形态特征，即植株的长势长相（吕川根等，1991）。杨守仁等（1996）研究表明，株型应该从个体和群体两个层面进行定义，可分为狭义株型和广义株型。狭义株型是指水稻的植株形态特征及空间排列方式，主要包括植株的高矮、分蘖集散度、叶片长短宽窄、穗型等。广义株型除包括水稻的形态特征及空间排列方式外，还包括与群体光能利用直接相关的生理生态性状。封超年等（1998）认为，株型主要指植株地上部分的形态特征，特别是叶和茎秆在空间的分布状态，即植株的受光姿态。黄耀祥（2001）认为，株型是植株的形态结构及其生理、生态所独具的特殊功能等诸方面的综合体现。

尽管目前对株型的概念尚未有统一的标准，但理想株型的重点是塑造植株优良的受光姿态，使其在全生育期最大限度截获和利用太阳光能，达到最大最适的叶面积指数。因此，株型概念的根本是叶片的形态、空间分布和受光姿态，具有形态特征、生理特征和生态特征的最佳组合，它能最大限度地提高群体光能利用率，增加生物学产量和提高经济系数等。茎型、叶型、穗型和根型四个方面为其主要研究内容。其中茎型包括株高、节间长短配置、茎壁厚度、茎集散度、分蘖力等因子。叶型包括叶姿、叶形等因子，叶姿可用直立性、叶枕距等描述，叶形包括叶的长、宽、厚和卷叶指数等。穗型包括穗数、每穗粒数、千粒重、穗形等多因子。根型包括根的分布、数量、粗细等（石利娟等，2006；王昆等，2013；徐海等，2015）。

普通野生稻渗入系株型具有丰富的变异，开展普通野生稻渗入系的株型特点研究，掌握不同株系的株型优缺点，为建立适合我国不同省（自治区）主产区高产、优质、多抗的理想株型模式提供依据。本章主要以图谱的形式，展示本课题组构建的元江普通野生稻渗入系在苗期、分蘖期和成熟期的株型特点，同时简略介绍该渗入系双亲（元江普通野生稻和合系 35 号）的植物学特征，作为渗入系株型特征描述的参照。

第一节　元江普通野生稻和合系 35 号的植物学特征

一、元江普通野生稻的植物学特征

元江普通野生稻为多年生，宿根，具有匍匐茎（图 3-1A）。小穗具有一朵两性花及两朵退化花的外稃，呈披针状，小穗两侧压扁，颖片退化。孕性花的内、外稃为硬纸质，穗形散，近总状花序，有一次枝梗和二次枝梗。雄蕊 6 个，长而大。柱头三裂呈羽毛状，胚珠一个，子房一室（图 3-1B）。

图 3-1　元江普通野生稻株型

Fig. 3-1　The plant type of Yuanjiang common wild rice

A. 元江普通野生稻原生境；B. 元江普通野生稻穗型；C. 元江普通野生稻叶型和茎型；D. 元江普通野生稻节间颜色

A.The original habitat of Yuanjiang common wild rice；B.The panicle type of Yuanjiang common wild rice；C.The leaf type and
stem type of Yuanjiang common wild rice；D.The color of internode of Yuanjiang common wild rice

根系发达，多而粗，宿根性，多年生。当年自然越冬，来年 3 月前后萌发，由近地表茎节处发生分蘖。

茎散生，匍匐或半直立型（图 3-1C）。株高 53~179cm，由于外界原因，植株高矮差异较大。分蘖较强，有高节位分蘖，匍匐茎质硬而壁厚、中空，节间微紫（图 3-1D）。

叶色绿或淡绿，形状狭长，剑叶长 23.65cm、宽 0.94cm；叶舌长 5.74mm，尖形二裂开，叶枕无色或紫色。

穗形散，穗长及穗颈长度不一。一般穗长 16.3~31.1cm，平均为 23.22cm；穗颈长 5.3~27.6cm，平均为 15.05cm。穗长大小不一，穗粒数为 40.4~136.5 粒，结实率为 9.2%~58.2%。一次枝梗数为 6.4~11.0，二次枝梗数为 2.5~23.0。

颖花为两性花。雄蕊 6 个，长 5.13mm。花丝长而发达，开花时，伸出颖外。雌蕊呈羽毛状，柱头有紫色和白色两种，外露率为 100%。芒长 2.1~8.1cm，平均为 6.58cm，红色。谷粒（图 3-2C）长 8.33~8.76mm、宽 2.03~2.30mm，长宽比为 3.7~4.10，黑壳，谷粒边成熟、边脱落，米色为红色或虾肉色（袁平荣等，1994）。

二、合系 35 号的植物学特征

合系 35 号为粳型，株高 100cm，株型紧凑，分蘖力中等；叶片直立，叶色较浓，成熟时叶片不早衰，熟色较好（图 3-2A）；每亩①有效穗数为 27 万个，穗着粒较密，属大穗型、早中熟型，穗长 21cm，穗粒数为 111 粒，结实率为 78%，颖尖紫色，无芒，

---

① 1 亩≈666.67m²

不落粒，千粒重 25.7g；谷粒较短宽，稃尖褐色（图 3-2B），直链淀粉含量为 17.33%，蛋白质含量为 5.88%，食味品质好。全生育期为 174d，耐寒性较强，高抗叶瘟病，中抗穗病。1993~1994 年参加省区试，平均亩产 586.9kg，较对照云粳 9 号增产 30%。宜在海拔 1950~2050m 的中、上等肥力田块推广种植（刘吉新等，1998；世荣等，2002）。

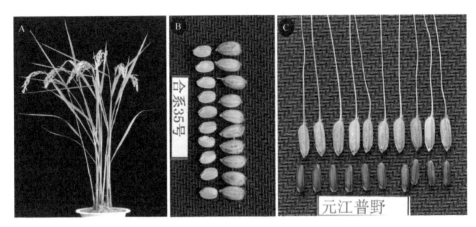

图 3-2 元江普通野生稻籽粒和合系 35 号株型

Fig. 3-2 The grain of Yuanjiang common wild rice and the plant type of Hexi 35

A. 合系 35 号株型；B. 合系 35 号籽粒；C. 元江普通野生稻籽粒

A. The plant type of Hexi 35；B. The grain of Hexi 35；C. The grain of Yuanjiang common wild rice

第二节　元江普通野生稻渗入系苗期株型

水稻苗期是指出苗到拔节之间的时期。元江普通野生稻渗入系苗期株型变异较大，形态多样，主要包括株高变化多样（图 3-3），苗的壮弱变化多样（图 3-4），分蘖数变

图 3-3 元江普通野生稻渗入系苗期

Fig. 3-3 The introgression line of Yuanjiang common wild rice at seedling stage

A~F 表示株高从低到高

A~F show that the plant height is from low to high

化多样（图 3-5），以及完全叶（叶片、叶枕、叶舌、叶耳和叶鞘）颜色变化多样（图 3-6），有浅绿色、绿色、深绿色、黄绿色、紫色等。

图 3-4 元江普通野生稻渗入系苗壮弱情况

Fig. 3-4 The strength and weakness of introgression lines of Yuanjiang common wild rice at seedling stage

A~C 表示从弱苗到壮苗

A~C show that seedlings are from week to sound

图 3-5 元江普通野生稻渗入系苗期分蘖情况

Fig. 3-5 The Tillering of introgression lines of Yuanjiang common wild rice at seedling stage

A~G 表示从无分蘖到多分蘖

A~G show the number of tillers are from no tillers to multiple tillers

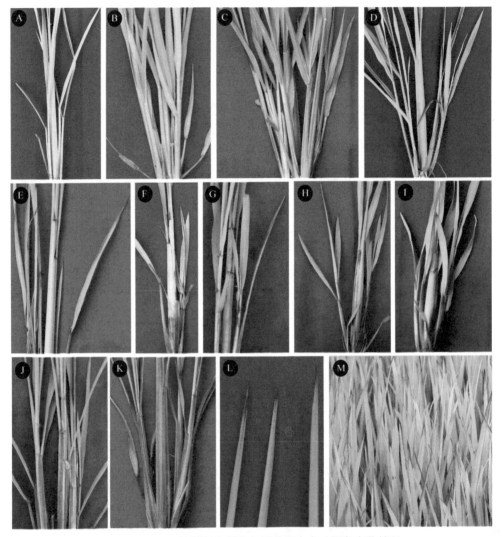

图 3-6　元江普通野生稻渗入系苗期完全叶颜色变化情况

Fig. 3-6　The color change of complete leaf of introgression line of Yuanjiang common wild rice at seedling stage

A. 完全叶颜色都为黄绿色；B. 完全叶颜色都为浅绿色；C. 完全叶颜色都为绿色；D. 完全叶颜色都为青绿色；E. 除叶鞘少部分区域、叶舌、叶枕和叶耳颜色都为紫褐色外，其余部分颜色都为黄绿色；F. 除叶舌、叶耳和基部完全叶的叶鞘颜色都为紫褐色外，其余部分颜色都为黄绿色；G. 叶舌、叶枕和叶耳颜色都为紫色，叶鞘颜色为紫色与青绿色相间，叶片颜色都为青绿色；H. 除叶鞘颜色为紫色外，其余部分颜色都为浅绿色；I. 除叶枕颜色为紫色，叶鞘颜色为紫色与青绿色相间外，其余部分颜色都为青绿色；J. 除叶片颜色为青绿色外，其余部分颜色都为紫色；K. 叶鞘和叶枕颜色为紫褐色，叶片颜色为紫红色与浅绿色相间，叶色和叶耳颜色为绿色；L. 紫黑色的叶尖；M.紫褐色的叶尖

A. The color of complete leaf is yellow green；B. The color of complete leaf is light green；C. The color of complete leaf is green；D. The color of complete leaf is turquoise；E. The color of a small part of vaginas，ligules，pulvinus and auricles is purple brown，and the color of the rest of complete leaf is yellow green；F. The color of the ligules，auricles and the vaginas of complete leaves at the base of the whole plant is purplish brown，and the color of the other of complete leaf is yellow green；G. The color of ligules，pulvinus and auricles is purple，the color of vaginas is turquoise and purple，and the color of leaves is turquoise；H. The color of the vaginas is purple，the color of the rest of complete leaf is light green；I. The color of pulvinus is purple，the color of vaginas is purple and turquoise，and the color of the rest of complete leaf is turquoise；J. The color of leaf is turquoise，the color of the rest of complete leaf is purple；K. The color of vaginas and pulvinus is purplish brown，the color of leaves is purplish and light green，the color of ligules and auricle is green；L. The color of leaf opex is purplish black；M. The color of leaf opex is purplish brown

第三节 元江普通野生稻渗入系分蘖期株型

水稻分蘖期（tillering stage）是确定有效分蘖的关键时期，其长短是获得高产的基础（詹可和邹应斌，2007）。水稻分蘖期是指从移植到幼穗分化的这段时期，这个过程30d左右（因品种、种植期和育秧方式不同而有变化），主要包括两个阶段，即分蘖芽的形成阶段和分蘖芽的伸长阶段（凌启鸿，2000；Li et al.，2003）。通常在每个叶位的叶腋里都能形成一个腋芽，即分蘖芽，在水稻正常生长发育过程中，只有位于茎秆基部不伸长节间上的分蘖芽，才能够进行伸长生长成为分蘖，而茎秆上部伸长节间上的腋芽一般不伸长，在母茎开始穗分化时进入休眠状态（Wang and Li，2005）。分蘖期又可分为回青期、有效分蘖期和无效分蘖期。移植的秧苗在拔秧、运秧和插秧过程中受到的损伤，称为植伤。因此，植伤秧苗在插秧后要经过一段时间才能复原转青而长出新根，这段时间就称为回青期。回青期的长短与植伤的程度有关，植伤轻的回青期短，植伤重的则回青期长。一般在插植后5~7d可回青。例如，早稻选择在晴暖天、晚稻选择在阴凉天插植易回青；铲秧比拔秧早回青，铲秧有的没有回青期（即插后不会转黄）。回青后如条件适宜，即可从假茎基部叶腋的腋芽伸出新株，称为分蘖。早期生出的能抽穗结实的分蘖称为有效分蘖，晚期生出的不能抽穗或不能结实的分蘖为无效分蘖。在生产上以穗轴分化前20天，作为划分有效分蘖期与无效分蘖期的时间界限。也就是说，在穗轴分化前20天以前发生的分蘖，大多能抽穗结实，为有效分蘖期；穗轴分化前20天以后发生的分蘖，基本上不能抽穗或不能结实，为无效分蘖期。（刘杨等，2011；孙佳丽等，2016）。元江普通野生稻渗入系在分蘖期形态各异，株型差异明显，尤其叶型和茎型差异较明显，主要包括株高（图3-7）、茎集散度（图3-8）、分蘖力（图3-9）、叶片卷曲度（图3-10）、叶片宽度（图3-11）和叶色（图3-12）等性状差异较大。对以上不同性状的概念的具体描述参照石利娟等（2006）的报道。

图 3-7 元江普通野生稻渗入系分蘖期株高变化情况

Fig. 3-7 The variation of plant height of introgression line of Yuanjiang common wild rice at tillering stage

A~F 表示株高从低到高

A~F indicate that the plant height is from low to high

图 3-8　元江普通野生稻渗入系分蘖期茎集散度情况

Fig. 3-8　The stem divergence of introgression line of Yuanjiang common wild rice at tillering stage

A~J 表示茎集散度由大到小

A~J indicate that the divergence of stems is from large to small

图 3-9 元江普通野生稻渗入系分蘖期分蘖情况

Fig. 3-9 The tillering of introgression line of Yuanjiang common wild rice at tillering stage

A~G 表示分蘖数由少到多

A~G indicate that the number of tillers are from less to more

图 3-10 元江普通野生稻渗入系分蘖期叶片卷曲度情况

Fig. 3-10 The leaf curl degree of introgression line of Yuanjiang common wild rice at tillering stage

A~F 表示叶片卷曲度由小到大

A~F indicate that the leaf curl degree is from small to large

图 3-11　元江普通野生稻渗入系分蘖期叶片宽度情况

Fig. 3-11　The leaf width of introgression line of Yuanjiang common wild rice at tillering stage

A~F 表示从窄叶到宽叶

A~F indicate that the leaf width is from narrow to wide

图 3-12　元江普通野生稻渗入系分蘖期完全叶颜色变化情况

Fig. 3-12　The color change of complete leaf of introgression line of Yuanjiang
common wild rice at tillering stage

A. 完全叶颜色都为黄绿色；B. 完全叶颜色都为浅绿色；C. 完全叶颜色都为绿色；D. 完全叶颜色都为青绿色；E. 橙色的叶尖；F. 褐色的叶尖；G. 紫褐色的叶尖；H. 黄色的叶尖；I. 叶边缘颜色为紫褐色；J. 叶边缘和叶脉颜色为紫褐色；K. 叶鞘、叶舌和叶边缘颜色为紫色，其余部分颜色为蓝绿色；L. 叶耳、叶舌、叶枕和叶鞘颜色为紫色，其余部分颜色为青绿色；M. 叶耳、叶枕和叶鞘颜色为紫褐色，其余部分颜色为青绿色；N. 叶耳、叶舌、叶枕和叶鞘颜色为紫红色，其余部分颜色为黄绿色

A. The color of complete leaf is yellow green；B. The color of complete leaf is light green；C. The color of complete leaf is green；D. The color of complete leaf is turquoise；E. The color of leaf opex is orange；F. The color of leaf opex is brown；G. The color of leaf opex is purple brown；H. The color of leaf opex is yellow；I. The color of leaf margin is purple brown；J. The color of leaf margin and vein is purple brown；K. The color of vaginas，ligule and leaf margin is purplish，the color of the rest of complete leaf is bule green；L. The color of auricle，ligule，pulvinus and vaginas is purplish，the color of the rest of complete leaf is turquoise；M. The color of auricle，pulvinus and vaginas is purple brown，the color of the rest of complete leaf is turquoise；N. The color of auricle，ligule，pulvinus and vaginas is purple red，the color of the rest of complete leaf is yellow green

第四节　元江普通野生稻渗入系成熟期株型

水稻成熟期（mature stage）一般包括乳熟期、蜡熟期、完熟期和枯熟期 4 个时期。其中乳熟期是指水稻开花后 3~5d 即开始灌浆直到谷粒基本变硬。灌浆后籽粒内容物呈白色乳浆状，淀粉不断积累，干、鲜重持续增加，在乳熟始期，鲜重迅速增加，在乳熟中期，鲜重达最大，米粒逐渐变硬变白，背部仍为绿色。该期手压穗中部有硬物感觉，持续时间为 7~10d。蜡熟期籽粒内容物浓黏，无乳状物出现，手压穗中部籽粒有坚硬感，鲜重开始下降，干重接近最大。米粒背部绿色逐渐消失，谷壳稍微变黄。此期经历 7~9d。完熟期谷壳变黄，米粒水分减少，干重达定值，籽粒变硬，不易破碎。此期是收获时期。枯熟期谷壳黄色退淡，枝梗干枯，顶端枝梗易折断，米粒偶尔有横断痕迹，影响米质。

水稻达到生理成熟的标准是籽粒干重达到最大，也就是完熟期。从外观上看，当每穗谷粒颖壳 95% 以上变黄或 95% 以上谷粒小穗轴及副护颖变黄，米粒变硬呈透明状，这时是水稻收获最佳时期（姜心禄等，2004；王镇沂，2009；徐晶晶等，2013；张晓梅等，2016）。

水稻成熟期形态完全建成，株型差异比其他时期明显，尤其是穗型，穗型是该时期特有的株型构成因子，所以元江普通野生稻渗入系成熟期株型形态更为多样（图 3-13），相对于其他时期该渗入系的株型特点会得到更完善的补充。本节主要介绍元江普通野生稻不同渗入系材料成熟期的茎型、叶型和穗型，具体包括株高（图 3-14）、茎集散度

图 3-13　元江普通野生稻渗入系成熟期

Fig. 3-13　The introgression line of Yuanjiang common wild rice at mature stage

A~B 表示田间不同分布区

A~B indicate different field distribution areas

图 3-14　元江普通野生稻渗入系成熟期株高变化情况

Fig. 3-14　The variation of plant height of introgression line of Yuanjiang common wild rice at mature stage

A~K 表示株高从低到高

A~K indicate that the plant height is from low to high

（图 3-15）、分蘖力（图 3-16）、茎秆颜色（图 3-17）、节间粗度（图 3-18）、叶姿（图 3-19）、叶片卷曲度（图 3-20）、叶片宽度（图 3-21）、叶色（图 3-22）、剑叶（顶叶）长度（图 3-23）、倒二叶长度（图 3-24）、剑叶宽度（图 3-25）、剑叶基角（图 3-26）、剑叶与倒二叶距离（图 3-27）、穗伸出度（或称为穗颈长，指从剑叶的叶枕到穗颈节的长度，有些品种穗颈伸长不够，穗颈节比剑叶叶枕低，被包裹在剑叶叶鞘中，可根据穗颈长短判

图 3-15　元江普通野生稻渗入系成熟期茎集散度情况

Fig. 3-15　The stem divergence of introgression line of Yuanjiang common wild rice at mature stage

A~L 表示茎集散度由大到小

A~L indicate that the stem divergence is from large to small

图 3-16　元江普通野生稻渗入系成熟期分蘖情况

Fig. 3-16　The tillering of introgression line of Yuanjiang common wild rice at mature stage

A~F 表示分蘖数由少到多

A~F indicate that the number of tillers are from less to more

别不同的品种）（图 3-28）、穗颈弯曲度（图 3-29）、穗长（图 3-30）、穗分支模式（图 3-31）、穗枝梗数（图 3-32）、穗着粒密度（图 3-33）、籽粒落粒性（图 3-34）、结实率（图 3-35）等性状差异都较大。对以上构成因子的概念的具体描述参照孙成明等（2000）、石利娟等（2006）、张子军等（2009）、陈峰等（2009）、王昆等（2013）、徐海等（2015）的报道。

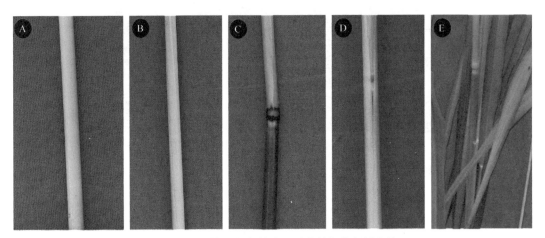

图 3-17　元江普通野生稻渗入系成熟期茎秆颜色情况

Fig. 3-17　The stem color of introgression line of Yuanjiang common wild rice at mature stage

A. 茎秆为黄绿色；B. 茎秆为浅绿色；C. 茎秆为紫黑色；D. 茎秆为紫红色；E. 茎秆为紫褐色

A. The stems are yellow green；B. The stems are light green；C. The stems are purple black；D. The stems are purple red；E. The stems are purple brown

图 3-18　元江普通野生稻渗入系成熟期节间粗度情况

Fig. 3-18　The internode roughness of introgression line of Yuanjiang common wild rice at mature stage

A~H 表示节间粗度由细到粗

A~H indicate that the internode roughness is from fine to coarse

图 3-19　元江普通野生稻渗入系成熟期叶姿情况

Fig. 3-19　The leaf posture of introgression line of Yuanjiang common wild rice at mature stage

A~G 表示叶姿由直立到披散

A~G indicate that the leaf posture is from erect to loose

图 3-20　元江普通野生稻渗入系成熟期叶片卷曲度情况

Fig. 3-20　The leaf curl degree of introgression line of Yuanjiang common wild rice at mature stage

A~H 表示叶片卷曲度由小到大

A~H indicate that the leaf curl degree is from small to large

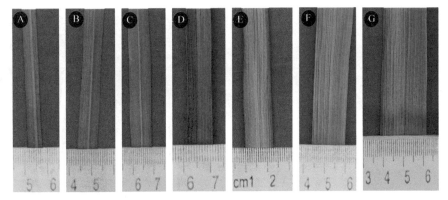

图 3-21　元江普通野生稻渗入系成熟期叶片宽度情况

Fig. 3-21　The leaf width of introgression line of Yuanjiang common wild rice at mature stage

A~G 表示从窄叶到宽叶

A~G indicate that the leaf width is from narrow to wide

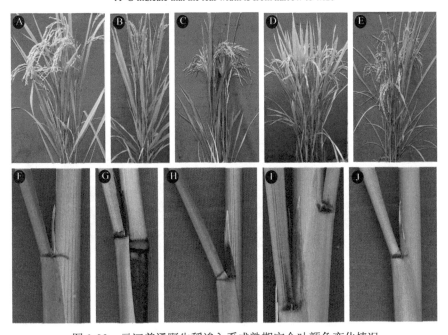

图 3-22　元江普通野生稻渗入系成熟期完全叶颜色变化情况

Fig. 3-22　The color change of complete leaf of introgression line of

Yuanjiang common wild rice at mature stage

A. 完全叶颜色都为黄绿色；B. 完全叶颜色都为浅绿色；C. 完全叶颜色都为绿色；D. 完全叶颜色都为青绿色；E. 叶片和叶鞘颜色为浅绿色与紫褐色相间，其余部分颜色为浅绿色；F. 叶片颜色为浅绿色，叶鞘颜色为浅绿色与紫褐色相间，叶枕、叶舌和叶耳颜色为褐色；G. 叶片颜色为黄绿色，叶鞘颜色为黄绿色与紫褐色相间，叶枕、叶舌和叶耳颜色为紫色；H. 叶片颜色为绿色，叶鞘颜色为紫红色和绿色相间，叶枕、叶舌和叶耳颜色为紫红色；I. 叶片颜色为紫褐色与浅绿色相间，叶鞘颜色为浅绿色，叶枕、叶舌和叶耳颜色为紫褐色；J. 叶片和叶鞘颜色为浅绿色，叶枕、叶舌和叶耳颜色为紫褐色

A. The color of complete leaf is yellow green；B. The color of complete leaf is light green；C. The color of complete leaf is green；D. The color of complete leaf is turquoise；E. The color of leaf and sheath is pale green and purplish brown；F. The color of leaf is light green，the color of sheath is light green and purple brown，the color of leaf pillow，ligule and auricle is brown；G. The color of leaf is yellow green，the color of sheath is yellow green and purple brown，the color of leaf pillow，ligule and auricle is purple；H. The color of leaf is green，the color of sheath is purple red and green，the color of leaf pillow，ligule and auricle color is purple red；I. The color of leaf is purple brown and light green，the color of sheath is light green，the color of pillow，ligule and auricle color is purple brown；J. The color of leaf and sheath color is light green，the color of leaf pillow，ligule and auricle color is purple brown

图 3-23　元江普通野生稻渗入系成熟期剑叶长度情况

Fig. 3-23　The flag leaf length of introgression line of Yuanjiang common wild rice at mature stage

A~J 表示剑叶长度由短到长

A~J indicate that the flag leaf length is from short to long

图 3-24　元江普通野生稻渗入系成熟期倒二叶长度情况

Fig. 3-24　The inverted two leaves length of introgression line of Yuanjiang common wild rice at mature stage

A~J 表示倒二叶长度从短到长

A~J indicate that the inverted two leaves length is from short to long

图 3-25　元江普通野生稻渗入系成熟期剑叶宽度情况

Fig. 3-25　The flag leaf width of introgression line of Yuanjiang common wild rice at mature stage

A~D 表示剑叶从窄叶到宽叶

A~D indicate that the flag leaf width is from narrow to wide

图 3-26　元江普通野生稻渗入系成熟期剑叶基角情况

Fig. 3-26　The base angle of flag leaf of introgression line of Yuanjiang common wild rice at mature stage

A~J 表示剑叶基角从小到大

A~J indicate that the base angle of flag leaf is from small to large

图 3-27　元江普通野生稻渗入系成熟期剑叶与倒二叶距离情况

Fig. 3-27　The distance between flag leaf and inverted two leave of introgression line of
Yuanjiang common wild rice at mature stage

A~J 表示剑叶与倒二叶距离从短到长

A~J indicate that the distance between flag leaf and inverted two leaves is from short to long

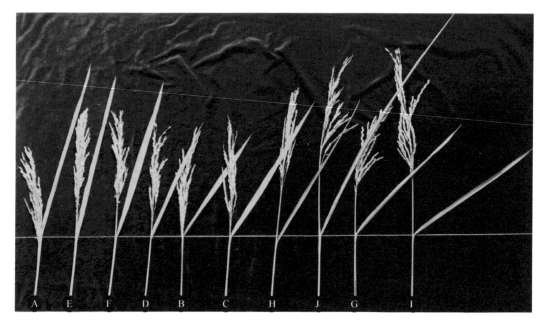

图 3-28　元江普通野生稻渗入系成熟期穗伸出度情况

Fig. 3-28　The panicle exsertion of introgression line of Yuanjiang common wild rice at mature stage

A~J 表示穗伸出度从小到大

A~J indicate that the panicle exsertion is from small to large

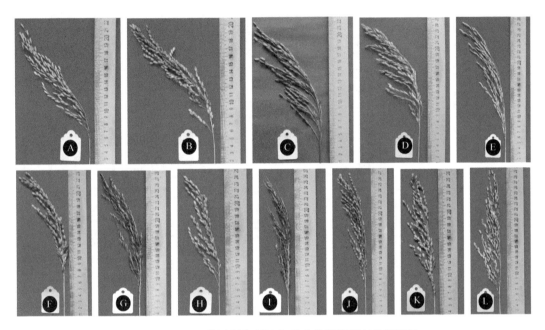

图 3-29　元江普通野生稻渗入系成熟期穗颈弯曲度情况

Fig. 3-29　The panicle neck curvature of introgression line of Yuanjiang common wild rice at mature stage

A~L 表示穗颈弯曲度从大到小

A~L indicate that the panicle neck curvature is from large to small

图 3-30　元江普通野生稻渗入系成熟期穗长情况

Fig. 3-30　The panicle length of introgression line of Yuanjiang common wild rice at mature stage

A~G 表示穗长从短到长

A~G indicate that the panicle length is from short to long

图 3-31 元江普通野生稻渗入系成熟期穗分支模式

Fig. 3-31 The panicle branching pattern of introgression line of Yuanjiang common wild rice at mature stage

A~L 表示穗分支从散到密

A~L indicate that the panicle branching is from loose to thick

图 3-32 元江普通野生稻渗入系成熟期穗枝梗数情况

Fig. 3-32 The branch number of panicle of introgression line of Yuanjiang common wild rice at mature stage

A~H 表示穗枝梗数从少到多

A~H indicate that the branch number of panicle is from less to more

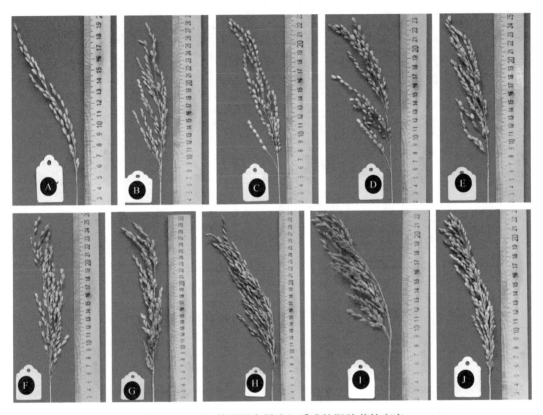

图 3-33　元江普通野生稻渗入系成熟期穗着粒密度

Fig. 3-33　The grain density per panicle of introgression line of Yuanjiang common wild rice at mature stage

A~J 表示穗着粒密度从小到大

A~J indicate that the grain density per panicle is from small to large

图 3-34　元江普通野生稻渗入系成熟期籽粒落粒性

Fig. 3-34　The grain shattering of introgression line of Yuanjiang common wild rice at mature stage

A~G 表示籽粒落粒性从强到弱

A~G indicate that the grain shattering is from strong to weak

图 3-35 元江普通野生稻渗入系成熟期结实率

Fig. 3-35 The seed setting rate of introgression line of Yuanjiang common wild rice at mature stage

A~K 表示结实率从低到高

A~K indicate that the seed setting rate is from low to high

参 考 文 献

陈峰, 高洁, 周继华, 等. 2009. 水稻穗型的研究进展. 江苏农业学报, 25(5): 1167-1172.

封超年, 郭文善, 何建华, 等. 1998. 高产小麦株型的指标体系. 扬州大学学报, 1(4): 24-30.

黄耀祥. 2001. 半矮秆、早长根深、超高产、特优质中国超级稻生态育种工程. 广东农业科学, (3): 2-6.

姜心禄, 郑家国, 袁勇. 2004. 水稻本田期不同生育阶段受旱对产量的影响. 西南农业学报, 17(4): 435-438.

凌启鸿. 2000. 作物群体质量. 上海: 上海科学技术出版社: 96-97.

刘吉新, 赵国珍, 陈国新. 1998. 中日合作高原粳稻新品种的选育与推广. 云南农业科技, (2): 6-9.

刘杨, 王强盛, 丁艳锋, 等. 2011. 水稻分蘖发生机理的研究进展. 中国农学通报, 27(3): 1-5.

吕川根, 谷福林, 邹江石, 等. 1991. 水稻理想株型品种的生产潜力及其相关特性研究. 中国农业科学, 24(5): 15-23.

马汉云, 王青林, 吴淑平, 等. 2008. 水稻株型的遗传研究进展. 中国种业, (4): 13-15.

石利娟, 邓启云, 刘国华, 等. 2006. 水稻理想株型育种研究进展. 杂交水稻, 21(4): 1-6.

世荣, 刘吉新, 杨晓洪, 等. 2002. 高产优质粳稻合系 35 号的选育及特性分析. 云南农业科技, (2): 38-41.

孙成明, 薛艳凤, 苏祖芳. 2000. 水稻株型研究中穗部性状的研究综述. 天津农学院学报, 7(2): 27-30.

孙佳丽, 彭既明, 彭锐, 等. 2016. 水稻分蘖基因研究进展. 湖南农业科学, (8): 110-112, 116.

王昆, 罗琼, 蔡庆红, 等. 2013. 水稻株型的研究进展. 湖南农业科学, (17): 1-4, 8.

王镇沂. 2009. 水稻灌浆期的管理. 农村新技术, (17): 4-5.

徐海, 宫彦龙, 夏原野, 等. 2015. 中日水稻品种杂交后代株型性状的变化及其相互关系. 中国水稻科学, 29(4): 363-372.

徐晶晶, 黎泉, 李刚华, 等. 2013. 江苏水稻安全成熟期的时空演变研究. 南京农业大学学报, 36(4): 1-6.

杨守仁, 张龙步, 陈温福, 等. 1996. 水稻超高产育种的理论和方法. 中国水稻科学, 10(2): 115-150.

袁平荣, 贺庆瑞, 文国松. 1994. 云南元江普通野生稻的地理分布、生态环境及植物学特征. 云南农业科技, (4): 3-4.

詹可, 邹应斌. 2007. 水稻分蘖特性及成穗规律研究进展. 作物研究, (12): 588-592.

张晓梅, 张巫军, 丁艳锋, 等. 2016. 云南单季水稻立体生态区划及安全成熟期时空演变研究. 西南农业学报, 29(5): 998-1005.

张子军, 冯永祥, 荆彦辉, 等. 2009. 水稻株型与品质关系的研究. 江苏农业科学, (1): 62-65.

Engledow F L, Wadham S M. 1924. Investigation on yield in the cereals. Part I. Journal of Agricultural Science, 14(3): 325-345.

Li X Y, Qian Q, Fu Z M, et al. 2003. Control of tillering in rice. Nature, 422: 618-621.

Wang Y H, Li J Y. 2005. The plant architecture of rice (*Oryza sativa*). Plant Mole Bio, 59: 75-84.

第四章　普通野生稻渗入系稻谷分类及籽粒形态结构

稻谷按粒形可分为籼稻、粳稻。籼稻适合种植于高温、强光、多湿的热带和亚热带地区，耐寒性和耐肥性较弱，叶色淡绿。籽粒细而长，呈长椭圆形或细长形，稃毛短而稀，易脱粒，米粒强度小，耐压性能差。籼稻在加工时容易产生碎米，出米率低。用籼稻米制成的米饭胀性较大，黏性较小。粳稻适合种植于气候温和的温带和亚热带高海拔地区，耐寒性和耐肥性较强，叶色浓绿。籽粒短而阔，较厚，呈椭圆形或卵形，稃毛长而密，不易脱粒，米粒强度大，耐压性能好。粳稻腹白较小，硬质颗粒较多。在加工时不易产生碎米，出米率较高。用粳稻米制成的米饭胀性较小，黏性较大（程新奇等，2004）。关于粳籼稻的分类较多，目前主要有两种方法应用得较为广泛，其中由程侃声创立的亚洲稻籼粳亚种 6 项性状指数鉴别法从表型上把籼粳亚种具体分为粳型、偏粳型、籼型和偏籼型 4 种类型（程侃声等，1984）。另外一种方法应用 InDel 分子标记从分子角度，将籼粳亚种分为典型粳稻、典型籼稻、偏籼、偏粳、籼稻、粳稻和中间型共 7 种类型（Shen et al.，2004；蔡星星等，2006；赵伟等，2008；卢宝荣等，2009；Lu et al.，2009）。

稻谷根据收获季节的不同分为早稻、中稻和晚稻。早稻的全生育期（播种至成熟）少于 125d，中稻的生长期为 125~150d，晚稻的生长期大于 150d。早稻的感光性极弱或不感光，只要温度条件满足其生长发育，无论在长日照或短日照条件下均能完成由营养生长到生殖生长的转换。华南及长江流域稻区双季稻中的第一季，以及华北、东北和西北高纬度的一季粳稻都属于早稻。早稻又可分为早籼稻和早粳稻，早籼稻一般米质疏松，耐压性差，加工时易产生碎米，出米率较低，食味品质也较差。早粳稻生长期较短，收获期较早，米粒腹白较大，角质粒较少。东北的第一季粳稻，以及长江以南稻区双季稻中第一季早、中熟品种多属于早粳稻类型；中稻一般在早秋季节成熟。多数中粳稻品种具有中等的感光性，播种至抽穗日数因地区和播期不同而变化较大，遇短日照高温天气，生育期缩短。中籼稻品种的感光性比中粳稻弱，播种至抽穗日数变化较小而相对稳定，因而品种的适应范围较广，可在亚热带和热带地区之间相互引种，如华南稻区的迟熟早籼稻引至长江流域稻区可以作为中稻种植；晚稻对日照长度极为敏感，无论早播或迟播，都要经 9~10 月秋季短日照条件的诱导才能抽穗。原来华南和华中一带的单季和连作的晚籼或晚粳地方品种，都属于晚稻。现代改良品种中，许多晚稻品种的感光性被削弱。由于晚稻的成熟灌浆期正值晚秋，昼夜温差较大，稻米品质比较优良。晚稻又分为晚籼稻和晚粳稻，晚籼稻生长期较长，收获期较晚，一般米粒腹白较小或无腹白，角质粒较多。晚籼稻的生长期为 150~180d，7~8 月播种，11 月上旬收获。晚籼稻米与早籼稻米相反，一般品质较好。晚粳稻生长期较长，收获期较晚，米粒腹白小，角质粒较多。无论是早稻、中稻还是晚稻，都可根据熟期早晚分为早、中、迟熟三类。熟制是因地、因时相对而言的。我国水稻品种全国熟性期的划分，是以各品种在南京的抽穗期作为标准；

地区熟性期的划分，则按地区品种在当地的生育期长短而定，不同熟期类型的品种，具有不同的生育期日数、不同生育型（王丹，2016）。

　　稻谷按米质黏性分为黏稻和糯稻。黏稻是相对糯稻而言的，米粒的胚乳中含有较多直链淀粉。黏稻做的米饭黏性较弱，其中粳稻的黏性强于籼稻。大多数黏稻的胚乳中含有 15%~30%的直链淀粉和 70%~80%的支链淀粉，粳型黏稻的直链淀粉含量一般为12%~20%，籼型黏稻一般为 14%~30%。黏稻米粒因含有一定量的直链淀粉，煮出的米饭质地干、胀性大，饭粒不易黏结成团。直链淀粉含量过高的黏稻米，食用口感往往不好，超过 25%时，米饭的口感差。黏稻的米粒多为透明状，有垩白品种的垩白部分与非垩白部分界线明显。黏稻遇 1%的碘–碘化钾溶液呈蓝紫色反应。糯稻谷是糯性稻的果实，按粒形和粒质分籼糯稻谷、粳糯稻谷两种。糯稻胚乳中淀粉大多由支链淀粉组成，糯稻中只有支链淀粉，不含或很少含直链淀粉（<2%）。米质胀性小而黏性大，其中粳糯米黏性最大。糯稻米粒呈乳白色，不透明或半透明，胚乳呈白垩（白粉）质状，煮熟后米饭较籼、粳米软黏。糯稻又分为籼糯和粳糯两种类型：籼糯的果实、糙米一般呈长椭圆形或细长形，米粒呈乳白色，不透明，也有呈半透明状的（俗称阴糯、长糯），黏性大；粳糯的果实、糙米一般呈椭圆形，米粒呈乳白色，不透明，也有呈半透明状的，黏性大（刘绍权，1999；周勇，2007）。

　　按照米色分为白米、红米、紫米、黑米和绿米等类型。白米别名大米、稻米。白米是中国人的主食之一，由稻子的籽实脱壳而成。稻米中氨基酸的类型比较完全，蛋白质主要是米精蛋白，易于消化吸收。紫米别名"紫糯米"，民间又称其为"药谷"。属于糯米类，仅四川、贵州、云南有少量栽培，是较珍贵的水稻品种，分紫粳、紫糯两种。墨江一带出产紫米历史久远。紫米有皮紫内白非糯性和表里皆紫糯性两种。颗粒均匀，颜色紫黑，食味香甜，甜而不腻。红米主要生长在井冈山，井冈山的稻田多为山泉水灌溉。因山泉水冬暖夏凉，加上山区日照时间短，气温、水温相对较低，所以一年只生产一季稻谷，而适于这种种植生长环境的稻种，只有红米稻（又称"高山红"）。红米稻没有早稻，只有中稻或一季晚稻，所以亩产量不高。生长期较长，米色粉红，米粒特长，米质较好，有香味，营养价值较高。黑米又名乌米、黑粳米，是专供内廷的"贡米"，药食兼用，是稻米中的珍贵品种。是由禾本科植物稻经长期培育形成的一类特色品种，可分为籼米型和粳米型两类，属于糯米类。主要营养成分（糙米）：按占干物质计，粗蛋白质 8.5%~12.5%，粗脂肪 2.7%~3.8%，碳水化合物 75%~84%，粗灰分 1.7%~2.0%。黑米所含锰、锌、铜等微量元素大都比白米高 1~3 倍；更含有白米所缺乏的维生素 C、叶绿素、花青素、胡萝卜素及强心苷等特殊成分。用黑米熬制的米粥清香油亮，软糯适口，营养丰富，具有很好的滋补作用，因此被称为"补血米""长寿米"；在我们民间还有"逢黑必补"一说，黑米因独特的营养价值而被誉为"黑珍珠"和"世界米中之王"。绿米是一种传统的水稻谷，自古以来浙江一带就有人种植，产量低。稻谷非常特别，稻谷外壳是黑色的，米的麸皮为淡淡的绿色，米芯却为白色。米质优良，外观独特，气味芳香，营养丰富，特别是含硒量高（韩磊等，2003；童继平等，2011）。

　　稻谷籽粒的形态结构包括由颖（稻壳）和颖果（糙米）两部分（湖南农学院水稻品质遗传育种课题组，1985；熊利荣和郑宇，2010）。

颖：稻谷的颖由内颖、外颖、护颖和颖尖（颖尖伸长为芒）4 部分组成。外颖比内颖略长而大；内、外颖沿边缘卷起成钩状，互相钩合包住颖果，起保护作用。砻谷机脱下来的颖壳称为稻壳或大糠、砻糠。颖的表面生有针状或钩状茸毛（稃毛），茸毛的疏密和长短因品种而异，有的品种颖面光滑而无毛。一般籼稻的茸毛稀而短，散生于颖面上；粳稻的茸毛多，密集于棱上，且从基部到顶部逐渐增多，顶部的茸毛也比基部的长，因此粳稻的表面一般比籼稻粗糙。颖的厚度为 25~30μm，粳稻颖的质量占谷粒质量的 18%左右；籼稻颖的质量占谷粒质量的 20%左右。颖的厚薄和质量与稻谷的类型、品种、栽培及生长条件、成熟及饱满程度等因素有关。一般成熟、饱满的谷粒，颖薄而轻。粳稻的颖比籼稻的薄，而且结构疏松，易脱除。早稻的颖比晚稻的颖薄而轻。未成熟的谷粒，其颖具有弹性和韧性，不易脱除。内、外颖基部的外侧各生有护颖一枚，托住稻谷籽粒，起保护内、外颖的作用。护颖长度为外颖的 1/5~1/4。内、外颖都具有纵向脉纹，外颖有 5 条，内颖有 3 条。外颖的尖端生有芒，内颖一般不生芒。一般粳稻有芒者居多数，而籼稻大多无芒，即使有芒，也多是短芒。有芒稻谷容重小，流动性差，而且其米饭胀性较小，而黏性较大。

颖果：稻谷脱去内、外颖后便是颖果（即糙米）。内颖所包裹的一侧（没有胚的一侧）称为颖果的背部，外颖所包裹的一侧（有胚的一侧）称为腹部。在胚乳和胚的外面紧密地包裹着一皮层。未成熟的颖果呈绿色，成熟后一般为淡黄、灰白及红、紫等色。新鲜的米粒具有特殊的米香味。糙米的表面平滑而有光泽，随着稻壳脉纹的棱突起程度不同，糙米表面形成或深或浅的纵向沟纹。纵向沟纹共有 5 条，两扁平面上各有两条，其中较明显的一条处于内、外颖的钩合处，另一条由外颖上最明显的一条脉纹形成。在糙米的背上还有一条纵向沟纹，称为背沟。颖果沟纹的深浅，对出米率有一定的影响。一般颖壳与糙米之间的结合很松，尤其是当稻谷的水分较低时，几乎没有结合力。另外，稻谷内、外颖结合线顶端的结合力比较薄弱，同时在稻谷的两端及颖壳和颖果之间皆有一定的间隙。这都成为其受力而发生破裂的薄弱点，也是有利于脱壳的内在条件。颖果由果皮、种皮、珠心层、糊粉层（外胚乳）、胚乳、胚等几部分组成。

果皮：是由子房壁老化干缩而成的一薄层，厚度约为 10μm。果皮又可分为外果皮、中果皮、内果皮（叶绿层管状细胞）。籽粒未成熟时，由于叶绿层中尚有叶绿素，米粒呈绿色，籽粒成熟后叶绿素消化、黄化或淡化成玻璃色。果皮中含有较多的纤维素，由粗糙的矩形细胞组成。果皮占整个谷粒重的 1%~2%。

种皮：在果皮的内侧，由较小的细胞组成，细胞构造不明显，厚度极薄，只有 2μm 左右。有些稻谷的种皮内常含色素，使糙米呈现不同的颜色。

珠心层：位于种皮和糊粉层之间的折光带，极薄，为 1~2μm，无明显的细胞结构。

糊粉层（外胚层）：为胚乳的最外层，有 1~5 层细胞，与胚乳结合紧密，是由胚乳分化而成的，主要由含氮化合物组成，富含蛋白质、脂肪和维生素等。糊粉层中磷、镁、钾的含量也较高。稻谷中糊粉层的厚薄及位置与稻谷品种和环境等因素有关。糊粉层厚度为 20~40μm，而且糙米中背部糊粉层比腹部厚，其质量占糙米的 4%~6%。

胚乳：细胞为薄皮细胞，是富含复合淀粉粒的淀粉体。其最外两层细胞为次糊粉层，富含蛋白质和脂类，所含淀粉体和淀粉粒比内部胚乳的小。淀粉粒呈多面体形状，而蛋白质多以球形分布在胚乳中，淀粉细胞的间隙填充储蛋白。填充蛋白质愈多，胚乳结构则越紧密而坚硬，使米粒呈半透明状，截面光滑平整，因此称这种结构为角质胚乳。若填充蛋白质较少，胚乳结构疏松，米粒不透明，断面粗糙呈粉状，那么称这种结构为粉质胚乳。

胚：位于颖果的下腹部，其富含脂肪、蛋白质及维生素等。由于胚中含有大量易氧化酸败的脂肪，因此带胚的米粒不易储藏。胚与胚乳连接不紧密，在碾制过程中，胚容易脱落。

稻谷籽粒各组成部分占整个籽粒的质量百分比，一般颖为 18%~20%，果皮为1.2%~1.5%，糊粉层为 4%~6%，胚乳为 66%~70%，胚为 2%~3.5%。实际上，稻谷籽粒各组成部分的质量百分比，随稻谷的类型、品种、土壤、气候及栽培条件等的不同而变化很大。

与第三章一样，本章运用本课题组构建的元江普通野生稻渗入系材料，以图谱的形式介绍普通野生稻渗入系的稻谷分类及籽粒形态结构。

第一节　元江普通野生稻渗入系稻谷分类

元江普通野生稻渗入系稻谷类型较多，根据粒形可分为 7 种类型，即典型粳稻类型、典型籼稻类型、粳稻类型、籼稻类型、偏粳类型、偏籼类型和中间类型（图 4-1）；按照收获期可分为早稻、中稻和晚稻 3 种类型（图 4-2）；按照米色可分为白色米、白绿色米、

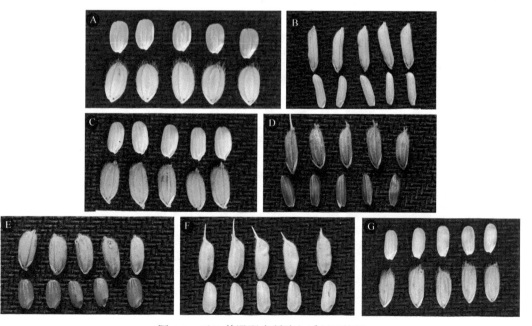

图 4-1　元江普通野生稻渗入系稻谷粒形
Fig. 4-1　The grain shape of introgression line of Yuanjiang common wild rice
A. 典型粳稻类型；B. 典型籼稻类型；C. 粳稻类型；D. 籼稻类型；E. 偏粳类型；F. 偏籼类型；G. 中间类型
A. Typical japonica；B. Typical indica；C. Japonica；D. Indica；E. Japonicalinous；F. Indicalinous；G. Intermediate type

绿色米、棕白色米、淡棕黄色米、棕黄色米、橙棕色米、棕红色米、棕色米、红色米、紫黑红色米、紫黑色米 12 种类型（图 4-3）。

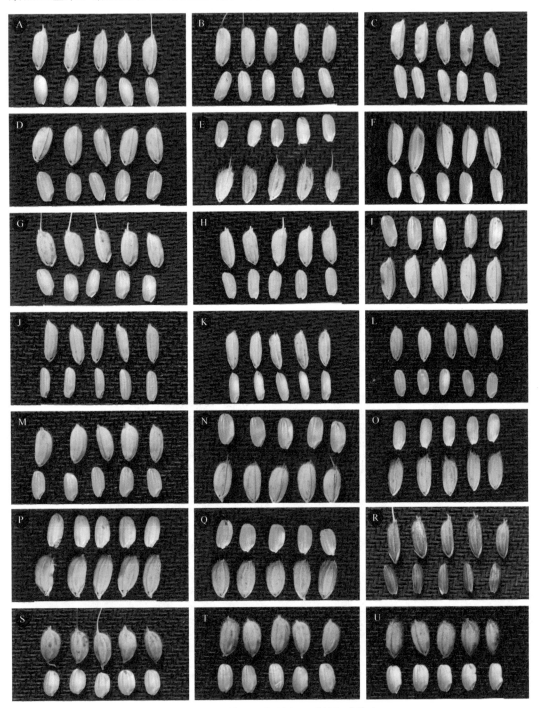

图 4-2　元江普通野生稻渗入系稻谷成熟度

Fig. 4-2　The maturity of introgression line of Yuanjiang common wild rice

A~G. 晚稻；H~M. 中稻；K~U. 早稻

A~G. Late rice；H~M. Middle-season rice；K~U. Early rice

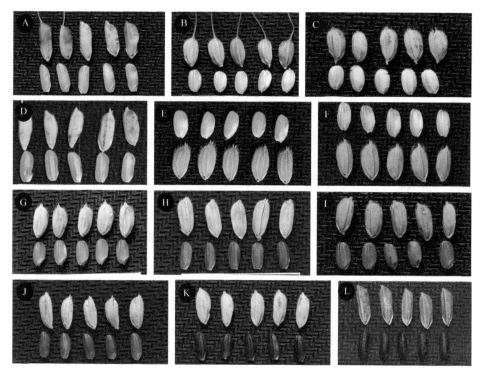

图 4-3 元江普通野生稻渗入系米色

Fig. 4-3 The beige of introgression line of Yuanjiang common wild rice

A. 白色米；B. 白绿色米；C. 绿色米；D. 棕白色米；E. 淡褐黄色米；F. 褐黄色米；G. 橙褐色米；H. 褐红色米；I. 褐色米；J. 红色米；K. 紫红色米；L. 紫米

A. White rice；B. White green rice；C. Green rice；D. Brownish white rice；E. Light brown yellow rice；F. Brownish yellow rice；G. Orange brown rice；H. Brownish red rice；I. Brown rice；J. Red rice；K. Purple red rice；L. Purple rice

第二节　元江普通野生稻渗入系籽粒形态结构

元江普通野生稻渗入系材料之间籽粒形态结构差异较大的性状包括：籽粒长度（图4-4）、

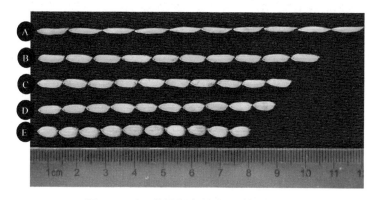

图 4-4　元江普通野生稻渗入系籽粒长度

Fig. 4-4　The grain length of introgression line of Yuanjiang common wild rice

A~E 表示籽粒长度由长到短

A~E indicate the length of grain is from long to short

籽粒宽度（图 4-5）、籽粒厚度（图 4-6）、颖尖颜色（图 4-7）、籽粒芒颜色（图 4-8）、籽粒颖壳颜色（图 4-9）、籽粒稃毛（图 4-10）、裂粒（图 4-11）、垩白率（图 4-12）、糙米透明度（图 4-13）、糙米表面沟纹（图 4-14）、籽粒畸形（图 4-15）。

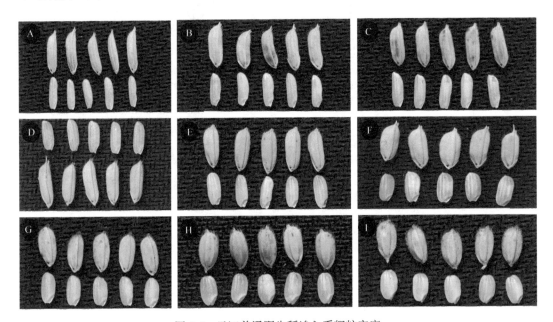

图 4-5　元江普通野生稻渗入系籽粒宽度

Fig. 4-5　The grain width of introgression line of Yuanjiang common wild rice

A~I 表示籽粒宽度从窄到宽

A~I indicate the width of grain is from narrow to wide

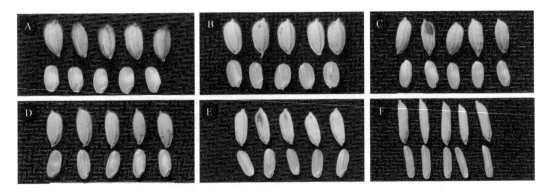

图 4-6　元江普通野生稻渗入系籽粒厚度

Fig. 4-6　The grain thickness of introgression line of Yuanjiang common wild rice

A~F 表示籽粒从厚到薄

A~F indicate that the grain thickness is from thick to thin

图 4-7 元江普通野生稻渗入系颖尖颜色

Fig. 4-7 The color of tip of introgression line of Yuanjiang common wild rice

A. 颖尖颜色为淡黄色；B. 颖尖颜色为黄色；C. 颖尖颜色为金黄色；D. 颖尖颜色为橙色；E. 颖尖颜色为褐色；F. 颖尖颜色为黑褐色；G. 颖尖颜色为淡紫褐色

A. The color of tip is light yellow；B. The color of tip is yellow；C. The color of tip is golden yellow；D. The color of tip is orange；E. The color of tip is brown；F. The color of tip is dark brown；G. The color of tip is mauve pale brown

图 4-8 元江普通野生稻渗入系籽粒芒颜色

Fig. 4-8 The color of awn of introgression line of Yuanjiang common wild rice

A. 芒颜色为淡黄色；B. 芒颜色为橙色；C. 芒颜色为褐色；D. 芒颜色为淡紫褐色

A. The color of awn is light yellow；B. The color of awn is orange；C. The color of awn is brown；D. The color of awn is mauve pale brown

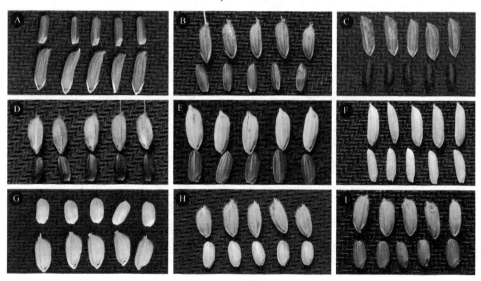

图 4-9 元江普通野生稻渗入系籽粒颖壳颜色

Fig. 4-9 The color of glume of introgression line of Yuanjiang common wild rice

A. 颖壳颜色为褐黑色；B. 颖壳颜色为褐黄色；C. 颖壳颜色为褐色；D. 颖壳颜色为淡紫褐色；E. 颖壳颜色为淡黄色；F. 颖壳颜色为黄色；G. 颖壳颜色为金黄色；H. 颖壳颜色为橙黄色；I. 颖壳颜色为橙色

A. The color of glume is brown black；B. The color of glume is brown yellow；C. The color of glume is brown；D. The color of glume is mauve pale brown；E. The color of glume is light yellow；F. The color of glume is yellow；G. The color of glume is golden yellow；H. The color of glume is orange yellow；I. The color of glume is orange

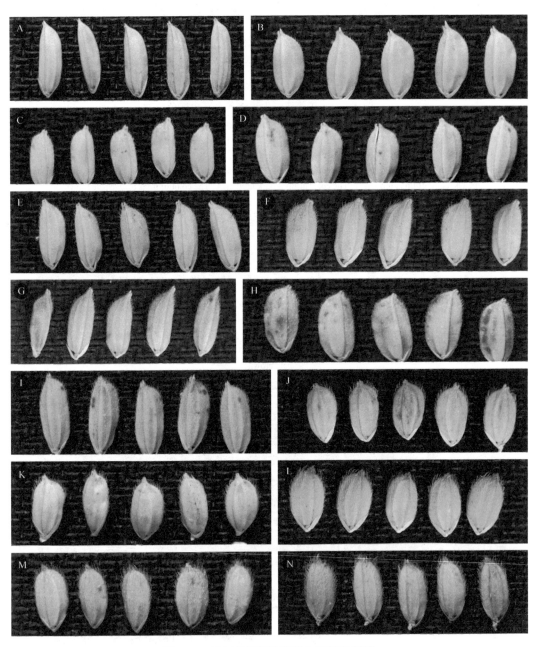

图 4-10 元江普通野生稻渗入系籽粒稃毛

Fig. 4-10 The grain pubescence of introgression line of Yuanjiang common wild rice

A~N 表示稃毛由少到多、由直到软、由短到长

A~N indicate that pubescences are from less to more, until to soft, and short to long

图 4-11　元江普通野生稻渗入系裂粒情况

Fig. 4-11　The crack status of introgression line of Yuanjiang common wild rice

A~D 表示颖壳开裂程度从小到大

A~D indicate that the extent of glume cracking is from small to large

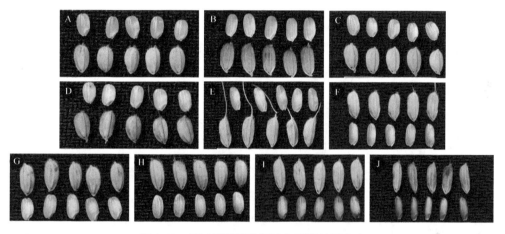

图 4-12　元江普通野生稻渗入系籽粒垩白率

Fig. 4-12　The viscous quality of introgression line of Yuanjiang common wild rice

A~J 表示籽粒垩白率从低到高

A~J indicate that grain chalkiness rate is from low to high

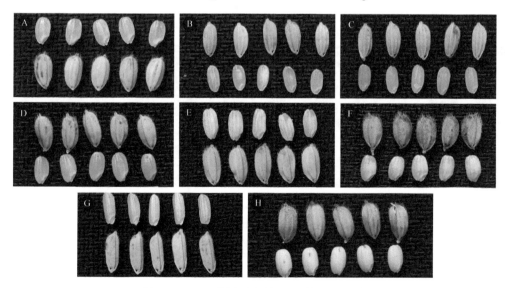

图 4-13　元江普通野生稻渗入系糙米透明度

Fig. 4-13　The brown rice transparency of introgression line of Yuanjiang common wild rice

A~H 表示糙米透明度由高到低

A~H indicate that brown rice transparency is from high to low

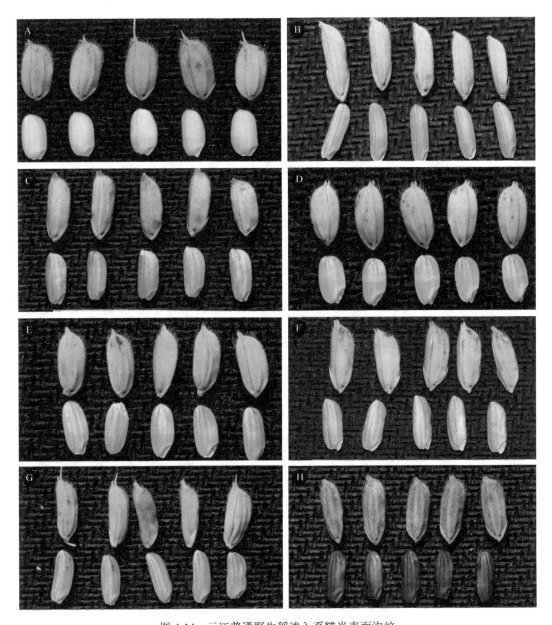

图 4-14　元江普通野生稻渗入系糙米表面沟纹

Fig. 4-14　The surface grooves of brown rice of introgression line of Yuanjiang common wild rice

A~H 表示糙米表面沟纹由浅到深

A~H show that surface grooves of brown rice is from shallow to deep

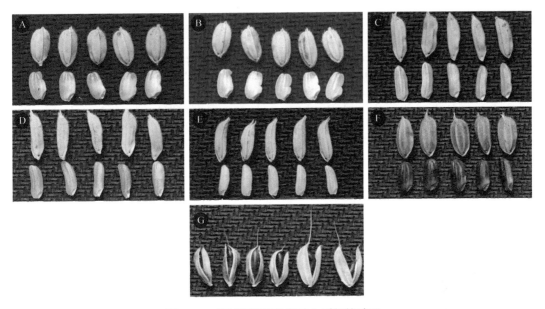

图 4-15　元江普通野生稻渗入系籽粒畸形

Fig. 4-15　The viscous quality of introgression line of Yuanjiang common wild rice

A、B. 籽粒腹面不同程度突起；C. 颖壳褶皱，籽粒向不同方向弯曲，腹面凹陷；D. 颖壳皱褶，籽粒向背面弯曲；E. 颖壳和籽粒向背面弯曲；F. 籽粒颜色不均匀；G. 颖壳颜色不一、皱褶，籽粒严重弯曲

A、B. The ventral of grain appear in different degrees of projection；C. Folding glume，the seeds bend in different directions and appear depression in grain ventral；D. Folding glume，the seeds bend in the back；E. Glume and grain bend in the back；F. Uneven color of grain；G. Uneven color of glume，folding glume，and the grain bending in serious bending

参 考 文 献

蔡星星, 刘晶, 仇吟秋, 等. 2006. 籼稻93-11和粳稻日本晴DNA插入缺失差异片段揭示的水稻籼-粳分化. 复旦学报(自然科学版), 45(3): 309-315.

程侃声, 周季维, 卢义宣, 等. 1984. 云南稻种资源的综合研究与利用Ⅱ. 亚洲栽培稻分类的再认识. 作物学报, 10(4): 271-280.

程新奇, 周清明, 严钦泉. 2004. 水稻栽培稻分类研究的现状与展望. 湖南文理学院学报(自然科学版), 16(3): 72-75.

韩磊, 汪旭东, 徐建第, 等. 2003. 有色稻米研究现状分析. 中国稻米, 9(5): 5-8.

湖南农学院水稻品质遗传育种课题组. 1985. 水稻品质育种(一)——稻谷的形态结构与大米的市场品质. 湖南农业科学, (3): 42-46.

刘绍权. 1999. 水稻粘糯杂交培育优质软米的研究. 广东农业科学, (1): 5-6.

卢宝荣, 蔡星星, 金鑫. 2009. 籼稻和粳稻的高效分子鉴定方法及其在水稻育种和进化研究中的意义. 自然科学进展, 19(6): 628-638.

童继平, 李素敏, 刘学军, 等. 2011. 有色稻米研究进展. 植物遗传资源学报, 12(1): 13-18.

王丹. 2016. 长江中下游地区早、中、晚季水稻光温特性和品种配置研究. 武汉: 华中农业大学硕士学位论文.

熊利荣, 郑宇. 2010. 基于形态学的稻谷种子品种识别. 粮油加工, (6): 45-48.

赵伟, 夏寒冰, 章淑杰, 等. 2008. 籼-粳稻特异插入/缺失分子标记揭示的稻属植物遗传分化. 复旦学报(自然科学版), 47(3): 281-287.

周勇. 2007. 云南软米直链淀粉含量的遗传分析和基因定位及在四川生态区的品种特性研究. 成都: 四川大学硕士学位论文.

Lu B R, Cai X X, Jin X. 2009. Efficient indica and japonica rice identification based on the InDel molecular method: its implication in rice breeding and evolutionary research. Progress in Natural Science, 19(10): 1241-1252.

Shen Y J, Jiang H, Jin J P, et al. 2004. Development of genome-wide DNA polymorphism database for map-based cloning of rice genes. Plant Physiology, 135(3): 1198-1205.

第五章 普通野生稻渗入系的应用之一：基础研究

目前，关于渗入系的基础研究比较广泛，目的是发掘优异基因，首先进行遗传分析，然后定位基因，再克隆基因，从而分析基因的功能，最后确定出目的基因。关键的一步是定位基因。利用渗入系中染色体片段的重叠对基因定位是一种很好的策略，并可在早代或全基因组群体中验证定位的基因。早在 1990 年，Paterson 等提出了利用渗入系作图进行基因精细定位。随后，许多研究学者应用渗入系，定位了水稻不同性状的相关基因，如 Yamamoto 等（1997）成功地应用染色体片段代换系对一个水稻抽穗期主效 QTL 进行了精细定位，分辨率超过 0.5cM。随着相关科学研究不断地进行，形成了利用渗入系定位目标基因的基本程序：①将携有目标基因的渗入系与受体亲本回交，利用分子标记辅助选择淘汰渗入系中的非目标置换片段；②再将含有目的片段的次渗入系与受体亲本杂交，建立仅在渗入片段上发生基因分离的 F_2 群体，由于精细定位的精度达到亚厘摩水平（<1cM），因此，为了检测到重组基因型，F_2 群体必须足够大（通常>1000 株）；③调查 F_2 群体中各单株的目标性状值；④筛选目标渗入系与受体亲本之间的多态性分子标记；⑤利用高密度的多态性标记筛选目标基因区域的重组基因型；⑥根据实际需要，把筛选出的交换单株种成 F_3 家系，扩大定位群体；⑦联合表型数据和基因重组情况，进行染色体作图，迭代比较，结合 F_3 家系的表型，把目标基因限制在很小的区域里。

应用渗入系进行基因定位时，有些学者在渗入系的基础上，基于目标基因构建近等基因系（NIL）来提高基因定位的效率（图 5-1）。利用近等基因系，通过供体亲本和轮回亲本基因型，即可检测目的基因与分子标记间的连锁关系，而将大量随机选择标记削减为少数几个与目的基因连锁的标记。一般凡是能在近等基因系间揭示多态性的分子标记，极可能位于目标基因的两翼附近。在水稻中基于渗入系已构建了一系列的近等基因系用于基因定位研究，最具代表性的是影响水稻抽穗期的感光因子 *5Hd1-Hd7* 等的定位（Yamamoto et al.，1998，2000）。

本章重点阐述应用不同类型的普通野生稻渗入系资源发掘优异基因的研究进展，以及利用渗入系进行基因定位的研究案例。

第一节 普通野生稻资源优异基因的发掘研究进展

根据国内外的最新进展，通过构建渗入系对普通野生稻的优异基因发掘的研究主要集中在抗病虫能力、抗（耐）非生物逆境、农艺性状、米质性状及生殖特性相关基因的发掘利用方面。在抗病方面主要涉及抗白叶枯病基因；抗虫方面主要涉及抗稻飞虱基因；抗（耐）非生物逆境方面主要涉及耐冷基因、抗（耐）旱基因；农艺性状方

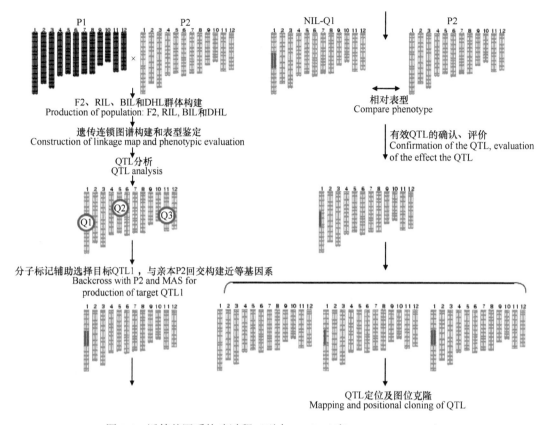

图 5-1　近等基因系构建过程（引自 Ashikari 和 Matsuoka，2006）

Fig. 5-1　Production of near isogenic lines（Cited from Ashikari and Matsuoka，2006）

面主要涉及产量性状相关基因；米质性状方面基因发掘较少；生殖特性方面主要涉及胞质雄性不育相关基因和核育性恢复相关基因。这些基因有的来自我国不同省（自治区）的群体，也有的来自其他国家的群体，其中广西普通野生稻抗白叶枯病基因和抗褐飞虱基因发掘较多；江西东乡普通野生稻耐冷和抗（耐）旱基因及产量相关基因发掘较多；国外普通野生稻中，马来西亚普通野生稻产量相关基因发掘较多，其余群体的普通野生稻还有待大量发掘研究。

一、广东普通野生稻资源优异基因的发掘研究

广东普通野生稻具有普通野生稻一般所具有的各种有利基因，如抗病虫、抗（耐）非生物逆境、高产、优质、胞质雄性不育及核育性基因等。目前，利用渗入系发掘广东普通野生稻优异基因主要涉及抗逆基因、农艺性状相关基因及雄性不育相关基因。

（一）抗（耐）非生物逆境基因的发掘

褚绍尉等（2013）以铝敏感品种华粳籼 74 为受体，广东高州普通野生稻耐铝性材料（GZW003、GZW006 和 GZW087）为供体，通过杂交、回交和自交构建高世代回交群体 BC_3F_3，运用基于混合线性模型的复合区间作图法（MCIM）进行 QTL 分析，共鉴

定到 4 个耐铝毒 QTL。其中 *qRRE-6-2*（RM111~RM253）和 *qRRE-7-2*（RM142~RM432）来自华粳籼 74×GZW003 的 BC₃F₃ 群体，*qRRE-2-2*（RM450~RM6）和 *qRRE-4*（RM317~RM255）则分别来自华粳籼 74×GZW006 及华粳籼 74×GZW087 的 BC₃F₃ 群体。这 4 个 QTL 分别解释了表型遗传变异的 18.33%、9.18%、19.02% 和 24.88%；除 *qRRE-6-2* 外，其余 3 个耐铝性增效基因均来自供体亲本高州普通野生稻。

（二）农艺性状相关基因的发掘

赵杏娟（2008）通过以粤香占为受体亲本，高州普通野生稻为供体亲本构建的高州野生稻单片段代换系的 17 个编号材料，对水稻的分蘖数进行 QTL 定位，获得 3 个控制水稻分蘖数的非条件 QTL，分别分布在 1 号和 10 号染色体上，其中 1 号染色体上有 2 个 QTL，10 号染色体上有 1 个 QTL。同时利用条件 QTL 定位方法检测到 1 个条件 QTL，分布在 1 号染色体上。另外发现，每个 QTL 在分蘖发育的全过程中至少表达一次，但没有一个 QTL 可在分蘖发育的全过程持续表达。表明，在水稻分蘖发育过程中，分蘖数 QTL 在不同时期的表达有一定的时序性。

井赵斌等（2009）和秦前锦等（2000）用高州普通野生稻和粤香占构建了高代回交 BC₃F₁ 群体，利用高代回交 QTL 分析（advanced backcross QTL analysis，AB-QTL）法对粒重和谷粒外观性状进行 QTL 分析，共检测到 23 个 QTL，分别控制粒重、粒长、粒宽及粒长宽比 4 个性状，除 7 号、9 号、10 号和 12 号染色体外，在其他染色体上均有分布。其中 3 个控制粒重的 QTL 贡献率超过 20%，分别是 *qGWt-5-1*、*qGWt-5-2* 和 *qGWt-11-1*。

范传广等（2010）应用 85 对 SSR 标记，对以高州普通野生稻与粳稻台中 65 号为亲本建立的 F₂ 群体进行基因检测，定位到了影响粗蛋白质含量的 3 个 QTL，影响粗脂肪含量的 1 个 QTL，影响可溶性糖含量的 3 个 QTL，影响硅酸含量的 2 个 QTL，这 9 个 QTL 分别位于 1 号、2 号、4 号、7 号、8 号、9 号、10 号和 11 号染色体上，其中 4 个为主效 QTL，5 个为微效 QTL。

Jing 等（2010）利用粤香占/高州普通野生稻（G52-9）的高代回交群体 BC₃ 检测出 3 个来源于高州普通野生稻的产量相关 QTL，即 *qGYP-1-1*、*qGYP-2-1* 和 *qGYP-3-1*，分别位于 1 号、2 号和 3 号染色体上 RM581 与 RM24、RM110 与 RM211 和 RM282 与 RM49 之间，对籽粒产量贡献率分别为 3.68%、10.87% 和 13.31%，其中 *qGYP-2-1* 和 *qGYP-3-1* 增产效应明显，能使粤香占分别增产 40.05% 和 49.04%。

王兰等（2014）利用多分蘖广东遂溪普通野生稻矮秆突变体与少分蘖高秆南特号组配杂交组合得到 F₁ 并构建分离群体 F₂，对该群体的株高与有效分蘖数进行性状遗传分析、基因型检测及 QTL 连锁遗传分析。结果表明，两亲本的株高与分蘖数均为多基因控制的数量性状，且存在极显著的正相关；利用 122 对基因型清晰的多态标记对含 571 株 F₂ 的分离群体进行连锁分析，共获得 33 个株高相关 QTL，19 个分蘖数相关 QTL；检测到 1 个与株高有关的主效 QTL，定位于 1 号染色体 RM302 与 RM104 标记之间，对表型贡献率达 71.72%；找到一个控制株高的主效 QTL，与分子标记 RM302 和 RM104 紧密连锁，对株高具有极强的矮化效应。

（三）胞质雄性不育基因的发掘

吴豪等（2007）结合野败型不育胞质基因的研究，对包括来自全国各地的野败型质核不育系和不同编号的广东高州野生稻的胞质不育基因进行 DNA 分子检测，通过测序和比对发现，有 5 个编号的广东高州野生稻 DNA 序列与现有的不育系明显不同，暗示这些材料可能含有新不育质源基因。

二、广西普通野生稻资源优异基因的发掘研究

利用渗入系发掘广西普通野生稻中的优良基因，目前主要集中在五方面：抗病基因发掘、抗虫基因发掘、抗（耐）非生物逆境基因发掘、农艺性状相关基因发掘及育性恢复基因发掘。

（一）抗病基因的发掘

林世成等（1992）将广西普通野生稻 RBB16 与 JG30 杂交，对 F_1 和 F_2 分别接种白叶枯病菌系 P_1、HB84-17 和 T_1，结果发现 F_1 植株全生育期高抗 3 个菌系，表明 RBB16 对 3 个菌系的抗性为完全显性。该组合的 F_2 群体对菌系 P_1 和 HB84-17 的抗感分离比分别为 274 抗：20 感和 276 抗：16 感，均符合 15 抗：1 感，表明 RBB16 对菌系 P_1 和 HB84-17 的全生育期抗性由 2 对显性基因控制。该 F_2 群体对菌系 T_1 的抗感分离比为 294 抗：3 感，符合 63 抗：1 感，表明 RBB16 对菌系 T_1 的全生育期抗性由 3 对显性基因控制。将 RBB16 与 IR20（携带有 *Xa4* 基因）进行基因等位性测交，发现它们与显性基因 *Xa-4* 非等位。

李容柏和秦学毅（1994）、李容柏等（1995）利用含已知抗性基因 *Xa1*、*Xa2*、*Xa4*、*Xa5* 和 *Xa7* 的栽培稻品种与广西普通野生稻抗源 EP_1、EP_2、EP_6、EP_7、EP_8 和 EP_9 测交，研究它们对稻白叶枯病菌株 GXO_{133} 的抗性遗传。结果表明：*Xa1* 和 *Xa2* 感 GXO_{133}，*Xa4*、*Xa5* 和 *Xa7* 抗 GXO_{133}，6 个抗源高抗 GXO_{133}，说明 6 个抗源的抗性基因与 *Xa1* 和 *Xa2* 抗性基因不同。进一步通过测交试验发现，EP_1 带有两对未知显性基因；EP_2 带有一对未知显性基因和一对可能与 *Xa4* 同位点的显性基因；EP_3 带有一对未知不完全显性基因。这些未知基因均与 *Xa4*、*Xa5* 和 *Xa7* 独立遗传。EP_7、EP_8 和 EP_9 各带有一对与 *Xa5* 同位点的隐性抗病基因。供试野生稻抗源具有稳定的强抗病性，并带有与我国多数籼稻抗病品种所具有的 *Xa4* 不同的抗病基因。因此，对这些抗源的利用有利于改变我国较单一利用栽培稻中抗病基因 *Xa1* 的状况。

章琦等（2000）鉴定出 1 个来自广西普通野生稻 RBB16 的抗白叶枯病新基因 *Xa23*，它是迄今已知基因中抗谱最广、抗性导入效应很强的完全显性的全生育期抗性基因，该基因被定位在 11 号染色体 SSR 标记的 OSR06 和 RM224 附近，遗传距离分别为 5.3cM 和 27.7cM（张祥喜和罗林广，2002）。潘海军等（2003）从 *Xa23* 的近等基因系 CBB23 中找到 2 个新的与 *Xa23* 基因连锁的标记 RM187、RM206 和 2 个与 *Xa23* 基因连锁的 RAPD 标记 RpdH5 和 RpdS1184；测算出同时使用 RpdH5、RM206 进行分子标记辅助选

择的准确率为 91.3%。

王春连等（2004）通过多菌系鉴定、抗谱分析及与目前国际上已知基因比较，证明广西普通野生稻 Y238 新抗源可能含有新的抗白叶枯病基因，暂命名为 *WBB2*。对 JG30/Y238 杂交后代成株期进行接种鉴定、遗传分析表明，*WBB2* 为完全显性基因。金旭炜等（2007）将 *WBB2* 命名为 *Xa30*（t），并应用 JG30/Y238 转育后代的一个 BC_6F_2 群体，对 *Xa30*（t）进行 SSR、EST、STS 等分子标记初步定位，将 *Xa30*（t）基因定位在水稻 11 号染色体长臂上，并且位于标记 RM1341、V88、C189 及 03STS 一侧，与这 4 个标记的遗传距离分别为 11.4cM、11.4cM、4.4cM 及 2.0cM。梁云涛（2008）运用 IR24/Y238 的 BC_6F_2 群体将 *Xa30*（t）精细定位在标记 03STS 和 Lj112 之间，两标记之间约 412kb，并获得了 1 个同分离标记 A83b4。

黄大辉等（2008）选取了 8 份广西普通野生稻细菌性条斑病抗性资源（分别命名为 DP_1、DP_3、DP_5、DP_9、DP_{15}、DP_{16}、DP_{17} 和 DP_{20}）与 9311 杂交，再自交或与 9311 回交后，分别获得 BC_1、F_1 和 F_2 后代。在接种鉴定中发现这些抗性资源的 BC_1 或 F_1 所有植株均对细菌性条斑病表现感病，说明这 8 份材料的抗性属于隐性遗传。在 DP3 与 9311 杂交的 F_2 群体中，抗感植株的分离比符合 1 抗 : 15 感的比例，说明 DP3 的抗性由 2 对隐性重叠作用基因控制。

贺文爱等（2010）用感细菌性条斑病品种 9311 为母本，4 个广西普通野生稻抗源 DY_3、DY_{16}、DY_{17}、DY_{20} 为父本，组配了 9311/DY_3、9311/DY_{16}、9311/DY_{17} 和 9311/DY_{20} 4 个组合的 F_1、F_2 和 B_1C_1 群体。在水稻分蘖期，用广西细菌性条斑病菌优势致病型菌株 JZ28，以针刺法对各世代进行接种鉴定和遗传分析。结果表明，DY_3、DY_{17}、DY_{20} 的抗性由 2 对隐性抗性基因控制；DY_{16} 的抗性由 1 对隐性抗性基因控制。

He 等（2012）以广西普通野生稻为材料，定位到了一个细菌性条斑病隐性抗性基因 *bls1*，该基因位于 6 号染色体 RM587 和 RM510 之间 4.0cM 内。

颜群等（2012）通过等位性测定、遗传分析和基因定位探明，来源于广西普通野生稻的稻瘟病抗源 RB221 的抗性基因 *Pi-gx*（t）为新发现的抗病基因，位于 2 号染色体上，与 2 号染色体上已定位的抗性基因处于不同基因位点。

（二）抗虫基因的发掘

Li 等（2002a，2002b）研究了广西普通野生稻株系 94-42-5-1 对稻褐飞虱抗性的遗传规律，结果发现，94-42-5-1 对潘特纳加生物型的抗性由 1 对隐性基因控制，对九龙江生物型的抗性由 2 对互相独立的隐性重复基因控制。

李容柏等（2006）通过遗传分析发现，广西普通野生稻 2183 存在 2 个隐性抗褐飞虱基因 *bph22*（t）[曾命名为 *bph18*（t）]和 *bph23*（t）[曾命名为 *bph19*（t）]，且对褐飞虱生物型Ⅱ和九龙江型表现抗性。其中，*bph22*（t）位于水稻 4 号染色体 RM17473 和 RM5511 之间，遗传距离分别为 2.1cM 和 1.8cM。*bph23*（t）位于水稻 4 号染色体 RM16739 和 RM16757 之间，遗传距离分别为 3.1cM 和 0.9cM。另外，李容柏等（2008）从广西普通野生稻中又发掘出 3 个抗褐飞虱基因，分别为 *Bph24*（t）、*bph25*（t）[曾命名为 *bph20*（t）]和 *bph26*（t）[曾命名为 *bph21*（t）]。其中，*Bph24*（t）位于水稻 4 号染色体 YZ16611 和 YZ261 之间，遗传距离分别为 5.3cM 和 3.2cM；bph25（t）位于水稻 6 号染色体 BYL8 和 BYL7 之间，遗传距离分别为 1.3cM 和 1.2cM；bph26（t）位于水稻 10 号染色体 RM244 和 RM222 之间，遗传距离分别为 4.0cM 和 3.9cM（陈英之等，2010）。之后，Huang 等（2013）发现广西普通野生稻 2183 携带 1 个显性抗稻褐飞虱基因 Bph27，作者应用广西普通野生稻 2183 与特青构建的渗入系建立定位群体，将该基因精细定位在水稻 4 号染色体 RM16986 和 RM16853 之间，遗传距离分别为 3.4cM 和 0.9cM。

杨萌（2014）将籼稻材料 186S 和 9311 分别与广西普通野生稻 08BPH327 杂交构建杂交群体，利用 F_2 和 F_3 群体对 08BPH327 中的抗褐飞虱基因进行遗传分析和分子标记定位，结果表明该抗源携带一个显性的主效抗褐飞虱基因，该基因被初步定位在水稻 4 号染色体长臂的 SSR 标记 RM16670 和 RM16717 之间，该位点最大优势连锁对数值（logarithm of the odds of linkage，LOD）为 19.8，可解释表型变异的 44.5%。进一步选用约 6000 个 BC_1F_2 和 F_3 单株进行精细定位，共获得 79 个重组单株，基于这些重组单株，将该抗性基因定位在分子标记 YM61 与 YM54 之间，该区段在日本晴基因组中的参考物理距离为 68kb。焦晓真（2014）分别以粳稻日本晴、白毛、白 R54 和籼稻黄华占、抗蚊青占为受体，以高抗多种褐飞虱群体的广西普通野生稻 W2183 为供体，分别构建了遗传背景不同的 5 个定位群体。基于 F_2 群体的抗虫表型和基因型，分别构建了连锁标记附近区域的 SSR 标记遗传连锁图谱并对抗性位点进行 QTL 扫描分析，最终也在 4 号染色体上定位到了 2 个主效基因，1 个被定位在 4 号染色体长臂 RM16853 和 RM16858 之间，该区段在日本晴基因组中的参考物理距离为 191kb；另一个位于 4 号染色体短臂 RM16465 与 RM6659 之间，参考物理距离约为 968kb。2 个定位区间内最大 LOD 值分别为 15.8 和 31.1，可解释的群体表型变异为 40.5% 和 86.8%。

张志伟（2015）应用 700 对 SSR 标记，对由广西普通野生稻 BR96 与粳稻恢复系白 56 为亲本构建的 F_2 群体进行褐飞虱抗性数量性状位点检测。结果检测到 3 个 QTL，其中在 4 号染色体 RM16605 与 RM16717 之间检测到一个抗性 QTL，暂时命名为 qBph4，最大 LOD 值为 28.7，可解释表型变异的 29.4%，来自于抗性亲本 BR96 等位基因的加性效应值是 2.18，初步判断其可能是一个主效基因，与杨萌（2014）报道的抗褐飞虱基因等位的可能性较大。在 3 号染色体长臂 RM489 与 RM282 之间检测到一个抗性 QTL，暂时命名为 qBph3，其最大 LOD 值是 4.1，可解释表型变异的 4.13%。在 6 号染色体短臂 RM276 与 RM527 之间检测到一个抗性 QTL，暂时命名为 qBph6，其最大 LOD 值是 2.6，可解释表型变异的 7.3%。qBph3 和 qBph6 的加性效应均来自抗性亲本 BR96 等位基因，但它们的遗传效应值相对较小，可以初步判定 qBph3 和 qBph6 可能是控制褐飞虱抗性的两个微效基因。

徐安隆（2015）利用 9311（感白背飞虱）分别与抗白背飞虱（广西普通野生稻）材料 CL37 和 CL32 杂交构建的 F_2 群体进行经典遗传学表型分析。结果表明，9311 与 CL37 和 9311 与 CL32 杂交产生的 F_2 群体中抗性植株与感性植株的比例为 1：3，说明 CL37 和 CL32 材料的抗性分别由一对主效隐性基因控制。对 9311/CL37、9311/CL32 杂交产生的 F_2 群体所含主效隐性基因进行初步定位，利用 9311/CL37 杂交产生的 F_2 群体在 3

号染色体上发现一个新位点，该位点在标记 RM3526 与 RM3513 之间，最大 LOD 值为 3.2，该区段在日本晴基因组中的参考物理距离为 527kb；利用 9311/CL32 杂交产生的 F_2 群体在 2 号染色体上发现一个新位点，该位点在标记 RM13650 与 RM530 之间，最大 LOD 值为 3.84，该区段在日本晴基因组中的参考物理距离为 495kb。

（三）抗（耐）非生物逆境基因的发掘

郑加兴等（2011）以两份广西普通野生稻核心种质 DP15 和 DP30 为供体、9311 为受体构建的染色体片段代换系鉴定苗期耐冷性 QTL，在水稻的 12 条染色体上共发现 20 个苗期耐冷性 QTL，其中 8 个耐冷性 QTL 来源于 DP15，12 个耐冷性 QTL 来源于 DP30，集中分布在 3 号和 8 号染色体上；最终获得 1 个苗期耐冷性主效 QTL $qSCT$-3-1，贡献率为 17.9%，位点所在代换系的活苗率达 74%，定位在 3 号染色体着丝点附近长臂上 RM1164 与 RM6959 之间，遗传距离分别为 1.8cM 和 2.6cM。

（四）农艺性状相关基因的发掘

黄大辉等（2013a，2013b）利用 4 个黑色颖壳和 4 个红色种皮广西普通野生稻分别与 9311 杂交后自交，构建 F_2 群体，对其颖壳和种皮颜色进行遗传分析。结果表明，源自普通野生稻的黑色颖壳和红色种皮表现为显性遗传，通过常规育种手段可以打破黑色颖壳和红色种皮与不良农艺性状的连锁，普通野生稻黑色颖壳和红色种皮作为一种特殊的资源在育种上加以利用是可行的。

郑加兴等（2013）将广西普通野生稻 DP30/9311 组配构建的染色体片段代换系中的白化转绿突变体 $ds93$，与 9311 进行正、反交构建 F_2 群体，通过遗传分析发现，该突变体叶色性状受一对隐性基因控制，利用 SSR 分子标记将 $ds93$ 初步定位在水稻 9 号染色体上的 RM5777 与 RM7390 标记之间，遗传距离分别为 2.2cM 和 3.5cM。白化转绿突变体 F_2 与 9311 比较，突变基因对植株成熟期株高、穗长、单株穗数、粒宽、结实率、千粒重、单株产量均无显著影响，而对穗实粒数和粒长的影响显著。

吴子帅等（2016）将广西普通野生稻 DP30/9311 组配的染色体片段代换系中的早抽穗株系 CSSL13 与 9311 杂交，构建 BC_5F_2 群体，进行遗传分析和早抽穗特性相关基因定位。通过遗传分析发现，CSSL13 早抽穗特性受一对显性主效基因控制。进一步利用 BC_5F_2 群体中 76 株极早抽穗的单株和 52 株极晚抽穗的单株将该基因（命名为 $qHD8.3$）定位在 8 号染色体分子标记 M07 和 M13 之间，两标记间参考物理距离约为 1.6Mb。

韦敏益等（2016）将广西普通野生稻 DP30/9311 组配的染色体片段代换系中的长芒表型株系 CSSL5 与 9311 杂交，构建了 BC_5F_2 分离群体，对控制长芒表型的基因进行了遗传分析，发现该群体中长芒与短芒的单株分离比符合 3∶1 的比例，表明长芒性状受一对显性核基因控制。采用图位克隆法，将目的基因精细定位于水稻 4 号染色体分子标记 M7 和 M8 之间的 12.14kb 内，该区域只有一个候选基因即 LOC_Os04g43840，测序分析发现与栽培稻日本晴、9311 相比，CSSL5 的 $LOC\_Os04g43840$ 基因在 5′UTR 区有 29 个碱基的缺失和 2 个碱基的置换，从而推测 $LOC\_Os04g43840$ 可能为长芒候选基因。

（五）育性恢复基因的发掘

张月雄等（2010）利用与育性恢复基因 *Rf3* 和 *Rf4* 紧密连锁的 SSR 标记对 106 份广西普通野生稻的细胞质雄性不育恢复基因的等位性进行了详细分析。结果显示，*Rf3* 和 *Rf4* 座位各检测到 6 种类型的等位基因，表明在广西普通野生稻中，*Rf3* 和 *Rf4* 座位的遗传多样性很高，这为拓宽杂交水稻新的恢复基因源提供了基础。

桑洪玉等（2014）和韩飞怡等（2015）以不同的广西普通野生稻核心种质材料与 9311 杂交构建获得携带 *Rf3* 或 *Rf4* 基因座位的单片段代换系和 *Rf3-Rf4* 双片段代换系，对野败（WA）型细胞质不育系盟抗 A 和新质源（FA）型不育系金农 1A 进行恢复能力测交鉴定。结果证明，代换系均不能恢复金农 1A 的细胞质育性，而来自不同广西普通野生稻的代换系对盟抗 A 的细胞质育性恢复能力不同。表明，广西普通野生稻含有多个对野败型细胞质不育系盟抗 A 具有强恢复力的 *Rf3* 和 *Rf4* 位点复等位基因。另外，桑洪玉等（2014）将来自广西普通野生稻 DP32 的 *Rf3* 基因定位在 1 号染色体 RM1195 与 RM10338 之间，两标记间参考物理距离为 555.5kb。

三、海南普通野生稻资源优异基因的发掘研究

目前，关于海南普通野生稻基因的发掘应用不多，主要包括农艺性状相关基因、米质相关性状基因及细胞质雄性不育基因的发掘研究。

（一）农艺性状相关基因的发掘

Shan 等（2009）利用海南普通野生稻与籼稻品种特青杂交，并用特青为轮回亲本构建一套渗入系，在水稻 6 号染色体精细定位了一个控制水稻小穗直立的基因 *spd6*，该基因位于 6 号染色体 Q5 和 JX6036 之间 22.4kb 内，并获得 4 个共分离标记（CX05、CX09、CX05 和 Q14）。

Qiao 等（2016）利用已构建的由 198 个株系组成的以 9311 为轮回亲本、海南三亚普通野生稻为供体亲本的渗入系，检测到 25 个农艺性状相关 QTL，通过全基因组单核苷酸多态性芯片分析，从 7 个渗入系中筛选到 2 个 QTL：*qSH4-1* 和 *qDTH10-1*。

（二）米质优基因的发掘

郝伟等（2006）利用已构建的由 133 个株系组成的以特青为轮回亲本、海南普通野生稻为供体亲本，覆盖野生稻绝大部分基因组的染色体片段替换系，初步定位了控制稻米外观和理化品质性状的 15 个 QTL，它们分布于 9 条染色体上。其中，鉴定出 3 个控制整精米率的 QTL，它们分别为位于 2 号染色体上 98.2~113cM 处的 *qHRP-2*、位于 4 号染色体上 25.4~77.9cM 处的 *qHRP-4*、位于 5 号染色体上 3~54.6cM 处的 *qHRP-5*，包含这 3 个 QTL 的野生稻片段导入特青中能增加特青的整精米率；鉴定出 4 个控制垩白粒率的 QTL，它们分别为位于 1 号染色体上 123~182cM 处的 *qPCRG-1*、位于 4 号染色体上 25.4~52cM 处的 *qPCRG-4*、位于 5 号染色体上 3~54.6cM 处的 *qPCRG-5* 和位于 6 号染色体上 1.7~35.8cM 处的 *qPCRG-6*，包含这 4 个 QTL 的野生稻片段对特青的作用是

降低其垩白粒率；鉴定出 2 个控制透明度的 QTL，它们分别为位于 3 号染色体上 73.5~102cM 处的 *qTP-3*、位于 11 号染色体上 58.1~89cM 处的 *qTP-11*，包含这 2 个 QTL 的野生稻片段导入特青中能降低特青稻米的透明度；鉴定出 5 个控制蛋白质含量的 QTL，它们分别为位于 1 号染色体上 151~182cM 处的 *qPC-1*、位于 2 号染色体上 113~160cM 处的 *qPC-2*、位于 4 号染色体上 103~130cM 处的 *qPC-4*、位于 7 号染色体上 2.5~31cM 处的 *qPC-7*、位于 8 号染色体上 3.6~24.9cM 处的 *qPC-8*，包含这 5 个 QTL 的野生稻片段对特青的作用是增加蛋白质含量；鉴定出 1 个控制脂肪含量的 QTL，它是位于 6 号染色体上 1.7~35.8cM 处的 *qFC-6*，包含该 QTL 的野生稻片段对特青的作用是增加脂肪含量。

（三）胞质雄性不育基因的发掘

20 世纪 70 年代从海南普通野生稻中发现并转育的细胞质雄性不育基因 *cms*，开创了我国三系杂交水稻大面积应用的新纪元（李绍清等，2005）。

四、江西普通野生稻资源优异基因的发掘研究

自 1978 年发现江西东乡普通野生稻之后，国内外纷纷开展了东乡普通野生稻有利基因发掘研究。根据桂朝 2 号与东乡普通野生稻杂交组合的不同衍生群体，李晨等（2001a，2001b）在花药长度和柱头外露率，李德军等（2002）和 Tian 等（2006a，2006b）在产量及产量相关因子，Liu 等（2013）在耐冷性，Zhang 等（2006）在耐热性，Zhou 等（2006）在苗期抗旱性，Luo 等（2009，2011）在穗部相关性状等方面进行了广泛研究，定位到了大量的 QTL，部分来自野生稻的等位基因对这些性状都具有正效应，能够对栽培稻起到改良作用。另外，东乡普通野生稻与其他栽培稻组合构建的渗入系，也得到了不少的开发研究。

（一）抗病虫基因的发掘

陈洁（2005）选用栽培稻为母本，东乡野生稻为父本，建立了由 202 个株系组成的回交重组自交系群体，应用 RFLP 和 SSR 标记构建遗传连锁图谱，并对稻飞虱抗性进行了初步研究，在 5 号染色体和 9 号染色体各检测到一个抗白背飞虱 QTL，在 2 号染色体和 7 号染色体各检测到一个抗褐飞虱 QTL。

黄得润等（2012）应用东乡普通野生稻与栽培稻协青早 B 构建的 2 套材料，开展水稻抗褐飞虱基因鉴定研究。先以协青早 B//协青早 B/东乡野生稻的 BC_1F_5 群体为材料，应用褐飞虱田间种群进行抗虫鉴定，检测到 2 个抗褐飞虱 QTL，其中，*qBph2* 位于水稻 2 号染色体 RM29 与 RG157 之间，东乡普通野生稻等位基因可使死苗率降低 22.2%；*qBph7* 位于 7 号染色体 RM11 与 RM234 之间，东乡普通野生稻等位基因可使死苗率降低 43.7%。进一步以协青早 B 为轮回亲本，构建了 BC_3F_3 群体，应用褐飞虱生物型 I、II 和 III 进行抗虫鉴定，QTL 分析表明 *qBph2* 抗褐飞虱生物型 I 和 II，*qBph7* 抗褐飞虱生物型 I 和 III。

余守武等（2015）鉴定了（协青早 B//协青早 B/东乡野生稻）/C47S 的 98 个 F_3 株系的南方水稻黑条矮缩病的发病率，结果发现，（协青早 B//协青早 B/东乡野生稻）/C47S 的 F_3 株系中不育株系的发病率为 21.9%~100%，可育株系的发病率为 32.6%~100%，均呈连续性分布，表明东乡普通野生稻对南方水稻黑条矮缩病的抗性可能由数量性状基因控制。

（二）抗（耐）非生物逆境基因的发掘

江西省农业科学院水稻研究所自 20 世纪 90 年代初开始，利用 5 个栽培品种与东乡普通野生稻杂交组合，研究了东乡普通野生稻苗期耐寒性的遗传。根据一叶一心期于（5±1）℃处理 6d、常温下恢复 10d 后的成苗率数据发现，各组合间的耐寒性差异均由 2 对重复基因所控制，东乡普通野生稻的耐寒性为完全显性，而且东乡普通野生稻的细胞质对耐寒性有影响（陈大洲等，1997）。王尚明等（2008）利用具有东乡普通野生稻血缘的强耐冷品种东野 1 号与冷敏感的赣早籼 49 为材料进行研究，得出与陈大洲等（1997）类似的结论。简水溶等（2011）利用协青早 B/东乡普通野生稻构建的回交重组自交系群体 BC_1F_9 进行苗期耐冷性鉴定和遗传分析，试验结果显示，群体萎蔫率和死苗率均呈偏态的连续分布，表明东乡普通野生稻苗期耐冷性表现为主效基因+微效基因控制的质量-数量性状遗传特征。

相较于其他普通野生稻，对东乡普通野生稻耐冷性基因进行的定位研究更为广泛。在已经得到定位的东乡普通野生稻耐冷性 QTL 当中，苗期耐冷性 QTL 数量最多（67 个），孕穗开花期耐冷性 QTL 较少（19 个）。尽管东乡普通野生稻在种子萌发期和芽期都表现出强耐冷性，但在此时期进行的 QTL 定位研究进展不大（李霞等，2016）。

陈大洲等（2002）应用协青早 B/东乡普通野生稻含 213 个株系的 BC_1F_1 群体，分析了东乡普通野生稻的耐冷基因与分子标记的连锁关系。以苗期的死苗率为指标，对亲本和 BC_1F_1 群体各株系进行耐冷性 QTL 定位。应用单因素方差分析法，分别在 4 号、8 号染色体上发现有 2 个主效位点 qCT-4 和 qCT-8 与耐冷性相关，两个位点的贡献率分别为 3.6%和 2.7%。位于 4 号染色体的 qCT-4 介于 RM127 和 RG620 之间，分别相距 4.0cM 和 1.2cM，该基因可使死苗率降低 16.7%；位于 8 号染色体的 qCT-8 介于标记 RM210 和 RM256 之间，分别相距 7.0cM 和 0.8cM，该基因可使死苗率降低 17.3%。

孙传清等（2004）也以东乡普通野生稻为供体，定位了 3 个与孕穗开花期耐冷性有关的 QTL，贡献率为 4%~7%，在 1 号染色体上与 SSR 标记 RM81A 连锁的 qRLT-1 能增强耐冷性。

刘凤霞等（2003）利用桂朝 2 号和东乡普通野生稻构建的高代回交群体，考察自然条件与低温处理条件下结实率差值，对东乡普通野生稻孕穗开花期耐冷性进行了分析，在 1 号、6 号、11 号染色体上定位了 3 个影响孕穗开花期耐冷性的 QTL，其中 2 个 QTL 位点来自普通野生稻的等位基因（qRLT6-1 和 qRLT11-1），贡献率分别为 7.0%和 4.0%。Liu 等（2013）从该群体中筛选获得强耐冷株系 IL112。通过回交构建 $F_{2~3}$ 群体，定位到 7 个耐冷性 QTL，分布在 1 号、2 号、5 号、6 号、7 号和 10 号染色体上，贡献率为 8.0%~20.0%。通过芯片分析比较冷处理条件下耐冷植株 IL112 和桂朝 2 号的表达谱差异，结合由 QTL 定位区段得到 4 个相关候选基因，发现 *LTT7* 基因与水稻耐冷性相关。该基因主要在柱头、花丝和胚芽鞘中表达。过表达该基因的植株苗期在 4~5℃ 处理 7d 后仍可以正常生长，而对照日本晴已经死亡。分析过表达 *LTT7* 植株中其他冷胁迫相关基因的表达，*DREB1A*、*DREB1B*、*DREB1C*、*WRKY77*、细胞色素 P450 和谷氨酸脱羧酶基因的表达量都显著上升。Zhao 等（2016）重新分析这套群体，定位到 3 个来自东乡普通野生稻的提高孕穗开花期耐冷性的增效 QTL，但贡献率都仅为 4.0%。同时，从该群体中筛选获得苗期强耐冷株系 SIL157，发现该株系含有东乡普通野生稻染色体片段 *qLTTB3.1*。之后通过基因芯片对耐冷株系 SIL157 进行冷处理表达谱分析。冷处理后，1685 个基因表达量提高，主要集中在病虫害响应、氧化胁迫响应、化学刺激响应、电子载体、铁蛋白和氧化还原酶等方面，大部分与氧化还原反应相关；有 235 个基因表达量下降，主要是铁蛋白、转运酶和电子载体等。对株系 IL112 和桂朝 2 号进行芯片分析，其中有 1937 个探针在冷处理后于两者间有表达差异。

简水溶等（2011）利用东乡普通野生稻/协青早 B 的 BC_1F_{10} 群体构建遗传图，检测到 2 个控制苗期耐冷性的 QTL，分别位于 1 号和 12 号染色体，贡献率分别为 53.34% 和 12.07%。利用从该群体中筛选获得的强耐冷株系 5339 与协青早 B 构建 $F_{2~3}$ 群体，在 4 号染色体上检测到 1 个 QTL，贡献率为 1.55%。

左佳等（2012）以叶片电导率为表型参数，利用东野/93-11 构建的 F_2 群体定位到 2 个苗期耐冷性 QTL，分别位于 3 号和 11 号染色体，贡献率分别为 16.3% 和 19.2%。

贺荣华（2012）利用 RNA 测序对冷处理前后东乡普通野生稻和 93-11 的表达谱进行比较分析。东乡普通野生稻在冷处理前后基因表达总量基本没有发生变化，而 93-11 显著下降。冷处理后，93-11 上调表达的基因数为 2691 个，东乡普通野生稻上调表达的基因数为 2322 个，两者表达有差异的基因数为 755 个；93-11 下调表达的基因数为 1652 个，东乡普通野生稻下调表达的基因数为 1503 个，两者表达有差异的基因数为 799 个。进一步分析发现，3 个基因 *Os03g0266300*、*Os03g0266900* 和 *Os03g0267000* 在冷处理后其表达被特异性上调，另外有 156 个基因的表达被特异性下调，这些基因主要富集在光合作用基因和铁氧蛋白原酶基因上。

陈雅玲等（2013）以从协青早 B/东乡普通野生稻群体中筛选获得的耐冷株系 IL5335 和 IL5243 为材料，通过克隆获得 75 条 Ty1-copia 类逆转座子逆转录酶序列，研究表明，两者逆转座子逆转录酶序列发生缺失或插入突变，其中 *houba*、*osr15* 及 *osr17* 逆转录酶基因的表达量均远高于受体亲本。戴亮芳等（2014）将 IL5243、IL5335 与其 2 个亲本的 DNA 序列经基本局部比对搜索工具（basic local alignment search tool，BLAST）进行比较，发现 IL5243 和 IL5335 中 4.33%~7.17% 的外源 DNA 序列来自东乡普通野生稻，且具有抗逆功能，2 个耐冷株系呈现出包括亲本序列丢失和新序列出现及碱基变化在内的非孟德尔式变异，这些序列变异发生在非编码区的重复序列和功能基因序列中。

夏瑞祥等（2010）和 Xiao 等（2014）用以东乡普通野生稻和栽培稻南京 11 构建的 BC_2F_1 群体，检测到 2 个控制苗期耐冷性 QTL *qRC10-1*（RM304~RM25570）和 *qRC10-2*（RM25570~RM171），分别位于 10 号染色体 148.3cM 和 163.3cM 位置

处，贡献率分别为 9.4%和 32.1%。Xiao 等（2014）进一步将 *qRC10-2* 精细定位到 48.5kb，这个区间中 *Os10g0489500* 和 *Os10g0490100* 基因在双亲中有不同的表达模式。带有东乡普通野生稻 *qRC10-2* 位点的株系在冷处理后根系电导率在苗期和成熟期分别是 25%~44%和 21%~35%，而对照分别是 52%~60%和 48%~57%。成熟期于 5℃处理 24h，带有东乡普通野生稻 *qRC10-2* 位点的株系能正常生长，而对照出现了坏死甚至死苗。

Mao 等（2015）对东乡普通野生稻与协青早 B 的 BC_1F_7 群体采用简化基因组测序技术（specific-locus amplified fragment sequencing，SLAF-seq）测序，检测到了 15 个耐冷性相关 QTL，分布在 2 号、3 号、7 号、8 号、9 号、11 号和 12 号染色体，贡献率为 13.8%~35.7%；随着冷处理时间的改变，检测到的 QTL 也会发生相应的变化；开发这些 QTL 对应的标记，在东乡普通野生稻/赣早籼 49 构建的重组自交群体和由东乡普通野生稻转育来的强耐冷粳稻东野 1 号中同样可以检测到大部分 QTL 的存在。

Ma 等（2015）从东乡普通野生稻中发现了耐冷性基因 *Cold1*，该基因被定位在 4 号染色体上，贡献率为 7.23%。进一步克隆表明，该基因编码一个位于内质网膜和细胞质膜上的 G 蛋白调节因子，在响应低温时与 G 蛋白 α 亚基 RGA1 作用激活钙通路，增加 G 蛋白 GTP 酶活性。该基因的 SNP2 直接影响基因功能，只有当碱基为 A 时，具有较强的耐冷性。基因型分析表明，耐冷性基因 *Cold1* 来源于中国普通野生稻，在水稻人工驯化过程中得到选择，普遍存在于东北亚的粳稻品种中，过表达后植株的耐冷性得到显著提高，并且其他冷胁迫相关基因 *OsAP2*、*OsDREB1A*、*OsDREB1B* 和 *OsDREB1C* 的表达量都显著上升。

沈春修等（2015）通过分析冷敏感水稻品种 93-11 和耐冷材料东乡普通野生稻在三叶期冷处理（4℃培养 3d）前后的转录组测序数据，获得了在冷敏感水稻 93-11 冷处理前后无差异表达，而在耐冷水稻东乡普通野生稻冷处理后表达量上调倍数较高的 1 个热激转录因子基因位点 *BGIOSGA004402-DX* 的全长 cDNA，氨基酸序列分析表明东乡普通野生稻和 93-11 中该蛋白质存在 2 个氨基酸的差异。

崔丰磊（2015）构建了东乡普通野生稻幼苗的 sRNA 文库，并对其进行了测序。通过基因本体（gene ontology，GO）注释和京都基因与基因组百科全书（kyoto encyclopedia of genes and genomes，KEGG）注释，预测了与耐冷性相关的 136 个新的及 22 个保守的 microRNA。从中挑选出 5 个 microRNA 进行定量 PCR 验证。*osa-miR397* 在处理 3h 后表达量高于对照，处理 6h 后恢复到与对照水平相当；*osa-miR156* 在处理 3h 内变化不大，处理 6h 后比对照增加 26 倍；*osa-miR394* 逐步上升，处理 6h 后达到对照的 3.19 倍；*osa-miR159* 和 *osa-miR529* 的表达也出现了变化。

肖宁（2015）和 Xiao 等（2015）利用东乡普通野生稻与南京 11 构建的 BC_2F_1 群体进行苗期耐冷性 QTL 初定位，发现存活率相关 QTL *qPSR2-1* 和 *qPSR2-2* 位于 2 号染色体，贡献率分别为 12.3%和 9.8%；叶片渗透势相关 QTL *qLOP2*、*qLOP5* 和 *qLOP8* 分别位于 2 号、5 号、8 号染色体上，贡献率分别为 10.1%、8.8%和 6.9%；根电导率相关 QTL *qRC10-1* 和 *qRC10-2* 位于 10 号染色体上，贡献率分别为 9.4%和 32.1%。通过构建 BC_4F_2 和 BC_4F_3 群体进行精细定位，将存活率相关 QTL *qPSR2-1* 和叶片渗透势相关 QTL *qLOP2* 定位在两侧标记分别为 RM221 和 RS8 的 39.3kb 区域内；经过查询，在该范围内发现 2 个 *CBF3* 转录因子基因（基因编号分别为 *Os02g0676800* 和 *Os02g0677300*），RT-PCR 分析发现，*Os02g0677300* 转录因子在东乡普通野生稻冷处理 3h 后表达量显著上升，被认为是该区域内的最佳候选基因，序列比对发现，该基因属于 DREB 类转录因子。此外，通过进一步构建 BC$_5$F$_2$ 群体对 *qRC10-2* 进行精细定位，将 *qRC10-2* 定位在两侧标记为 qc47 和 qc48 的 22.5kb 内；经过查询，在该范围内找到与日本晴 *Os10g0490100* 基因同源的候选基因，RT-PCR 分析表明，候选基因在耐冷植株根中受冷胁迫诱导表达；从东乡普通野生稻 cDNA 中扩增 *qRC10-2* 的候选基因，并在籼稻品种 R6547 中过量表达该基因，转基因植株在冷处理后的存活率明显高于野生型。

孙传清课题组的研究显示，来自东乡普通野生稻的等位基因能使渗入系材料的抗旱性和耐热性明显增强，应用该渗入系定位到了 12 个耐旱性 QTL，其中从渗入系 IL23 中定位到两个主效基因 *qSDT2-1* 和 *qSDT12-2*，分别位于 2 号和 12 号染色体（Zhang et al.，2006）。

周少霞等（2006）和 Zhou 等（2006）以东乡普通野生稻为供体、桂朝 2 号为遗传背景的野生稻基因渗入系（BC$_4$F$_5$、BC$_4$F$_6$）为材料，利用 30% 的聚乙二醇（poly ethylene glycol，PEG）人工模拟干旱环境，对渗入系苗期（二叶一心期）进行抗旱性鉴定，共定位了 11 个与抗旱性有关的 QTL，其中在 2 号、6 号和 12 号染色体上发现了 4 个 QTL，其加性效应值为正数，来自东乡普通野生稻的等位基因能使渗入系的抗旱性增强，特别是位于 12 号染色体 RM17 附近的 *qSDT12-2* 在多次重复中均被检测到，在 PEG 处理后 1~8d 能稳定表达。通过对抗旱性 QTL 的动态分析，发现不同 QTL 的表达时间不同。

胡标林等（2007）对有东乡普通野生稻背景的 BIL 群体进行全生育期抗旱性鉴定，检测了 12 个与抗旱性相关的形态和生理指标，发现单株产量对水分胁迫最敏感，通过分析，发现 6 个性状与水稻抗旱性有显著的相关性。

付学琴等（2011）利用东乡普通野生稻与协青早 B 构建了回交重组自交系（BC$_1$F$_9$），以强抗旱的巴西旱稻、东乡普通野生稻和弱抗旱的栽培稻协青早 B 为对照品种，采用苗期反复自然干旱处理进行抗旱分析，结果表明，东乡普通野生稻苗期抗旱性表现为质量-数量性状特征，经 PEG 模拟干旱处理后，群体耐旱性表现为偏态的连续分布，而且偏向协青早 B，这与 Price 等（2000）、Li 等（2002a，2002b）和 Zhang 等（2006）研究的水稻种间远缘杂交群体，特别是野栽群体呈现出明显的偏态分离结果一致。

付学琴等（2012）用协青早 B//东乡野生稻/协青早 B 的回交重组系及其亲本共 79 份水稻材料，筛选出 9 个抗旱性鉴定指标：20% PEG-6000 溶液处理的相对发芽势及水分胁迫后根干质量、根系相对含水量、叶片可溶性糖含量、叶片脯氨酸含量、叶片丙二醛含量、单株有效穗数、结实率和千粒重的相对值。根据这些指标和偏相关系数，建立了不同时期的抗旱性评价（*D* 值）方程和评价体系。

潘英华等（2013）从东乡普通野生稻中分离了 1 个 *bHLH*（basic helix-loop-helix）基因，其编码 1 个类 ice1 蛋白，研究发现该基因被盐胁迫诱导，将其转入拟南芥中，结果证明转基因拟南芥的抗冻与耐盐能力提高了。

（三）农艺性状相关基因的发掘

李晨等（2001a，2001b）用东乡普通野生稻和桂朝2号杂交组合的115株 BC_1F_1 植株，构建了一个长度为1418.2cM、包含120个RFLP标记的遗传图谱，标记间的平均遗传距离为11.8cM。该图谱除1号染色体短臂上标记的顺序与日本水稻基因组计划发表的图谱的标记顺序不同外，其他染色体上相对应的标记的顺序及标记之间的遗传距离基本一致。通过该图谱对控制花药长度、柱头外露率和株高性状的QTL分析。结果表明，控制花药长度的2个QTL分别位于2号染色体C424与G39之间和9号染色体C2807与C1263之间；控制柱头外露率的2个QTL分别位于5号染色体R2289与R1553之间和8号染色体Gl149与R1963之间；有6个QTL控制株高，它们分别位于1号、3号、4号、5号、8号和9号染色体上，其中位于1号染色体C955与R1613之间的1个QTL为主效基因。

李德军等（2002）以东乡普通野生稻为供体亲本，在桂朝2号的遗传背景下，用87对SSR标记对 BC_4F_2 群体的株高、产量及产量构成因素等6个性状进行分析，共检测到52个QTL，有7个QTL与单株产量相关，在2号和11号染色体上发现了来自东乡普通野生稻的2个对籽粒产量贡献率分别为16%和11%的高产QTL（*qGY2-1* 和 *qGY11-2*），分别能使桂朝2号单株产量增加25.9%和23.2%。

张博森（2006）以由东乡普通野生稻与栽培稻桂朝2号构建的一套渗入系为基础，选择两个株高异常的系 SIL046 和 SIL015 进行定位研究。将 SIL046 携带的矮秆多蘗基因（*dht*）定位于12号染色体上标记43-66与81-72的2800kb内；将 SIL015 携带的高秆基因定位到1号染色体上标记561-127与379-31的80kb内，将该系携带的穗粒数基因定位到同一染色体上240kb范围内。

He等（2006）利用由东乡普通野生稻渗入系 BIL19 构建的近等基因系，将一个影响单株产量的QTL（*qGY2-1*）定位在2号染色体102.9kb范围内，随后对两个亲本在该QTL区域的基因组序列进行了比较分析，结果发现一个由8个亮氨酸重复受体激酶基因组成的基因簇，并且整个区域处于一个染色体单倍型内。在不同类型的水稻品种中，此区域上形成不同类型的单倍型。此单倍型区段长度在野生稻与栽培稻间，栽培稻与栽培稻间都存在较大的不同，表现出广泛的等位基因变异，这对理解QTL的分子基础和水稻驯化过程的遗传机制具有重要的意义。

Tian等（2006a，2006b）和田丰（2007）利用东乡普通野生稻渗入系，在北京和海南两个地点对产量和产量相关性状进行了QTL分析。结果发现，在北京和海南两地同时检测到17个影响单株有效穗数、单株粒数、每穗粒数、每穗实粒数、结实率、千粒重和单株产量7个产量性状的QTL，QTL效应方向在两地完全一致，其中6个位点（*qPN1*、*qPN2*、*qGPA5*、*qGPA8*、*qFG8* 和 *qFG9*）上来自野生稻的等位基因表现为改良目标性状的效应，并且大多数与粒数有关，这表明在东乡普通野生稻中确实存在能改良产量相关性状的有利基因。这6个野生稻增效QTL中，4个QTL（*qPN1*、*qPN2*、*gGPA8* 和 *qFG8*）与前人报道的QTL处于相同或相似的位置，其他2个可能为东乡野生稻所特有。*qPN2* 就是已经精细定位和已确定的增产位点 *qGY2-1*。采用高产和低产渗入系的产量因子分析表明，产量的增加和减少主要是由粒数的增加和减少引起的。高产渗入系和低产渗入系的遗传组成分析表明，高产渗入系包含较少的渗入片段，且一般含有与粒数有关的正效 QTL。低产渗入系包含更多的渗入片段和负效 QTL，有些低产渗入系虽包含正效 QTL，但总体表现仍明显差于桂朝 2 号，表明可能存在正效 QTL 与其他负效 QTL 的不利互作，因此低产渗入系揭示了野生稻低产的部分遗传特征，也说明从野生稻驯化为栽培稻的过程中，其遗传结构发生了深刻变化。渗入系群体的穗粒数 QTL 分析发现，在水稻 7 号染色体短臂末端稳定存在一个控制穗粒数的主效 QTL（gpa7），来自野生稻的等位基因表现为减少穗粒数的效应。通过两步代换定位将 gpa7 精细定位在约 35kb 的物理区间。对穗长、一次枝梗数、二次枝梗数、一次枝梗粒数、二次枝梗粒数和穗总粒数 6 个穗部结构性状的同时代换定位发现，gpa7 不仅控制穗粒数，而且控制穗长、一次枝梗数、二次枝梗数、一次枝梗粒数和二次枝梗粒数，表现为多效性。对携带 gpa7 的渗入系 SIL040、桂朝 2 号及其 F_1 的主茎穗部结构进行分析，再现了 gpa7 在被选择和固定的过程中穗部结构所发生的变化，gpa7 突变的固定不仅导致粒数和分枝数绝对值的显著增加，更为重要的是，二次枝梗数占总枝梗数的比例和二次枝梗粒数占总粒数的比例显著增加，明显地表现为一种比例调控的驯化过程。表明，gpa7 是水稻穗部结构驯化过程中的关键位点。gpa7 分子机制的阐明与进化分析也可能会为确定 O. rufipogon 和 O. nivara 哪个是栽培种的直接祖先种提供一些直接的证据。

黄得润等（2008）利用含 149 对 DNA 标记的连锁图谱，从协青早 B//协青早 B/东乡普通野生稻的 BC_1F_5 株系检测到 23 个产量相关 QTL，包括每株穗数 2 个、每穗实粒数 4 个、每穗总粒数 6 个、结实率 5 个、千粒重 4 个和单株产量 2 个；有 9 个 QTL 的增效等位基因来自东乡普通野生稻，包括每株穗数 2 个、每穗实粒数 1 个、每穗总粒数 5 个和千粒重 1 个。

Luo 等（2009）将东乡普通野生稻与桂朝 2 号杂交，从 265 个渗入系植株中，定位了 39 个穗部性状相关 QTL，其中有 20 个正向效应 QTL 来自东乡普通野生稻。Luo 等（2011）从这 265 个渗入系植株中明确了 6 个产量相关性状的杂种优势位点，定位了每穗的小穗数相关位点 hsp11。

Xie 等（2011）利用东乡普通野生稻/IR6 构建的重组自交系及其遗传图谱对酸性洗涤纤维、中性洗涤纤维、木质素含量 QTL 进行定位。利用区间作图法，在杭州和南昌两个环境中检测到的控制酸性洗涤纤维、中性洗涤纤维、木质素含量的 QTL 分别为 9 个、18 个和 8 个，这些 QTL 分布于 1 号、2 号、3 号、4 号、5 号、7 号、11 号、12 号染色体上。其中，5 号染色体上的 QTL（RM164）是控制 3 个性状的共同 QTL。所有 QTL 的加性效应值皆为负值，说明来自东乡普通野生稻的基因能降低这些性状的含量。利用复合区间作图法在两个环境中检测到的控制 3 个性状的 QTL 分别为 12 个、21 个和 7 个，这些 QTL 分布于 1 号、2 号、3 号、4 号、5 号、6 号、7 号、9 号、11 号、12 号染色体上。但在杭州环境中，没有检测到任何控制酸性洗涤纤维含量的 QTL；而 6 号和 9 号染色体上的 QTL 是区间作图法没有检测到的新 QTL。

（四）育性恢复基因的发掘

东乡普通野生稻具有一定的育性恢复性，杨空松等（2007）将东乡普通野生稻与不同细胞质来源的 5 个水稻不育系（B06S、珍汕 97A、协青早 A、中 97A 和粤泰 A）配组，F$_2$ 中结实率性状符合 1 对主基因+多基因的遗传模式，主基因遗传率为 56.63%~88.29%，多基因遗传率为 2.74%~30.97%，总基因型遗传率为 63.17%~94.01%。1 个杂交组合的 F$_2$ 的主基因是加性遗传，无显性效应，其他组合的主基因是完全显性遗传。东乡普通野生稻对矮败型（CMS-DA）和印尼水田谷败型（CMS-ID）的育性恢复表现为质量-数量性状，对育性恢复的控制存在 1 对或 2 对主效基因，同时受到微效基因的影响（余守武等，2005；张金伟等，2011）。Shen 等（2013）从东乡普通野生稻与 Zhongzao 35 杂交后代中鉴定出一个新的细胞质雄性不育系，类型不同于野败型（CMS-WA）和红莲型（CMS-HL），并发现该不育系的育性恢复受 3 对独立显性基因控制。Hu 等（2016）运用东乡普通野生稻与 Xieqingzao B 构建的两套重组自交系，检测其对不同的细胞质雄性不育系的育性恢复 QTL，结果共检测到 16 个育性恢复 QTL，包括 3 个对东乡野败型（CMS-DWR）育性恢复 QTL，6 个对矮败型（CMS-DA）育性恢复 QTL，7 个对印尼水田谷败型（CMS-ID）育性恢复 QTL。

（五）其他优异基因的发掘

文飘等（2011）以发芽率为评价指标，对东乡普通野生稻与协青早 B 杂交构建的 230 个高代回交重组自交系（BIL）休眠性进行了研究，结果表明：BIL 群体种子发芽率呈偏态的连续分布，说明东乡野生稻休眠性表现为数量性状遗传。

五、湖南和福建普通野生稻资源优异基因的发掘研究

湖南和福建普通野生稻的基因发掘研究较少，主要涉及抗病基因和农艺性状相关基因的发掘，但这两方面的研究也不多。

（一）抗病基因的发掘

李友荣等（2013）分别用抗白叶枯病的湖南茶陵普通野生稻 C15 和湖南江永普通野生稻 C20、C22 与感病栽培稻湘晚籼 1 号进行杂交，通过对杂交后代抗性遗传分析发现，C15、C20 和 C22 对白叶枯病的抗性分别由一对显性基因控制。

（二）农艺性状相关基因的发掘

Yang 等（2016）运用福建漳浦普通野生稻与籼稻 Dongnanihui 810 杂交构建的渗入系植株，检测到 2 个株高相关 QTL qPH-1-1 和 qPH-7-1，1 个颖尖颜色（紫色）相关 QTL qPa-6-2，其中 qPH-1-1 位于 1 号染色体 Ind1-20 和 Ind1-23 的 7.1Mb 内，qPH-7-1 位于 7 号染色体 Ind7-1 和 RM427 的 2.0Mb 内；qPa-6-2 位于 6 号染色体 S6-3 和 S6-6 的 88kb 内。

六、云南普通野生稻资源优异基因的发掘研究

在云南普通野生稻基因发掘方面，元江普通野生稻的开发研究较多，中国农业大学的孙传清团队及本研究团队对此做了大量的研究。孙传青团队主要是利用元江普通野生稻与籼稻特青进行杂交构建渗入系，发掘野生稻中的株高及抽穗期 QTL（谭禄宾等，2004）、穗部性状 QTL（荆彦辉等，2005）、稻米加工品质和外观品质 QTL（刘家富等，2007）、增产 QTL（Tan et al.，2007）、抽穗开花期耐热性 QTL（奎丽梅等，2008）、产量相关 QTL（Fu et al.，2010）等。本研究团队主要是利用元江普通野生稻与粳稻合系 35 号进行杂交构建渗入系，发掘元江普通野生稻的抗白叶枯病、抗旱、根系、增产等相关优异性状，大量的研究结果还未发表。

（一）抗病虫基因的发掘

Yang 等（2007）对云南普通野生稻的抗稻瘟病情况进行研究，发现元江普通野生稻不具有基于 $Pi\text{-}ta^+$ 和 Pib 基因的抗稻瘟病遗传基础，而景洪直立型普通野生稻的抗性可能源于所含的 $Pi\text{-}ta^+$ 等位基因及可能有功能的 Pib 基因。

耿显胜等（2008）从高抗稻瘟病的景洪直立型紫秆普通野生稻中用同源克隆法，克隆了抗稻瘟病基因 $Pi\text{-}ta^+$ 的等位基因。对该序列进一步分析发现，其为稀有的抗稻瘟病的 $Pi\text{-}ta^+$ 等位基因，景洪直立型紫秆普通野生稻 $Pi\text{-}ta^+$ 基因因其编码序列和推导的氨基酸序列与抗稻瘟病栽培稻社糯的 $Pi\text{-}ta^+$ 等位基因有所不同，推测其抗病能力和抗菌谱可能与社糯的 $Pi\text{-}ta^+$ 基因不同。

（二）抗（耐）非生物逆境基因的发掘

奎丽梅等（2008）利用以籼稻品种特青为遗传背景的元江普通野生稻渗入系为材料，调查高温胁迫条件下野生稻渗入系和受体亲本特青的结实率，采用单标记回归分析法，共检测到 4 个抽穗开花期耐热性相关 QTL，分别位于 1 号、3 号、8 号和 10 号染色体。其中，位于 1 号和 3 号染色体上的 2 个 QTL（$qHT1$ 和 $qHT3$）贡献率分别为 12% 和 6%，来自元江普通野生稻的等位基因能提高群体的耐热性，分别可增加 9.13% 和 6.71% 的结实率；而位于 8 号、10 号染色体上的 2 个 QTL（$qHT8$ 和 $qHT10$）贡献率均为 6%，来自元江普通野生稻的等位基因能降低群体的耐热性，加性效应值分别为 –6.44% 和 –4.44%。Lei 等（2013）也以籼稻品种特青为遗传背景的元江普通野生稻渗入系为材料，发掘出 2 个苗期热胁迫（42℃处理 9d）反应 QTL（$qHTS1\text{-}1$ 和 $qHTS3$）。曹志斌等（2015）对以元江普通野生稻荷花塘 3 号为供体、籼稻恢复系蜀恢 527 为轮回亲本构建的种间近等基因系群体进行 QTL 分析，在近等基因导入系 YJ10-03-01 中鉴定了一个抽穗扬花期耐热性 QTL。单标记分析表明，5 号染色体短臂上的多态性标记与抽穗扬花期耐热性极显著相关。进一步在人工气候室模拟高温条件下处理 YJ10-03-01 与蜀恢 527 杂交得到的 F_2 分离群体（1027 个单株）并进行 SSR 标记分析，以水稻结实率为耐热性指标，利用复合区间作图法在 5 号染色体短臂上检测到一个抽穗扬花期耐热性 QTL，暂命名为

qHTH5。该 QTL 在 F_2 及 F_3 世代分别解释了 8.6% 和 19.4% 的表型变异。在 F_3 世代，继续利用目标区间标记 RM7320 和 RM7444 之间的 SSR 标记鉴定纯合重组体，利用置换作图法将 QTL 定位在约 304.2kb 内（RM592~RM17921）。

郑修文等（2010）利用元江普通野生稻与特青构建的 DH 群体的 139 个家系，采用单标记分析法对 DH 群体中耐低氮能力相关 QTL 进行分析。以株高、鲜重和干重的平均抑制率作为指标，检测到 7 个耐低氮能力相关 QTL，分别位于 4 号、5 号、7 号、10 号染色体上，在特青中定位到 1 个耐低氮 QTL，在野生稻中定位到 6 个耐低氮 QTL。其中，位于 4 号染色体 RM307、RM335 和 RM303，5 号染色体 RM440，以及 7 号染色体 RM481 和 RM172 附近的 QTL 位点，来源于野生稻的等位基因表现为耐低氮胁迫，位于 10 号染色体 RM222 附近的 QTL 位点，来源于栽培稻特青的等位基因也表现为耐低氮胁迫；但检测到的 QTL 的贡献率均较小，没有定位到主效 QTL。张阳军（2015）采用以特青为背景的元江普通野生稻渗入系为材料，共定位到 28 个苗期耐低氮相关 QTL，它们所解释的表型变异范围为 7%~22%。通过对渗入系田间全生育期耐低氮性状的鉴定，定位了 22 个耐低氮 QTL，其中元江普通野生稻 77.3% 的等位基因能提高群体耐低氮能力。利用苗期对低氮敏感渗入系 YIL105 与受体亲本特青回交，构建次级 F_2 分离群体，将水稻耐低氮基因 *TOND1* 定位在水稻 12 号染色体长臂末端 SSR 标记区间 269kb 内。通过对定位区间候选基因的表达分析、测序和遗传转化，克隆了 *TOND1*，发现该基因编码一个具有指纹基序的甜味蛋白，RNAi 技术干扰该基因能显著降低低氮条件下水稻苗期的土壤作物分析仪器开发（soil and plant analyzer development，SPAD）值、株高、根长、植株干重、氮浓度和植株总氮量，以及大田成熟期的有效穗数、每穗实粒数及单株产量，过表达 *TOND1* 能提高水稻苗期耐低氮能力及大田成熟期的产量。

张辉（2010）以元江普通野生稻与特青构建的高代回交渗入系群体为研究材料，在铝胁迫条件下，通过对该渗入系芽期发芽率的测定，共检测到了 9 个较稳定的种子发芽相关 QTL 位点，分别分布在 1 号、2 号、5 号、7 号和 9 号染色体上，贡献率为 5%~12%，并且其中部分位点呈现出区域性分布；通过对该渗入系苗期株高的测定，计算株高抑制率，然后进行 QTL 定位分析，共检测到了 6 个较稳定的苗期株高相关 QTL 位点，分别分布在 1 号、3 号、8 号和 10 号染色体上，贡献率为 5%~10%；通过对该渗入系苗期干重的测定，计算干重抑制率，共检测到了 7 个较稳定的苗期干重相关 QTL 位点，分别分布在 1 号、3 号、6 号、8 号和 10 号染色体上，贡献率为 5%~21%；通过对该渗入系苗期卷叶率的测定，用 QTL 软件对群体的卷叶率进行分析，共检测到 12 个较稳定的苗期卷叶率相关 QTL 位点，分别分布在 1 号、3 号、5 号、9 号、11 号和 12 号染色体上，贡献率为 6%~15%。通过将上述的定位结果与前人的研究进行比较，发现 1 号染色体上的 RM315 标记在不同的遗传背景中、不同的试验条件下均被检测到。

Tian 等（2011）从元江普通野生稻中，利用耐受评分、根干重、茎干重、总干重指标，筛选到 13 个能提高耐盐性的 QTL，在 6 号、7 号、9 号、10 号染色体上发现 4 个影响根干重、茎干重、总干重的成簇 QTL。其中，10 号染色体上的成簇 QTL 包括 *qRRW10*、 *qRSW10* 和 *qRTW10*，位于 RM271 标记附近，对根干重、茎干重和总干重分别有 22.7%、17.3% 和 18.5% 的增加效应，可解释表型变异的 19%~26%。

王明卓等（2013）以元江普通野生稻与特青配制的高代回交渗入系群体为材料，采用土培法在幼苗叶龄为 2.1 左右时利用浓度为 1.2% 的氯化铝溶液培养 14d，以株高、干重和鲜重抑制率为检测指标，在春季室外培养及室内培养的条件下进行了耐铝胁迫 QTL 遗传解析。结果表明，4 个指标共检测到较稳定的耐铝性 QTL 有 6 个，其中，来源于特青的有 4 个，分别是位于 8 号染色体 RM310、RM25，11 号染色体 RM260 和 12 号染色体 RM277 附近的 QTL，这 4 个 QTL 都是主效 QTL；来源于野生稻的有 2 个，分别是位于 3 号染色体 RM231 和位于号 9 染色体 RM296 附近的 QTL，但不是主效 QTL。

（三）农艺性状相关基因的发掘

谭禄宾（2004）以元江普通野生稻为供体亲本，以特青为受体亲本，构建了高代回交群体（BC₃）。利用该群体对控制野栽遗传分化性状（生长习性、芒性、穗部形态、种子落粒习性、茎基部叶鞘颜色、颖壳颜色和种皮颜色）及农艺性状的基因进行初步定位分析。7 个野栽分化性状遗传分析结果表明，这些性状均由单基因控制，野生稻等位基因为显性，野生稻基因组中控制芒性、颖壳颜色、穗部形态和种子落粒习性的基因均位于 4 号染色体长臂，控制生长习性和种皮颜色的基因位于 7 号染色体短臂，位于同一染色体上的野栽分化性状基因间存在较强的连锁关系，推测这些性状在野生稻进化为栽培稻的过程中可能为协同进化。通过对 383 个 BC₃F₂ 株系基因型分析和对 2 个世代（BC₃F₂ 和 BC₃F₃）的农艺性状调查，采用 AB-QTL 分析法定位了 100 个影响 19 个农艺性状的 QTL，其中 9 个产量性状共检测到了 43 个 QTL，元江普通野生稻等位基因表现为增效的 QTL 占 46.5%。

谭禄宾等（2004）从元江普通野生稻/特青 BC₃F₂ 群体中，定位到 1 个来自元江普通野生稻的控制株高的 QTL，该 QTL 分布在 1 号染色体 RM104 附近，与控制半矮秆的基因 *sd-1* 位置相当，其对表型变异的贡献率在两个试验点（北京和合肥）分别为 27% 和 28%，其加性效应值分别为 26.24cm 和 26.28cm；在 1 号、3 号、7 号、8 号、11 号染色体共检测到 6 个来自元江普通野生稻的控制抽穗期的 QTL，其中 8 号染色体 RM25 附近控制抽穗期的 QTL 在两个地点的贡献率分别为 13% 和 15%，加性效应值分别为 4.60d 和 3.65d。

荆彦辉等（2005）在 1 号、2 号、3 号、4 号、7 号和 10 号染色体上定位到 7 个控制元江普通野生稻穗颈大维管束数的 QTL，在 1 号、2 号、3 号、4 号和 8 号染色体上定位到 5 个控制元江普通野生稻穗颈小维管束数的 QTL，在除 11 号和 12 号外的 10 条染色体上共定位到 15 个控制元江普通野生稻穗一、二次枝梗数和颖花数的 QTL。来自元江普通野生稻的等位基因大多表现为负效，能显著减少群体的穗颈维管束数、枝梗数和颖花数，证明从野生稻演化成栽培稻的过程中，可能淘汰了一些对产量不利的 QTL，保留了有利的 QTL。

王桂娟（2005）利用元江普通野生稻为供体亲本、特青为受体亲本构建的高代回交群体 BC$_3$F$_3$ 和渗入系群体，配制回交（特青为母本）和测交（两系不育系培矮 64S 为母本）组合，对株高、单株有效穗数、每穗粒数、每穗实粒数、结实率、千粒重、每穗粒重、单株产量 8 个农艺性状和光合速率进行了考查和分析。在 BC$_3$F$_3$ 群体和渗入系群体中共检测到 52 个控制 8 个农艺性状的 QTL，两群体共同检测到的 QTL 有 15 个，在 8 号染色体 RM337 附近检测到分别控制每穗粒数、每穗实粒数、每穗粒重、单株有效穗数的 QTL，它们分别是 qGP8-1、qFG8-1、qYP8-1 和 qPN8-1，在两个群体中的贡献率依次为 24% 和 8%、23% 和 9%、21% 和 13%、15% 和 7%，加性效应值依次为 100.75 粒和 58.95 粒、62.00 粒和 58.07 粒、1.43g 和 1.67g、-2.75 粒和-2.41 粒，来自野生稻的等位基因可显著提高群体的每穗粒数、每穗实粒数、每穗粒重及减少单株有效穗数。利用渗入系的回交 F$_1$ 表型值和中亲优势值（H$_{MP}$），在 6 号染色体 RM3 附近检测到 1 个同时控制每穗实粒数和每穗粒重的杂种优势位点，贡献率分别为 13% 和 10%，效应值分别为 30.28 粒和 0.67g，野生稻和栽培稻等位基因杂合表现为正优势，且均表现为超显性效应。利用 BC$_3$F$_3$ 测交 F$_1$ 群体和渗入系测交 F$_1$ 群体，在 7 号染色体附近检测到 1 个同时控制除单株产量、结实率外的其他 6 个性状的 QTL，平均贡献率高达 17%，单株有效穗数加性效应为正，来自野生稻的等位基因可增加单株有效穗数。在 BC$_3$F$_3$ 和渗入系回交群体中，利用中亲优势值检测到 60 个杂种优势位点，其中 32 个位点野生稻和栽培稻的等位基因杂合表现为正优势，28 个位点的等位基因杂合表现为负优势；4 个杂种优势位点表现为显性，56 个杂种优势位点表现为超显性，占 93.3%。因此，从单位点水平上来说，超显性假说是杂种优势重要的遗传基础。另外，定位了 3 个高光效 QTL，即 5 号染色体 RM153 附近的 qNPR5.1、9 号染色体 RM105 附近的 qNPR9.1 和 12 号染色体 RM453 附近的 qNPR12.1，这 3 个 QTL 均表现为增加净光合速率的效应，其中 qNPR5.1 在两个群体中同时检测到，贡献率分别为 7% 和 6%，加性效应值分别为 5.94μmol·m^2/s 和 3.79μmol·m^2/s，说明来自野生稻的等位基因能提高光合效率。

Tan 等（2007，2008b）利用由特青和元江普通野生稻配制构建的渗入系，定位了 37 个产量相关 QTL，其中有 19 个在两次试验中都检测到，有 14 个来自野生稻的等位基因起增效作用。随后他们利用在形态、生理和产量方面与受体有明显差异的渗入系材料，对抽穗期、单株实粒数及三个遗传分化的性状（落粒性、穗型和生长习性）进行了精细定位。另外，Fu 等（2010）采用以栽培稻 93-11 为轮回亲本、元江普通野生稻为供体亲本构建的导入系，选用 187 对 SSR 标记进行基因型分析并考察了 6 个产量相关性状，共定位到 26 个产量性状相关 QTL，其中 10 个 QTL 的野生稻等位基因对产量性状具有增效作用。

Tan 等（2008a）利用元江普通野生稻发掘出 PROG1 基因，主要控制普通野生稻的匍匐生长特性，该基因位于水稻 7 号染色体短臂端 SSR 标记 RM298 和 RM481 之间，而其突变体 prog1（栽培稻）表型为直立生长、穗粒数增加。

汪文祥（2012）将景洪普通野生稻与特青进行杂交构建渗入系，通过渗入系发现并定位了一对控制水稻杂种劣势的显性互补基因（hwi-1/hwi-2），利用染色体片段叠代定位法，将来自景洪野生稻 11 号染色体的控制水稻杂种劣势表型的 hwi-1 精细定位在标记

InDel-3 与 MG17 的 78.5kb 内；通过对渗入系扫描和杂合自交群体将来自特青 1 号染色体的与 *hwi-1* 显性互补的控制水稻杂种劣势表型的 *hwi-2* 精细定位在标记 RM11787 与 RM5501 的 200kb 内。

华磊（2015）在由元江普通野生稻与 9311 构建的渗入系中，筛选到一个具有长刺芒的渗入系 9YIL304，用该系与轮回亲本 9311 构建分离群体，将控制野生稻长刺芒的基因（*long and barbed ama 1*，*LABA1*）定位在 4 号染色体长臂的一个约 36kb 的区间内。通过双亲序列比对，发现一个编码细胞分裂素激活酶的基因的第 1 个外显子中存在单碱基缺失，引起编码蛋白提前终止。该单碱基的缺失与栽培稻的芒长和芒刺有无高度相关。遗传互补试验表明，该基因就是控制野生稻长刺芒的基因。

（四）米质相关基因的发掘

刘家富等（2007）采用单标记回归分析和渗入片段叠代定位法，初步定位了元江普通野生稻渗入系（以特青为遗传背景）中控制糙米率、整精米率、垩白粒率、垩白度、长宽比共 5 个品质性状的 16 个 QTL。其中，来自野生稻的 10 个 QTL 能改良特青的品质性状；在 5 号染色体 RM598 附近的 QTL 能增加长宽比和降低垩白粒率，贡献率也较高；在 8 号染色体 RM152 附近的 QTL 能降低垩白粒率和垩白度，贡献率分别为 14% 和 9%。

赵琳琳等（2015）运用元江普通野生稻/特青组合构建的高代回交群体（BC_3），采用全自动凯氏定氮仪测定糙米的总氮含量，用总氮含量乘以 5.95 估算储藏的蛋白质含量，对糙米中蛋白质含量相关 QTL 进行定位分析，利用 QTL 检测分析 2 次测定的储藏蛋白质。结果共发现 14 个与蛋白质含量有较高相关性的 QTL。在 1 号染色体的 RM272、RM243、RM23、RM5、RM212、RM306 位点和 2 号染色体的 RM250 位点附近发现了 7 个能提高蛋白质含量的 QTL，它们均来源于野生稻；另外 7 个能提高蛋白质含量的 QTL 位于 6 号、7 号、8 号、10 号染色体上，分别在 6 号染色体的 RM345 位点，7 号染色体的 RM295、RM82、RM481、RM172 位点，8 号染色体的 RM25 位点，以及 10 号染色体的 RM258 位点附近，它们来源于特青。在检测到的 QTL 中，有 6 个 QTL 在 2 次分析中均被检测到，经分析是较稳定的低蛋白质 QTL，它们分别在 RM243、RM23、RM5、RM295、RM82、RM258 位点附近。

七、其他国家普通野生稻资源优异基因的发掘研究

国外普通野生稻中，对马来西亚普通野生稻农艺性状相关基因发掘最多，目前从马来西亚普通野生稻中定位到两个产量相关基因 *yld1.1* 和 *yld2.1*，并得到了广泛的应用。

（一）抗病虫基因的发掘

Ram 等（2007）从印度普通野生稻（Coll-4）中发掘到 1 个广谱抗稻瘟病基因。

Utami 等（2008）将马来西亚普通野生稻（IRGC105491）与籼稻 IR64 进行杂交，构建 BC_2F_3 群体，通过表型鉴定选取株系 317-1、317-2 和 374-7 分别构建近等基因系，

应用 3 个近等基因系进行抗稻瘟病基因定位,结果定位到 2 个抗稻瘟病基因 *Pir4* 和 *Pir7*,两个基因都位于 2 号染色体,两者距离很近,其中 *Pir4* 位于 RM263 和 RM221 之间,与 SNP 标记 R_ins4 共分离,且来源于野生稻;*Pir7* 位于 RM221 和 RM6 之间,与 SNP 标记 R_ins7 共分离,来源于 IR64。另外,携带 *Pir4* 基因的材料抗稻瘟病菌 ID31,感稻瘟病菌 ID9,而携带 *Pir7* 基因的材料抗性正好相反,即感 ID31,抗 ID9。

Hirabayashi 等(2010)将马来西亚普通野生稻(IRGC Acc. 104814 和 104812)与粳稻品种 Koshihikari 杂交,以 Koshihikari 为轮回亲本,构建了 2 套渗入系,发掘出了两个抗稻瘟病基因,定位在水稻的 3 号染色体和 11 号染色体上。

（二）农艺性状相关基因的发掘

从野生稻中首次发掘的高产基因,来自马来西亚普通野生稻。自 1992 年以来,我国国家杂交水稻工程技术研究中心与美国康奈尔大学合作,着手从分子水平进行研究,从马来西亚普通野生稻中发掘高产基因资源。Xiao 等(1996,1998)利用马来西亚普通野生稻作父本与威 20A 杂交,然后与威 20B(作父本)回交,从 BC_1(共 52 株)中选 10 个单株再与威 20B 回交,得到 3000 株以上的 BC_2 群体。在 BC_2 中选单株与恢复系测 64-7 配制 300 个测交组合,以威优 64 作对照,对包括单株产量在内的 12 个重要农艺性状进行田间评价,并选择在野生稻、威 20A、测 64-7 中具有多态性的 102 对 RFLP 标记和 20 对 SSR 标记对这 12 对农艺性状进行 QTL 鉴定。结果检测到 68 个重要 QTL,在 68 个重要 QTL 中,有 35 个(51%)有利等位基因来源于马来西亚普通野生稻,在生育期、穗长、单株穗数、每穗总粒数、每穗实粒数、单株颖花数、单株实粒数、结实率、千粒重和产量等性状中,野生稻中均存在数目不等的有利等位基因,在显著影响产量的 7 个 QTL 中,4 个来自马来西亚普通野生稻的等位基因表现增产,其中位于 1 号染色体 RM5 附近的 *yld1.1* 和 2 号染色体 RG256 附近的 *yld2.1* 分别具有 18.26% 和 17.07% 的增产效果,但这两个位点不影响千粒重、株高及生育期等性状。Moncada 等(2001)用相同的普通野生稻亲本和籼稻品种构建高代回交群体进行研究得出了相似的结论,在旱地条件下有 56% 的来自野生稻的 QTL 能改善栽培稻的农艺性状,并得出了野生稻基因组的某些区域可能具有在多个环境下能改良栽培稻性状的基因的结论。Thomson 等(2003)利用 153 对 SSR 和 RFLP 标记构建了 Jefferson/马来西亚普通野生稻高代回交群体(BC_2F_2)的分子遗传连锁图,图谱长为 1457cM,相邻标记间距为 10.3cM,利用该群体检测到了 53% 有利基因来自普通野生稻,并定位到了 4 个来自普通野生稻的增产相关 QTL:*yld2.1*、*yld3.2*、*yld6.1* 和 *yld9.1*,*yld2.1* 与标记 CDO718 连锁,*yld3.2* 与标记 RM130 和 RG1356 连锁,*yld6.1* 与标记 RM276 连锁,*yld9.1* 与标记 RM215 连锁,4 个位点分别增产 12.3%、16.6%、6.5% 和 7.4%。Li(2004)在以上工作的基础上,分别对效应较大的 QTL 进行了精细定位。Septiningsih 等(2003)利用 165 对 SSR(131 对)和 RFLP(34 对)标记构建了 IR64/马来西亚普通野生稻高代回交群体(BC_2F_2)的分子遗传连锁图,利用该群体检测到了 33% 增产基因来自普通野生稻,分析了 14 个种子品质性状,在定位到的 QTL 中,并非所有来自野生稻的产量及产量相关 QTL 都起正效应,表明在标记选择野生稻渗入栽培稻 IR64 中表现正效应产量的 QTL 时很可能存在与谷粒品质相关联的遗传累赘。Xie 等（2006，2008）用韩国栽培稻 Hwaseongbyeo 与马来西亚普通野生稻 IRGC105491 杂交群体构建的近等基因系精细定位到 2 个粒重相关 QTL：gw8.1 和 gw9.1。gw8.1 位点通过增加粒长来增加粒重，因而是个增产 QTL，该位点对其他指标没有什么影响，而 gw9.1 位点通过增加粒长和粒宽使粒重增加，并且还控制开花期和株高，可能是一个一因多效的位点。董华林等（2009）用 152 对均匀分布的 SSR 标记构建了珍汕 97/马来西亚普通野生稻高代回交群体（BC$_2$F$_4$）的分子遗传连锁图，图谱长为 1342.1cM，相邻标记间距为 8.8cM，利用该群体检测定位到影响株高、生育期、穗数、穗长及千粒重、粒长、粒宽等农艺性状的 27 个 QTL，这些 QTL 中，约有 59%有利基因来源于野生稻。张晨昕（2010）也以珍汕 97B/马来西亚普通野生稻组合构建了染色体片段代换系，利用完备区间作图（inclusive composite interval mapping，ICIM）法对该代换系群体进行 QTL 定位分析，共检测到抽穗期、株高、SPAD 值、每株穗数和穗长 5 个性状的 19 个 QTL，分布在水稻的 1 号、3 号、4 号、5 号、6 号、7 号、8 号、11 号、12 号染色体上，其中 hd1.1、hd7.1、ph1.1、ph5.1、spadl.1、pn12.1、pl1.1、pl4.1、pl12.1 等 QTL 表现较大的贡献率。Sabu 等（2006）、Lim（2007）和 Wickneswari 等（2012）采用马来西亚普通野生稻（IRGC105491）与栽培稻 MR219 进行杂交，构建 BC$_2$F$_2$ 群体，定位到 1 个位于 6 号染色体 RM587 附近的粒重相关基因 qGW6。Ngu 等（2014）在此基础上，构建近等基因系，将 qGW6 精细定位到 RM19268 和 RM19271.1 的 88kb 内。Bhuiyan 等（2011）也将 IRGC105491 与 MR219 杂交，构建重组自交系，定位到 4 个高产 QTL（qGPL-1、qSPL-1-2、qSPL-8 和 qYLD-4），14 个与不同农艺性状相关的 QTL。Keong 等（2012）也是以同样的双亲构建近等基因系，获得了关于有效穗数和分蘖数 2 个性状的 QTL，分别为 qPPL-2 和 qTPL-2。

　　为探明来自马来西亚普通野生稻的增产 QTL yld1.1 和 yld2.1 对杂交水稻产量性状改良的效果，杨益善等（2006）以携带马来西亚普通野生稻高产 QTL yld1.1 和 yld2.1 的籼型晚稻新恢复系远恢 611 和测 64-7（CK）为父本，分别与 21 个不同类型的不育系配制 21 对杂交稻组合，同时以威优 46、汕优 63、金优 207 为生产对照，分析了野生稻高产 QTL 的增产效果。结果表明，远恢 611 系列组合平均理论产量比测 64-7 系列组合（CK）增产 15.5%，21 对组合中有 17 对表现增产，增产组合数约占 81.0%；实收产量有 16 对组合（占 76.2%）表现比 CK 增产，平均增幅为 7.8%；单位面积颖花量有 19 对组合（占 90.5%）表现比 CK 增加，平均增幅为 14.5%，这 3 项指标的差异均达到极显著水平。对供试的 45 个组合的理论产量、实收产量、单位面积颖花量进行排名，远恢 611 系列组合分别有 15 个、12 个和 15 个进入前 20 位，其中部分组合显示了超高产潜力。从产量结构来看，穗大粒多是远恢 611 系列组合最显著的特点，其平均穗总粒数达 244.7 粒，比 CK 增加 61.3%；穗实粒数平均为 145.5 粒，比 CK 增加 74.0%，差异均达极显著水平；有效穗数和千粒重相对较低，抗倒性相对较强。说明野生稻的高产 QTL 在新恢复系远恢 611 及其系列组合中得到了较好的表达，具有显著的增产效果和重要的育种价值。Liang（2004）和邓化冰等（2007）以我国两个优良栽培稻 9311 和明恢 63 为受体和轮回亲本，马来西亚普通野生稻为增产 QTL 供体，进行杂交和连续回交，并利用与 yld1.1 和 yld2.1 紧密连锁的 4 对 SSR 分子标记对回交群体进行分子鉴定和辅助选择。产量比较试验结果显示，育成的携带野生稻增产 QTL 的 9311 和明恢 63 改良系比受体 9311 和明恢 63 增产，证明了这两个增产 QTL 的增产效应。

Marri 等（2005）应用高代回交法，将印度普通野生稻基因导入栽培稻中，应用 IR58025A/*O. rufipogon*//IR580325B///IR58025B////KMR3 组合中的株系，检测定位到影响 13 个农艺性状的 39 个 QTL，这些 QTL 中，约有 74% 有利基因来源于野生稻。

Htun 等（2014）将来自缅甸的普通野生稻 W630 与日本晴进行杂交，构建 F$_2$ 群体，分析野生稻落粒特性，结果发现 1 个控制落粒性的 QTL：*qSH3*，进一步研究发现，*qSH3* 与来自栽培稻的 2 个落粒性相关 QTL（*qSH4* 和 *sh4*）互作共同控制种子的落粒性。

Ishikawa 等（2017）将缅甸普通野生稻与日本晴进行杂交，构建近等基因系，定位到 11 个花形态相关 QTL，7 个籽粒相关 QTL，并发现颖花的大小是影响籽粒大小的重要因素。

（三）品质优基因的发掘

Yun 等（2016）将粳稻 Hwaseong 与马来西亚普通野生稻（IRGC105491）杂交构建渗入系，定位到 12 个籽粒品质相关 QTL，其中来自普通野生稻的与米质光泽度相关的 QTL（*qGCR9*）是目前在普通野生稻中新发现的位点，位于 9 号染色体 RM242 和 RM245 的 3.4Mb 内，进一步研究发现该基因与产量相关基因紧密连锁。

第二节　普通野生稻渗入系基因定位应用案例

基因定位是将目的基因定位在某一特定连锁群或染色体上，并确定基因排列的顺序和距离。基因定位包括质量性状基因定位和数量性状基因定位。质量性状是指在一个分离群体里表现为不连续分布，性状能够明确分组，受到一个或者少数几个主基因控制，并呈经典的孟德尔遗传分离的性状，如植物的抗感性、芒的有无、绒毛的有无、角的有无及毛色、血型等均称为质量性状；数量性状是指在分离群体内表现为连续变异，不显示质的差异的性状，遗传基础复杂，易受环境影响，基因型与表型间的对应关系难以确定。例如，农作物的品质、丰产性等农艺性状都属于数量性状，它们与质量性状不同，由微效多基因控制（张圣平，2011）。常规的基因定位方法有三种，即标记基因法、相互易位系法和初级三体法（章琦，2007）。目前，标记基因法应用最为广泛，分子标记技术的发展日新月异，从最初的 RFLP 标记，到建立在 PCR 技术上的分子标记，再到基于测序技术和基因组序列的第三代分子标记，所以应用分子标记进行基因定位已见普及，而通常开发的用于基因定位的分子标记有 SSR 标记、InDel 标记和 SNP 标记（陈东明，2005）。从野生稻中发掘利用新基因和进行分子标记筛选及定位，是近年国内外研究的热点。本节以抗白叶枯病基因 *Xa23* 定位、长芒基因 *AWN-2* 定位、耐冷性 QTL *qRC10-2* 定位为例介绍普通野生稻渗入系材料在分子生物学中的应用。

一、抗白叶枯病基因 *Xa23* 定位的研究案例

通过国家水稻数据中心（http：//www.ricedata.cn/index.htm）和相关文献（Zhang，

2014；Kim et al.，2015；Hutin et al.，2015；Busungu et al.，2016）统计发现，迄今为止，已有 42 个水稻白叶枯病抗性基因得到定位，从野生稻中定位的抗性基因有 7 个，来自普通野生稻的有 2 个，即 *Xa23*（Wang et al.，2014）和 *Xa30*（*t*）（金旭炜等，2007）。在本节中，以 *Xa23* 为例介绍普通野生稻渗入系抗白叶枯病基因的定位。

（一）抗病亲本 WBB1 与参试显性抗病基因间的抗谱及抗性类型比较

根据本章第一节综合介绍，*Xa23* 是章琦等（2000）从一个全生育期高抗侵染所有栽培稻的菲律宾小种 6（PX099）的广西普通野生稻 RBB16 中鉴定出来的。为了加速该普通野生稻抗性的纯合，章琦等（2000）将 RBB16 与感病栽培稻金刚 30（JG30）杂交，其 F_1 植株经花培、自交至 H_4，获抗性纯合系。再以 JG30 为轮回亲本，与 H_4 回交，经农艺性状选择、各世代抗病性测定直至 BC_5F_3，育成携有该抗病基因的近等基因系 WBB1。为了了解 WBB1 携有的抗性基因是否为新基因，章琦等（2000）将 WBB1 与由日本和国际水稻研究所育成的携有 6 个不同显性抗性基因的近等基因系 IRBB3（携带有 *Xa3*）、IRBB4（携带有 *Xa4*）、IRBB7（携带有 *Xa7*）、IRBB10（携带有 *Xa10*）、IRBB14（携带有 *Xa14*）和 IRBB21（携带有 *Xa21*）进行抗谱比较，以感病品种 JG30 为对照，菌株选用包括 9 个小种在内的全套国际鉴别菌系 1~9 号，供试植株分别在苗期、分蘖期和成株期人工剪叶接种 1~2 次。接种后 14~20d，当 JG30 的病情稳定时进行调查。以病斑面积占叶面积的百分率为抗感反应参数。各供试材料调查 10 株，每株 2~3 片叶片。结果显示，WBB1 自苗期到成株期高抗包括广致病菌 PX099 在内的 9 个国际鉴别小种。在 6 个抗病基因中，仅 IRBB21 与 WBB1 抗性基因的抗谱相同，然而 IRBB21 在苗期是感病的，分蘖盛期之后才表现抗性。其余 5 个基因均不抗 PX099，且抗谱各异。在这些显性抗性基因中，只有 WBB1 与 IRBB21 的抗性基因具有广谱抗性，但两者的生育期抗性类型各不相同（表 5-1），表明 WBB1 可能携带一个新的抗白叶枯病基因。

表5-1 WBB1与携有6个显性基因的不同材料对9个国际水稻白叶枯病（*Xoo*）
鉴别小种的抗性反应（引自章琦等，2000）
Tab. 5-1 Resistance reaction of WBB1 and 6 dominant genes to 9 differential races
of *Xoo*（Cited from Zhang et al.，2000）

材料 Material	抗病基因 Resistance gene	对 9 个小种的抗性反应 Resistance reaction to 9 race									抗性表达生育期 Resistance expression at growth stage
		PX 061	PX 086	PX 079	PX 071	PX 0112	PX 099	PX 0145	PX 0280	PX 0330	
WBB1	*Xa23*	R	R	R	R	R	R	R	R	R	全生育期 All growth stage
IRBB3	*Xa3*	R	R	R	R	R	S	S	S	R	成株期 Adult stage
IRBB4	*Xa4*	R	S	MR	MR	R	R	R	R	S	全生育期 All growth stage
IRBB7	*Xa7*	R	R	R	S	R	R	R	R	R	成株期 Adult stage
IRBB10	*Xa10*	S	R	S	R	S	R	S	S	S	全生育期 All growth stage
IRBB14	*Xa14*	S	S	R	R	S	R	S	S	S	全生育期 All growth stage
IRBB21	*Xa21*	R	R	R	R	R	R	R	R	R	分蘖盛期 Maximum tillering stage
JG30(CK)	non	S	S	S	S	S	S	S	S	S	全生育期 All growth stage

注：R.抗；MR.中抗；S.感
Note: R. Resistant; MR. Moderately resistant; S. Susceptible

（二）WBB1 与 IRBB21 等位性测试

为了进一步了解 WBB1 与 IRBB21 携带的抗病基因是否等位，章琦等（2000）将WBB1 与 IRBB21 进行杂交，依据其 F_1、F_2 群体对 P6 的抗性，分析两者间的等位关系。结果显示，WBB1 与 IRBB21 等位性测定的正、反交组合的 F_1 植株苗期对 P6 均高度抗病，F_2 于分蘖期表现抗感分离（表 5-2）。表明 WBB1 的抗性基因与 *Xa21* 不等位。

表 5-2　不同杂交组合对 P6 的抗性反应（引自章琦等，2000）
Tab. 5-2　Resistance reactions of different crosses to P6（Cited from Zhang et al.，2000）

群体组合 Cross	F_1 表型 Reaction of F_1	F_2 或 BC_1F_1 群体反应 Reaction of F_2 or $BC_1 F_1$ population			χ^2 Expected ratio	P 值 P value
		R	S	总株数 Total		
JG30/WBB1	R	183	52	235	0.887（3：1）	0.25~0.50
02428/WBB1	R	199	58	257	0.683（3：1）	0.25~0.50
JG30/WBB1//JG30		35	32	67	0.060（1：1）	0.25~0.50
02428/WBB1//02428		24	30	54	0.463（1：1）	0.25~0.50
IRBB21/WBB1	R	136	31	167		
WBB1/IRBB21	R	164	28	192		

注：R.抗；S.感
Note: R. Resistant; S. Susceptible

另外，通过分子标记检测 WBB1 与 IRBB21 的基因等位关系，采用 *Xa21* 位点的特异引物 U_1/I_1 进行 PCR 分析，WBB1 与 IRBB21 和感病品种金刚 30 的扩增产物的带型表明，WBB1 和金刚 30 的扩增产物不具有 *Xa21* 所产生的特异带型，分别为 1.3kb 和 1.4kb。进一步确认了 WBB1 携带的抗性基因与 *Xa21* 为非等位关系。

以上结果表明，WBB1 携带一个新的抗白叶枯病基因，暂命名为 *Xa23*（*t*）。

（三）遗传分析

为了充分了解清楚 *Xa23*（*t*）的遗传效应，首先需进行群体构建，章琦等（2000）将 WBB1 分别与对全部供试菌系都感病的材料籼稻 JG30 和粳稻 02428 进行杂交获得 F_1，利用分子标记检测 F_1 植株的真实性，并进行接种鉴定，因 WBB1 为全生育期抗性，所以将获得的 F_1 植株在苗期接种 PX099 菌株，以便提高工作效率，结果显示两个组合的 F_1 植株都抗 PX099 菌株。将 F_1 自交之后获得 F_2 群体，并根据两个组合的 F_1 植株对供试菌系 PX099 表现抗病，遂与各自的感病亲本回交，获得 B_1F_1 种子。根据两个组合的 F_1、F_2 和 B_1F_1 群体对 PX099 的抗性反应参数，进行遗传分析。

JG30/WBB1 和 02428/WBB1 两个组合的 F_2 群体在苗期的抗感分离比例均符合 3 抗：1感，P 值大于 0.05。两个组合与各自的感病亲本回交的 B_1F_1 也均以 1 抗：1 感分离，表明 WBB1 对 P6 的抗性由一对完全显性抗性基因控制（表 5-2）。

（四）多态性标记筛选

通过 Gramene 数据库（http://archive.gramene.org/）上公布的 SSR 标记信息，选用

在水稻 12 条染色体上均匀分布的 SSR 引物，下载之后，送公司合成。采用十六烷基三甲基溴化铵（cetyl trimethyl ammonium bromide，CTAB）法（McCouch et al.，1988）或试剂盒提取双亲和 F_1 的核基因组 DNA，按常规 PCR 反应在双亲及 F_1 间进行多态性检测，反应体积为 25μL，反应液组成为 1×PCR 缓冲液（10mmol/L Tris-HCl pH8.3，50mmol/L KCl，0.01% Triton X-100），1.5mmol/L $MgCl_2$，2.0mmol/L dNTP，两个方向的引物各 50ng，100ng 基因组 DNA 和 1 单位的 Taq 酶。根据具体情况，也可选用 Mix 试剂，以便提高工作效率。反应程序为 95℃预变性 5min，然后每个循环：94℃变性 60s，55℃复性 60s，72℃适温延伸 2min，共循环 35 次，最后 72℃保温 10min。扩增产物在 3%~4%的琼脂糖凝胶中电泳分离，然后用溴化乙锭（ethidium bromide，EB）或核酸染料染色，紫外灯下照相。根据多态性，从该组合中筛选出具有多态性的引物 160 对（章琦等，2000）。

（五）BSA 法初定位 $Xa23（t）$ 基因

作图群体定位法是定位质量性状基因的主要方法，包括近等基因系（near isogenic line，NIL）法、分离群体分析（bulked segregate analysis，BSA）法、遗传图谱（genetic mapping）法。目前在水稻、番茄、拟南芥这些模式植物中都已经构建了遗传连锁图，而混池分组分析（bulk segregant analysis，BSA）法克服了作物难于获得 NIL 的限制，对于水稻质量性状的定位为一种有效的方法，能够快速获得与目的基因连锁的分子标记（张圣平，2011）。从 F_2 植株中，选取极端抗病植株 10 株和极端感病植株 10 株，分别提取核基因组 DNA，抗病植株及感病植株分别等量混合，构成抗感 DNA 混合池，用筛选到的 160 对多态性标记对抗、感 DNA 混合池进行分子检测，两亲本作为对照，结果 OSR06 和 RM224 两对引物能够在亲本和抗、感 DNA 混合池之间检测到多态性，说明基因可能位于 OSR06 和 RM224 两标记之间，随机选取 160 株 F_2 单株进行共分离分析，采用作图软件 Mapmaker（3.0）进行遗传图距分析，发现 OSR06 与 $Xa23（t）$ 基因紧密连锁，图距为 5.3cM，RM224 与 $Xa23（t）$ 的遗传图距为 27.7cM。由于 OSR06 和 RM224 均位于水稻 11 号染色体的长臂上，因此，$Xa23（t）$ 也被定位于该区域（章琦等，2000）。为此该基因被国际水稻新基因命名委员会命名为 $Xa23$（RGN18，2001，NO.146），WBB1 也被新命名为 CBB23（章琦，2003）。

（六）$Xa23$ 基因精细定位

基因的精细定位往往需要开发新的分子标记，对于稻属植物的定位来说，利用 Gramene 数据库，将连锁标记着陆到粳稻日本晴基因组序列相应的细菌人工染色体（bacterial artificial chromosome，BAC）克隆上，将连锁标记之间的 BAC 克隆下载，进行新的 SSR 标记、InDel 标记、SNP 标记及其他标记的开发。将开发到的标记在双亲和 F_1 植株间进行多态性筛选，获得的多态性标记在大量（一般 2000 株以上）F_2 植株中进行共分离分析，从而将基因定位在更精细的位置。对于 $Xa23$ 基因而言，不同的研究工作者对其进行了精细定位。潘海军等（2003）和王春连等（2005）分别构建了 JG30/CBB23 的 F_2 群体。潘海军等（2003）利用 SSR 标记和 RAPD 标记，将 $Xa23$ 定位于水稻 11 号染色体长臂上 SSR 标记 RM206 和 RAPD 标记 RpdH5 之间，遗传距离分别为 1.9cM 和 7.0cM。王春连等（2005）利用 EST 标记，将 *Xa23* 定位在 11 号染色体上 C189 和 CP02662 之间，遗传距离分别为 0.8cM 和 1.3cM。Wang 等（2014）构建了 JG30/CBB23 和 IR24/CBB23 的 F_2 群体，利用 STS 标记将 *Xa23* 基因定位在 Lj138 和 A83B4 的 0.4cM 内，并且获得 1 个共分离标记 Lj74。

二、长芒基因 *AWN-2* 定位的研究案例

根据本章第一节综合介绍，长芒基因 *AWN-2* 是韦敏益等（2016）发现的，他们以广西普通野生稻 DP30 为供体，9311 为受体构建渗入系，从中筛选鉴定出具有长芒表型的株系 CSSL5，利用该株系与 9311 杂交构建了 BC_5F_2 分离群体，对控制长芒表型的基因进行了遗传分析和基因定位，具体研究内容如下。

（一）双亲表型鉴定

CSSL5 作为长芒亲本，9311 作为短芒亲本。待双亲成熟后，每株随机取 5 穗，因 9311 每穗均有顶芒，故取每穗的 5 个顶芒。为避免芒因为折断而产生的误差，以每穗中最长顶芒的长度作为芒长；5 个顶芒的平均值作为该穗的芒长，5 穗芒长的平均值则作为该株的平均芒长。平均芒长超过 3cm，则认为该株为长芒。每穗中有芒籽粒（芒长 >0.1cm）的个数占全部籽粒的百分比作为芒的分布特征，即芒着生比例，测量 5 穗的平均值用于统计分析。采用 SPSS11.0 软件和 EXCEL 进行数据分析。

结果显示，与受体亲本 9311 相比，CSSL5 的株型并无显著差异（图 5-2），但芒长和芒着生比例的差异明显（图 5-3）。比较而言，9311 平均芒长和芒着生比例分别为（2.56±0.23）cm 和（35.82±6.02）%；而 CSSL5 的平均芒长和芒着生比例分别为（5.24±0.34）cm 和（97.88±0.92）%，经 t 测验检测，二者在平均芒长和芒着生比例上的差异都达到了极显著水平。除了芒长的差异外，9311 和 CSSL5 的稻芒表面结构也有明显差异。长芒的 CSSL5 芒表面粗糙，用手指从芒表面向籽粒方向滑动时感觉到明显的

9311　　　　　　　CSSL5

图 5-2　9311 和 CSSL5 的株型（引自韦敏益等，2016）

Fig. 5-2　The plant type of 9311 and CSSL5（Cited from Wei et al.，2016）

图 5-3　9311 与 CSSL5 的平均芒长和芒着生比例（引自韦敏益等，2016）

Fig. 5-3　Awn length and awn proportion of 9311 and CSSL5（Cited from Wei et al.，2016）

A. 9311 和 CSSL5 的穗型；B. 9311 和 CSSL5 的芒长；C. 9311 和 CSSL5 的芒长比较；D. 9311 和 CSSL5 的芒着生
比例比较；** 0.01 水平上差异显著

A. Panicles of the 9311 and CSSL5；B. Awn length of 9311 and CSSL5；C. Comparison of awn length between
9311 and CSSL5；D. Comparison of awn proportion between 9311 and CSSL5；**. Significant at 0.01 level

阻滞，而在向远端滑动时无阻力，但仍能感觉到其粗糙的表面，在扫描电子显微镜下观察发现稻芒的表面布满了锅齿状、向上的倒刺，这些硬刺基部膨大，呈圆锥状，与芒表面呈约 45°夹角，通常称这种结构为芒刺；而短芒的 9311 芒表面光滑，用手指在芒表面来回滑动感觉不到阻力，扫描电镜下观察无芒刺结构（图 5-4）。

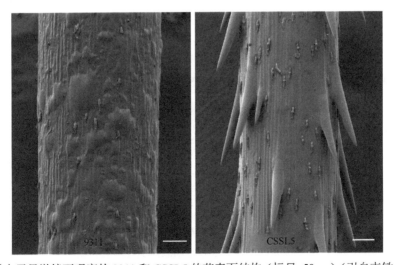

图 5-4　扫描电子显微镜下观察的 9311 和 CSSL5 的芒表面结构（标尺=50μm）（引自韦敏益等，2016）

Fig. 5-4　Scanning electron micrographs showing the surface of the awn of 9311 and CSSL5（Bar=50μm）
（Cited from Wei et al.，2016）

（二）群体构建

9311 为母本，CSSL5 为父本杂交获得 F_1。通过表型和分子标记鉴定出真实的 F_1，F_1 自交获得 F_2 分离群体约 388 个单株，选取分离群体中的 96 个短芒单株，用于目标基因的初步定位。因 F_2 单株比较少，无法进行精细定位，所以利用初步定位的连锁标记筛选 F_2 分离群体中杂合带型的单株，自交后获得 F_3 分离群体，结果 F_3 分离群体约有22 000 个单株。

（三）遗传分析

在连续两年的种植中，CSSL5 均表现为有芒，表明 CSSL5 的芒性是一个稳定遗传的性状。为了明确该芒长发育的遗传行为，对 9311/CSSL5 杂交组合的 F_1 和 F_2 表型进行了鉴定和统计分析，发现 F_1 均表现为长芒，与 CSSL5 的表型类似；而在 388 株的 F_2 群体中，长芒（292）和短芒（96）单株的比例接近 3∶1（χ^2 =0.013），表明 CSSL5 的长芒性状受一对显性主效核基因控制，将该基因命名为 *AWN-2*。

（四）多态性标记筛选及 CSSL5 遗传背景鉴定

提取 DP30、9311 和 CSSL5 的核基因组 DNA，从国家水稻数据库 http: //www. gramene.org 中下载 SSR 标记，将美国国家生物技术信息中心（national center for biotechnology information，NCBI）数据库公布的日本晴与 9311 的序列进行差异比对分析后，自行设计 InDel 和酶切扩增多态性序列（cleaved amplified polymorphic sequence，CAPS）分子标记，使这 3 种标记均匀地覆盖于水稻 12 条染色体上，将 3 种引物送公司合成。利用这 3 种分子标记在亲本 DP30 和 9311 间进行多态性分子标记的筛选，共筛选到 408 对有多态性的标记，多态性分子标记百分比为 24.5%。其中，2 号染色体上的分子标记有 33.9%表现出多态性，标记多态性百分比最高；标记多态性百分比最低的是 12号染色体，仅为 13.7%，分子标记间的平均遗传距离为 3.7cM。利用这些多态性分子标记对长芒亲本 CSSL5 进行了遗传背景分析。结果表明，CSSL5 共含有 5 个供体亲本 DP30的代换片段，分别位于 1 号、2 号、4 号、7 号和 9 号染色体上，其余背景均来自 9311（表 5-3），这些代换片段的存在可能是造成 CSSL5 具长芒的原因。

表 5-3　CSSL5 的代换片段及其长度（引自韦敏益等，2016）
Table 5-3　Substitution segment of CSSL5 and its length（Cited from Wei et al.，2016）

编号 Code	染色体 Chromosome	代换片段 Substitution segment	长度 Length/kb
SL1	1	RM490~RM5359~RM243~RM580	3178
SL2	2	RM324~M04~RM13040	1750
SL3	4	M07~RM3367~M08~P1~P2~P3	5178
SL4	7	RM3755~RM21512~P55~P57~M13	5713
SL5	9	RM3609~M27~M28	2792

（五）*AWN-2* 基因的定位

选取 9311/CSSL5 杂交组合的 F$_2$ 分离群体中的 96 个短芒单株，参照 Michelmore 等（1991）的方法，利用筛选出来的具有遗传背景的多态性标记对这些短芒单株进行连锁分析，发现 *AWN-2* 与 4 号染色体上的标记 M1、M6 连锁，并且位于标记 M1 和 M6 之间。利用这两个标记筛选 F$_2$ 分离群体中杂合带型的单株，自交后获得 F$_3$ 分离群体。同时在标记 M1 和 M6 之间发现了 6 个新的标记，利用 5480 个 F$_3$ 短芒单株对 *AWN-2* 进行精细定位，最终将 *AWN-2* 基因定位在两个标记即 M7 和 M8 的 12.14kb 内（图 5-5）。

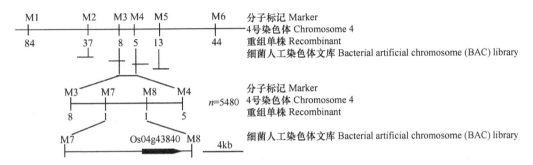

图 5-5　水稻长芒基因 *AWN-2* 在 4 号染色体上的精细定位（引自韦敏益等，2016）

Fig. 5-5　Fine mapping of *AWN-2* on rice chromosome 4（Cited from Wei et al.，2016）

三、耐冷性 QTL *qRC10-2* 定位的研究案例

对于耐冷性 QTL 定位，在东乡普通野生稻中的报道比较多，根据本章第一节综合介绍，*qRC10-2* 是夏瑞祥等（2010）和 Xiao 等（2014）在以东乡普通野生稻（DX）与南京 11（NJ11）杂交组合构建的 BC$_2$F$_1$ 分离群体中，通过 SSR 标记，以根电导率（root conductivity，RC）作为耐冷性指标，采用复合区间定位法检测出来的苗期和成熟期耐冷性主效 QTL 基因。具体研究内容如下。

（一）定位群体构建

东乡普通野生稻与南京 11 杂交，获得 F$_1$，以 N11 为轮回亲本，连续回交两次，自交 1 次，获得由 151 个单株组成的 BC$_2$F$_2$ 群体，用该群体进行主效 QTL 检测。通过主效 QTL 连锁标记辅助选择方法，构建主效 QTL 精细定位群体 BC$_5$F$_2$。构建过程见图 5-6。

（二）亲本、F$_1$ 及定位群体苗期耐冷性鉴定

首先，了解两亲本冷处理之后的表型变化。具体程序如下：将两亲本放置于光照培养箱生长至三叶一心，光照 12h，光照强度为 25 000lx，温度为 4℃±1℃，相对湿度为 75%~85%，低温处理 48h 后，其余条件不变，恢复到水稻的正常生长温度 28℃±1℃进行培养，观察两亲本的表型变化。

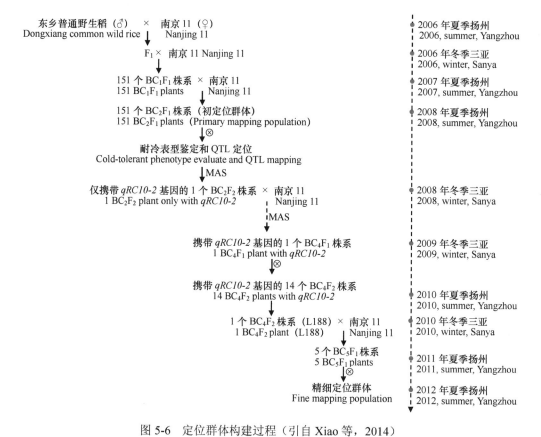

图 5-6　定位群体构建过程（引自 Xiao 等，2014）

Fig. 5-6　Process of constructing the mapping population（Cited from Xiao et al.，2014）

其次，测定所有供试材料的根电导率。具体程序如下：将供试材料放置于光照培养箱生长至三叶一心，然后模拟昼夜交替进行低温处理。具体条件为光照 12h，光照强度为 25 000lx，温度为 4℃±1℃，相对湿度为 75%~85%，低温处理后立刻剪取株系中各单株的根混合并称重至 0.1g，切成 1cm 节段，放入盛有 2mL 去离子水的离心管中，浸泡 1h，然后用 METTLER TOLEDO 326 型电导率仪测量各株系的根电导率（μs/cm），同时测定蒸馏水的电导率作为空白对照，各株系根电导率值＝根部细胞渗出液测量值–空白对照值。其中，双亲在低温处理 0~9h、16h、24h、32h、48h 和 72h 之后分别测量根电导率，根据根电导率，选取定位群体适宜的冷处理时间。由于 BC_2F_1 和 BC_5F_2 需要用于后续试验研究，而测量根电导率需要剪取一定数量的根，所以不能直接用 BC_2F_1 和 BC_5F_2 群体的单株幼苗进行测定。理论上 BC_2F_1 和 BC_5F_2 有具有或没有东乡普通野生稻耐冷性的 2 种基因型，各 BC_2F_1 和 BC_5F_2 单株自交产生的相对应 BC_2F_2 和 BC_5F_3 株系之间在耐冷性表现上将发生分离，利用 BC_2F_2 和 BC_5F_3 株系之间的根电导率差别可间接表示 BC_2F_1 和 BC_5F_2 单株的 2 种基因型的差别，从而确定 BC_2F_1 和 BC_5F_2 各单株的耐冷表型，所以从各 BC_2F_1 和 BC_5F_2 单株自交后代分别随机选取 50 粒 BC_2F_2 和 BC_5F_3 种子进行苗期耐冷性鉴定。

结果显示，两亲本冷处理 48h，恢复到正常稳定条件下继续培养后，表型差异较大，东乡普通野生稻（DX）基本正常生长，而南京 11（NJ）表现出冷损伤，叶片基本枯黄（图 5-7A）。根电导率在两亲本之间也表现出明显的差异（图 5-8A），在整个冷处理时期内，南京 11 的根电导率远远大于东乡普通野生稻。东乡普通野生稻在冷处理 24h 后，根电导率最大也才为 8.1，其余时间段差异不大，为 2.9~5.3；而南京 11 在冷处理 72h 后，根电导率最大为 16.2，其余时间段差异较大，为 5.2~14.8。另外，南京 11 在冷处理 48h 后，用去离子水浸泡 1h 内，根电导率上升比较明显，而东乡普通野生稻变化不大（图 5-8B），说明南京 11 有大量的细胞液渗入到去离子水中，从而导致南京 11 表现出冷损伤，不能正常生长。

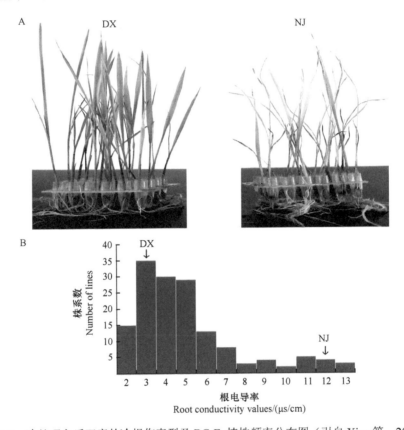

图 5-7　冷处理之后双亲的冷损伤表型及 BC_2F_1 植株频率分布图（引自 Xiao 等，2014）

Fig. 5-7　Cold-induced injury phenotype of parents and frequency distribution of BC_2F_1 plants after cold treatment（Cited from Xiao et al.，2014）

A. 4℃冷处理 48h 之后，东乡普通野生稻和南京 11 冷损伤表型；B. 4℃冷处理 48h 之后，基于根电导率获得的 BC_2F_1 植株频率分布图，箭头所指表示东乡普通野生稻和南京 11 根电导率平均值

A. Cold-induced injury phenotype of DX and NJ after exposure to 4℃ for 48h；B. Frequency distribution of the root conductivity values among BC_2F_1 population after exposure to 4℃ for 48h，arrows indicate the mean root conductivity scores of DX and NJ

　　各 BC_2F_1 单株自交的 BC_2F_2 群体各株系间根电导率也表现明显的差别，变异幅度为 1.30~11.57，平均值为 4.06，接近正态分布（图 5-7B）。说明该群体可以用于耐冷性 QTL 定位。

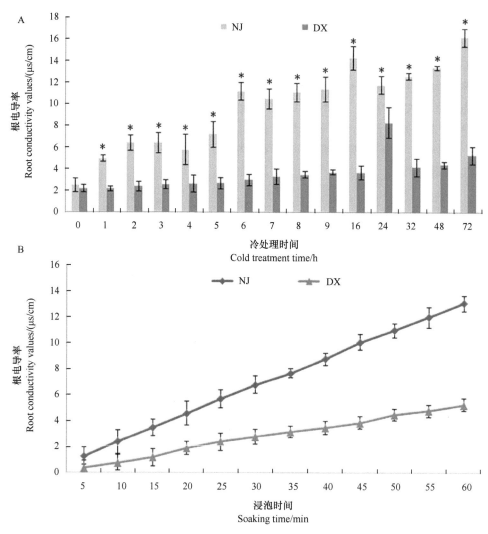

图 5-8 不同的冷处理方式东乡普通野生稻和南京 11 的根电导率（引自 Xiao 等，2014）

Fig. 5-8 RC of DX and NJ as the function of the time exposed to cold and soaking

（Cited from Xiao et al.，2014）

A. 冷处理不同时间段的根电导率；B. 冷处理 48h 后，浸泡在去离子水中的根电导率统计值；

* 0.01 水平上差异显著

A. RC measured as a function of cold treatment duration；B. RC measured as a function of soaking time；

An asterisk；* significantly at 0.01 level

（三）多态性分子标记筛选

部分 SSR 标记引物由扬州大学严长杰教授惠赠，其余 SSR 引物的序列通过 Gramene 数据库（http://www.gramene.org）获得，共 411 对。选取双亲和 F₁ 提取 DNA，进行常规 PCR，采用 3.5%的琼脂糖凝胶检测，对于不能分辨出的标记，采用 6%聚丙烯酰胺（PAGE）凝胶电泳检测。结果有 104 对引物在亲本间表现出多态性，多态率为 25.3%，除 3 号、5 号染色体上多态性引物较少外，其余染色体基本平均分布。

（四）遗传图谱构建

以 BC$_2$F$_1$ 群体进行遗传图谱的构建，多态性的 SSR 在 BC$_2$F$_1$ 分离群体中具有不同的扩增带型，与南京 11 扩增带型相同的记为"1"，与东乡普通野生稻相同的记为"2"，同时含有双亲带型的记为"3"，缺失或者无法判断的记为"0"。所获结果以 Mapmaker/EXP3.0 中的 Kosambi 函数转换成遗传距离（cM），通过 Windows QTL Cartographer 2.5 软件绘制成连锁图。利用 104 对多态性引物对 BC$_2$F$_1$ 群体 144 个单株进行扩增检测，所获连锁图谱全长为 1140.1cM，除 3 号、5 号染色体外，其余染色体各标记分布较均匀，基本可以用于水稻 QTL 的定位和与耐冷性连锁分子标记的分析。

（五）根电导率作为耐冷性指标的 QTL 定位

以复合区间作图法进行 QTL 定位（Zeng, 1993），结合连锁图谱，应用 Windows QTL Cartographer 2.5 软件检测耐冷性 QTL 并绘制成图，以 LOD 值＞2.5 判断 QTL 存在与否，共检测到 2 个位于 10 号染色体的 QTL（图 5-9A），QTL 的命名遵循 McCouch 等（1988）提出的规则，分别命名为 *qRC10-1* 和 *qRC10-2*。其中 *qRC10-1* 定位于 10 号染色体 148.3cM 处，位于标记 RM171 与 RM1108 之间，LOD 值 3.1，贡献率为 9.4%；*qRC10-2* 定位于 163.3cM 处，位于标记 RM25570 与 RM304 之间，LOD 值 6.1，贡献率为 32.1%，*qRC10-2* 的贡献率大于 30%，是 1 个主效 QTL，有进一步研究的价值。

在 RM25570 与 RM304 之间，利用 Gramene 数据库标记（http://www.gramene.org）中的 SSR 及根据 NCBI 数据库自行设计的 InDel 标记共 45 对进行 PCR 扩增，共获得 10 个在亲本间具有多态性的 SSR 标记（2 个）和 InDel 标记（8 个），用筛选到的 10 个多态性标记对 BC$_5$F$_2$ 群体 13 324 个单株进行检测。在 RM25570 与 RM304 之间，共检测到 211 个重组单株，根据表型和基因型将其划分为 6 组（LR1、LR2、HR1、HR2、R1 和 R2），其中 LR1 组（RC=4.1）在标记 qc55 左侧的基因型都为东乡普通野生稻位点，LR2 组（RC=3.5）在标记 RM25681 右侧的基因型都为东乡普通野生稻位点，R1（RC=8）与 R2 组（RC=8）在 RM25681 和 qc55 之间的基因型为杂合位点（双亲基因型），HR1（RC=13.0）与 HR2（RC=12.5）组在 RM25681 和 qc55 之间的基因型为南京 11 的位点，为此将 *qRC10-2* 定位于标记 RM25681 与 qc55 之间（图 5-9B 和 5-9C）。

由于 R1 和 R2 组的基因型为杂合位点，选用 RM25681 和 qc55 区间的标记 qc45、qc48 和 RM25628 检测 R1 和 R2 组植株，根据检测结果又将其分为 4 组（R1-1、R2-1、R1-2 和 R2-2），根据表型和基因型，将 *qRC10-2* 定位到 qc45 和 RM25628 之间。选取 qc45 和 RM25628 区间的 3 个标记（qc45、qc48 和 RM25628）检测所有 BC$_5$F$_2$ 植株，结果发现，有 4 个植株在 qc48 位点的基因型是杂合的，据此，将 *qRC10-2* 定位到 qc45 和 qc48 的 48.5kb 内（图 5-9D）。在此区域，根据日本晴基因组序列，可预测到 6 个候选基因，如图 5-9E 所示。

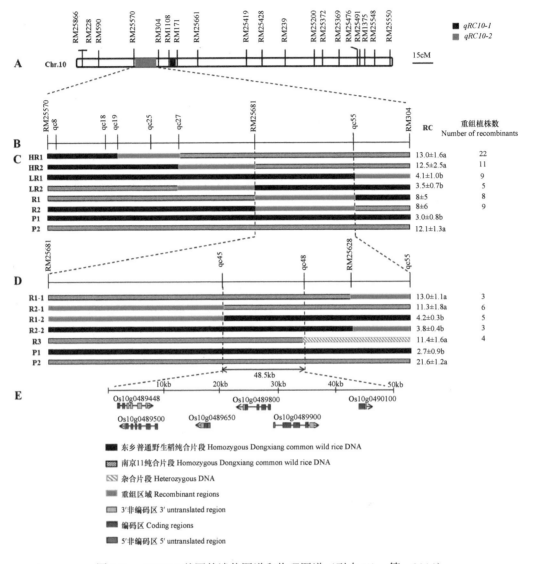

图 5-9 *qRC10-2* 基因的遗传图谱和物理图谱（引自 Xiao 等，2014）

Fig. 5-9 Genetic and physical map covering *qRC10-2*（Cited from Xiao et al.，2014）

A. *qRC10-2* 定位在 10 号染色体上；B. 显示了 6 个 InDel 标记和 1 个 SSR 标记的连锁图；C. 根据表型和基因型分组，应用新的分子标记检测重组子，进一步精细定位 *qRC10-2* 基因；D. *qRC10-2* 基因进一步精细定位；E. *qRC10-2* 候选基因预测；a 表示与 P1 显著不同（*P*=0.01）；b 表示与 P2 显著不同（*P*=0.01）；P1. 东乡普通野生稻；P2. 南京 11

A. Location of *qRC10-2* on rice chromosome 10；B. The linkage map shows six indels and a SSR marker；C. Progeny test of homozygous recombinants delimited *qRC10-2* to the region between the markers RM25570 and RM304. The number of recombinants in each group and the phenotypic difference of each group from controls are shown；D. Further fine mapping of *qRC10-2*；E. Six genes in the candidate region；a. significantly different from P1 at *P* = 0.01；b. significantly different from P2 at *P* = 0.01；P1. DX；P2. NJ

参 考 文 献

曹志斌, 谢红卫, 聂元元, 等. 2015. 水稻抽穗扬花期耐热 QTL(*qHTH5*)定位及其遗传效应分析. 中国水稻科学, 29(2): 119-125.

陈大洲, 肖叶青, 赵社, 等. 1997. 东乡野生稻苗期耐寒性的遗传研究. 江西农业大学学报, (4): 58-61.

陈大洲, 钟平安, 肖叶青, 等. 2002. 利用 SSR 标记定位东乡野生稻苗期耐冷性基因. 江西农业大学学报, 24(6): 754-756.

陈东明. 2005. 遗传标记及其在园艺植物研究中的应用. 农业生物技术科学, 21(7): 61-69.

陈洁. 2005. 东乡野生稻抗稻飞虱 QTL 定位及其连锁累赘分析. 合肥: 安徽农业大学硕士学位论文.

陈雅玲, 罗向东, 张帆涛, 等. 2013. 东乡野生稻基因渐渗系中逆转座子逆转录酶序列的克隆及表达分析. 植物学报, 48(2): 138-144.

陈英之, 陈乔, 孙荣科, 等. 2010. 改良水稻对褐飞虱的抗性研究. 西南农业学报, 23(4): 1099-1106.

褚绍尉, 王林, 刘桂富, 等. 2013. 广东高州普通野生稻耐铝性及其 QTL 定位. 华北农业学报, 28(3): 12-18.

崔丰磊. 2015. 东乡野生稻冷胁迫应答 microRNA 的筛选及验证. 南昌: 江西师范大学硕士学位论文.

戴亮芳, 唐甸深, 赵俊, 等. 2014. 东乡野生稻渐渗系中外源 DNA 的遗传与序列变化. 分子植物育种, 12(6): 1089-1096.

邓化冰, 邓启云, 陈立云, 等. 2007. 马来西亚普通野生稻增产 QTL 的分子标记辅助选择及其育种效果. 中国水稻科学, 21(6): 605-611.

董华林, 张晨昕, 曾波, 等. 2009. 利用野生稻高代回交群体分析水稻农艺性状 QTL. 华中农业大学学报, 28(6): 645-650.

范传广, 张向前, 张建国, 等. 2010. 水稻饲料营养含量的 QTL 定位分析. 草业学报, 19(4): 142-148.

付学琴, 贺浩华, 罗向东, 等. 2011. 东乡野生稻渗入系苗期抗旱遗传及生理机制初步分析. 江西农业大学学报, 33(6): 845-850.

付学琴, 贺浩华, 文飘, 等. 2012. 东乡野生稻回交重组系的抗旱性评价体系. 应用生态学报, 23(5): 1277-1285.

耿显胜, 杨明挚, 黄兴奇, 等. 2008. 云南景洪直立型普通野生稻抗稻瘟病 pi-ta^+ 等位基因的克隆与分析. 遗传, 30(1): 109-114.

韩飞怡, 桑洪玉, 韩法营, 等. 2015. 基于广西普通野生稻染色体单片段代换系的 $Rf3$ 和 $Rf4$ 复等位基因的恢复效应分析. 分子植物育种, 13(8): 1695-1702.

郝伟, 金健, 孙世勇, 等. 2006. 覆盖野生稻基因组的染色体片段替换系的构建及其米质相关数量性状基因座位的鉴定. 植物生理与分子生物学学报, 32(3): 354-362.

贺荣华. 2012. 冷胁迫下东乡野生稻表达谱测序分析. 长沙: 中南大学硕士学位论文.

贺文爱, 黄大辉, 刘驰, 等. 2010. 普通野生稻抗源对细菌性条斑病的抗性遗传分析. 植物病理学报, 40(2): 180-185.

胡标林, 余守武, 万勇, 等. 2007. 东乡普通野生稻全生育期抗旱性鉴定. 作物学报, 33(3): 425-432.

华磊. 2015. 野生稻长、刺芒基因的克隆及其分子演化. 北京: 中国农业大学博士学位论文.

黄大辉, 岑贞陆, 刘驰, 等. 2008. 野生稻细菌性条斑病抗性资源筛选及遗传分析. 植物遗传资源学报, 9(1): 11-14.

黄大辉, 刘驰, 马增凤, 等. 2013a. 普通野生稻黑颖壳遗传分析及育种利用初探. 西南农业学报, 26(3): 839-842.

黄大辉, 刘驰, 马增凤, 等. 2013b. 普通野生稻红色种皮遗传分析及育种利用初探. 热带作物学报, 34(10): 1859-1862.

黄得润, 陈洁, 侯丽娟, 等. 2008. 协青早 B//协青早 B/东乡野生稻 BC_1F_5 群体产量性状 QTL 分析. 农业生物技术学报, 16(6): 977-982.

黄得润, 陈洁, 赖凤香, 等. 2012. 东乡野生稻抗褐飞虱 QTL 分析. 作物学报, 38(2): 210-214.

简水溶, 万勇, 罗向东, 等. 2011. 东乡野生稻苗期耐冷性的遗传分析. 植物学报, 46(1): 21-27.

焦晓真. 2014. 广西普通野生稻来源的抗褐飞虱基因定位与近等基因系构建. 南宁: 广西大学硕士学位论文.

金旭炜, 王春连, 杨清, 等. 2007. 水稻抗白叶枯病近等基因系 CBB30 的培育及 *Xa30(t)* 的初步定位. 中国农业科学, 40(6): 1094-1100.

荆彦辉, 孙传清, 谭禄宾, 等. 2005. 云南元江普通野生稻穗颈维管束和穗部性状的 QTL 分析. 遗传学报, 32(2): 178-182.

井赵斌, 潘大建, 曲延英, 等. 2009. AB-QTL 法定位广东高州野生稻谷粒外观性状和粒重基因. 植物遗传资源学报, 10(2): 175-181.

奎丽梅, 谭禄宾, 涂健, 等. 2008. 云南元江野生稻抽穗开花期耐热 QTL 定位. 农业生物技术学报, 16(3): 461-464.

李晨, 孙传清, 穆平, 等. 2001a. 栽培稻与普通野生稻两个重要分类性状花药长度和柱头外露率的 QTL 分析. 遗传学报, 28(8): 746-751.

李晨, 孙传清, 穆平, 等. 2001b. 栽培稻与普通野生稻 BC$_1$ 群体分子连锁图的构建和株高的 QTL 分析. 中国农业大学学报, 6(5): 19-24.

李德军, 孙传清, 付永彩, 等. 2002. 利用 AB-QTL 法定位江西东乡野生稻中的高产基因. 科学通报, (11): 854-858.

李容柏, 李丽淑, 韦素美, 等. 2006. 普通野生稻(*Oryza rufipogon* Griff.)抗稻褐飞虱新基因的鉴定与利用. 分子植物育种, 4(3): 365-375.

李容柏, 陆刚, 梁耀懋, 等. 1995. 几个野稻抗源对白叶枯病抗性的遗传. 广西农业科学, (1): 33-35.

李容柏, 秦学毅. 1994. 广西野生稻抗病虫性鉴定研究的主要进展. 广西科学, 1(1): 83-85.

李容柏, 杨朗, 陈英之, 等. 2008. 稻褐飞虱抗性基因分子标记及互作关系研究. 北京: 中国遗传学会第八次代表大会暨学术讨论会, 23-24.

李绍清, 杨国华, 李少波, 等. 2005. 野败型育性恢复基因在 AA 基因组野生稻中的分布与遗传. 作物学报, 31(3): 297-301.

李霞, 陈竹林, 谢建坤, 等. 2016. 东乡野生稻杂交后代生育早期耐冷性和耐旱性鉴定. 中国农学通报, 32(3): 8-15.

李友荣, 侯小华, 魏子生, 等. 2001. 湖南野生稻抗病性评价与种质创新. 湖南农业科学, (6): 14-18.

梁云涛. 2008. 水稻抗白叶枯病基因 *Xa30(t)* 分子标记定位和抗病虫基因聚合研究. 南宁: 广西大学硕士学位论文.

林世成, 章琦, 阙更生, 等. 1992. 普通野生稻对水稻白叶枯病抗性的评价及遗传研究初报. 中国水稻科学, 6(4): 155-158.

刘凤霞, 孙传清, 谭禄宾, 等. 2003. 江西东乡野生稻孕穗开花期耐冷基因定位. 科学通报, 48(17): 1864-1867.

刘家富, 奎丽梅, 朱作峰, 等. 2007. 普通野生稻稻米加工品质和外观品质性状 QTL 定位. 农业生物技术学报, 15(1): 90-96.

潘海军, 王春连, 赵开军, 等. 2003. 水稻抗白叶枯病基因 *Xa23* 的 PCR 分子标记定位及辅助选择. 作物学报, 29(4): 501-507.

潘英华, 陈成斌, 梁世春, 等. 2013. 野生稻优异基因挖掘及其在水稻育种中的利用研究进展. 安徽农业科学, 41(24): 9908-9910, 10009.

秦前锦, 李桂菊, 宋发菊, 等. 2000. 野生稻资源的特异性状与超高产育种. 湖北农业科学, (6): 16-18.

桑洪玉, 韩飞怡, 李志华, 等. 2014. 2 份广西普通野生稻材料育性恢复基因 *Rf3*、*Rf4* 的恢复力评价. 基因组学与应用生物学, 33(4): 744-750.

沈春修, 李丁, 夏玉梅, 等. 2015. 冷胁迫条件下东乡野生稻中高表达基因位点 *BGIOSGA004402* 的氨基酸序列分析. 杂交水稻, 30(1): 64-67.

孙传清, 李德军, 刘霞, 等. 2003. 江西东乡野生稻渗入系的构建及高产、耐寒基因的定位//杨庆文, 陈大洲. 中国野生稻研究与利用(第一届全国野生稻大会论文集). 北京: 气象出版社: 252-259.

谭禄宾, 张培江, 付永彩, 等. 2004. 云南元江普通野生稻株高和抽穗期 QTL 定位研究. 遗传学报, 31(10): 1123-1128.

谭禄宾. 2004. 云南元江普通野生稻渗入系的构建及野栽分化性状的基因定位. 北京: 中国农业大学硕士学位论文.

田丰. 2007. 江西东乡野生稻渗入系产量引自 QTL 分析及穗粒数 QTL 的精细定位. 北京: 中国农业大学博士学位论文.

汪文祥. 2012. 云南景洪普通野生稻渗入系的构建及杂种劣势互作基因的定位. 南昌: 江西农业大学硕士学位论文.

王春连, 戚华雄, 潘海军, 等. 2005. 水稻抗白叶枯病基因 *Xa23* 的 EST 标记及其在分子育种上的利用. 中国农业科学, 38(10): 1996-2001.

王春连, 赵炳宇, 章琦, 等. 2004. 水稻抗白叶枯病新抗源 Y238 的鉴定及其近等基因系的培育. 植物遗传资源学报, 5(1): 26-30.

王桂娟. 2005. 云南元江普通野生稻渗入系产量性状及高光效 QTL 定位分析. 北京: 中国农业大学硕士学位论文.

王兰, 李智, 郑杏梅, 等. 2014. 普通野生稻矮化突变体的株高与分蘖基因 QTL 定位及主效基因的遗传分析. 华北农学报, 29(5): 5-9.

王明卓, 樊颖伦, 张思亮, 等. 2013. 野生稻渗入系苗期耐铝 QTL 定位分析. 江苏农业科学, 41(11): 25-28.

王尚明, 贺浩华, 肖叶青, 等. 2008. 水稻东野 1 号苗期耐冷性遗传分析. 湖北农业科学, 47(1): 1-4.

韦敏益, 吴子帅, 刘立龙, 等. 2016. 一个水稻长芒基因 *AWN-2* 的定位与克隆. 基因组学与应用生物学, 35(4): 949-956.

文飘, 罗向东, 付学琴, 等. 2011. 东乡野生稻及其种间杂交后代的休眠特性研究. 杂交水稻, 26(6): 74-77.

吴豪, 徐虹, 刘振兰, 等. 2007. 植物细胞质雄性不育及其育性恢复的分子基础. 植物学报, 24(3): 399-413.

吴子帅, 韦敏益, 周旭珍, 等. 2016. 水稻抽穗期 QTL *qHD8.3* 的遗传分析与初步定位. 西南农业学报, 29(5): 993-997.

夏瑞祥, 肖宁, 洪义欢, 等. 2010. 东乡野生稻苗期耐冷性的 QTL 定位. 中国农业科学, 43(3): 443-451.

肖宁. 2015. 东乡野生稻苗期耐冷主效 QTL 的精细定位及克隆. 扬州: 扬州大学博士学位论文.

徐安隆. 2015. 抗白背飞虱水稻材料的鉴定与抗性基因定位研究. 南宁: 广西大学硕士学位论文.

颜群, 潘英华, 秦学毅, 等. 2012. 普通野生稻稻瘟病广谱抗性基因 *Pi-gx(t)* 的遗传分析和定位. 南方农业学报, 43(10): 1433-1437.

杨空松, 陈小荣, 傅军如, 等. 2007. 东乡野生稻育性恢复性的鉴定与遗传分析. 中国水稻科学, 21(5): 487-492.

杨萌. 2014. 广西普通野生稻抗褐飞虱主效基因的遗传分析与分子标记定位. 南宁: 广西大学硕士学位论文.

杨益善, 邓启云, 陈立云, 等. 2006. 野生稻高产 QTL 导入晚稻恢复系的增产效果. 分子植物育种, 4(1): 59-64.

余守武, 范天云, 杜龙刚, 等. 2015. 抗南方水稻黑条矮缩病水稻光温敏核不育系的筛选和鉴定. 植物遗传资源学报, 16(1): 163-167.

余守武, 万勇, 胡标林, 等. 2005. 东乡野生稻细胞质雄性不育育性恢复的遗传研究. 分子植物育种, 3(6): 761-767.

张博森. 2006. 东乡普通野生稻渗入系株高与穗粒数基因的精细定位. 北京: 中国农业大学硕士学位论文.

张晨昕. 2010. 野生稻染色体片段代换系完善及其 SPAD-QTL 精细定位. 武汉: 华中农业大学硕士学位论文.

张辉. 2010. 水稻耐铝胁迫的 QTL 解析及水稻颖壳变褐基因的初步定位. 聊城: 聊城大学硕士学位论文.

张金伟, 李霞, 万勇, 等. 2011. 东乡野生稻细胞质雄性不育育性恢复基因的遗传分析及应用. 分子植物育种, 9(1): 25-33.

张圣平. 2011. 黄瓜果实苦味基因遗传分析及精细定位. 北京: 中国农业科学院博士学位论文.

张祥喜, 罗林广. 2002. 野生稻优异基因分子标记定位与利用研究进展. 生物技术通报, (6): 1-4.

张阳军. 2015. 水稻耐低氮基因克隆与功能分析. 北京: 中国农业大学博士学位论文.

张月雄, 马增凤, 黄大辉, 等. 2010. 广西普通野生稻 Rf3 和 Rf4 恢复基因位点的遗传多样性. 杂交水稻, S1: 309-314.

张志伟. 2015. 广西普通野生稻转育后代稻褐飞虱抗性基因的初步定位. 武汉: 华中农业大学硕士学位论文.

章琦. 2003. 普通野生稻抗白叶枯病新基因被正式命名为 Xa23. 作物杂志, (1): 20.

章琦. 2007. 水稻白叶枯病抗性的遗传与改良. 北京: 科学出版社.

章琦, 赵炳宇, 赵开军. 2000. 普通野生稻的抗水稻白叶枯病新基因 Xa23 的鉴定和分子标记定位. 作物学报, 26(5): 536-542.

赵琳琳, 李楠, 吕志伟, 等. 2015. 野栽渗入系水稻籽粒储藏蛋白质含量的 QTL 遗传解析. 江苏农业科学, 43(3): 50-53.

赵杏娟. 2008. 广东高州普通野生稻单片段代换系的构建及分蘖数 QTL 鉴定. 广州: 华南农业大学硕士学位论文.

郑加兴, 马增凤, 宋建东, 等. 2011. 普通野生稻苗期耐冷性 QTL 的鉴定与分子定位. 中国水稻科学, 25(1): 52-58.

郑加兴, 覃保祥, 邱永福, 等. 2013. 水稻低温白化转绿突变系 ds93 的形态生理特性及基因定位. 南京农业学报, 26(3): 843-849.

郑修文, 张文会, 赵志超, 等. 2010. 水稻 DH 群体苗期耐低氮能力 QTL 定位分析. 江苏农业科学, (3): 42-43.

周少霞, 田丰, 朱作峰, 等. 2006. 江西东乡野生稻苗期抗旱基因定位(英文). 遗传学报, 33(6): 551-558.

左佳, 高婧, 贺荣华, 等. 2012. 东乡野生稻苗期抗寒性 QTL 的初步定位. 杂交水稻, 27(3): 56-59.

Ashikari M, Matsuoka M. 2006. Identification, isolation and pyramiding of quantitative trait loci for rice breeding. Trends in Plant Science, 11(7): 344-350.

Bhuiyan M A R, Narimah M K, Rahim H A, et al. 2011. Transgressive variants for red pericarp grain with high yield potential derived from *Oryza rufipogon×Oryza sativa*: field evaluation, screening for blast disease, QTL validation and background marker analysis for agronomic traits. Field Crops Research, 121(2): 232-239.

Busungu C, Taura S, Sakagami J L, et al. 2016. Identification and linkage analysis of new rice bacterial blight resistance gene from XM14, a mutant line from IR24. Breeding Science, 66(4): 636-645.

Fu Q, Zhang P J, Tan L B, et al. 2010. Analysis of QTLs for yield-related traits in Yuanjiang common wild rice (*Oryza rufipogon* Griff.). Journal of Genetics and Genomics, 37(2): 147-157.

He G M, Luo X J, Tian F, et al. 2006. Haplotype variation in structure and expression of a gene cluster associated with a quantitative trait locus for improved yield in rice. Genome Research, 16(5): 618-626.

He W A, Huang D H, Li R B, et al. 2012. Identification of a resistance gene *bls1* to bacterial leaf streak in wild rice *Oryza rufipogon* Griff. Journal of Integrative Agriculture, 11(6): 962-969.

Hirabayashi H, Sato H, Nonoue Y, et al. 2010. Development of introgression lines derived from *Oryza rufipogon* and *O. glumaepatula* in the genetic background of japonica cultivated rice (*O. sativa* L.) and evaluation of resistance to rice blast. Breeding Science, 60(5): 604-612.

Htun T M, Inoue C, Chhourn O, et al. 2014. Effect of quantitative trait loci for seed shattering on abscission layer formation in Asian wild rice *Oryza rufipogon*. Breeding Science, 64(3): 199-205.

Hu B L, Xie J K, Wan Y, et al. 2016. Mapping QTLs for fertility restoration of different cytoplasmic male sterility types in rice using two *Oryza sativa*×*O. rufipogon* backcross inbred line populations. Bio Med Research Internationa, (7): 1-8.

Huang D, Qiu Y, Zhang Y, et al. 2013. Fine mapping and characterization of *BPH27*, a brown planthopper resistance gene from wild rice (*Oryza rufiogon* Griff.). Tag Theoretical and Applied Genetics, Theoretische und Angewandte Genetik, 126(1): 219-229.

Hutin M, Sabot F, Ghesquiere A, et al. 2015. A knowledge-based molecular screen uncovers a broad spectrum *OsSWEET14* resistance allele to bacterial blight from wild rice. Plant Journal for Cell and Molecular Biology, 84(4): 694-703.

Ishikawa R, Watabe T, Nishioka R, et al. 2017. Identification of quantitative trait loci controlling floral morphology of rice using a backcross population between common cultivated rice, *Oryza sativa* and Asian wild rice, *O. rufipogon*. American Journal of Plant Sciences, 8(4): 734-744.

Jing Z B, Qu Y Y, Chen Y, et al. 2010. QTL analysis of yield related traits using an advanced backcross population derived from common wild rice (*Oryza rufipogon* L.). Molecular Plant Breeding, 1(1): 1-10.

Keong B P, Harikrishna J A. 2012. Genome characterization of a breeding line derived from a cross between *Oryza sativa* and *Oryza rufipogon*. Biochemical Genetics, 50(1-2): 135-145.

Kim S M, Suh J P, Qin Y, et al. 2015. Identification and fine-mapping of a new resistance gene, *Xa40*, conferring resistance to bacterial blight races in rice (*Oryza sativa* L.). Theoretical and Applied Genetics, 128(10): 1933-1943.

Lei D, Tan L B, Liu F X, et al. 2013. Identification of heat-sensitive QTL derived from common wild rice (*Oryza rufipogon* Griff.). Plant Science, 201-202(3): 121-127.

Li D J, Sun C Q, Fu Y C, et al. 2002a. Identification and mapping of genes for improving yield from Chinese common wild rice (*O. rufipogon* Griff.) using advanced backcross QTL analysis. Chinese Science Bulletin, 47(18): 1533-1537.

Li J M, Thomosom M J, McCouch S R. 2004. Fine mapping of a grain-weight quantitative trait locus in the pericentromeric region of rice chromosome 3. Genetics, 168: 2187-2195.

Li R B, Wei X Y Q M, Huang F K, et al. 2002b. Identification and genetics of resistance against brown planthopper in derivative of wild rice-*Oryza rufipogon* Griff. Journal of Genetics and Breeding, 56(1): 29-36.

Liang F S, Deng Q Y, Wang Y G, et al. 2004. Molecular marker-assisted selection for yield-enhancing genes in the progeny of '9311×*O. rufipogon*'using SSR. Euphytica, 139(2): 159-165.

Lim L S. 2007. Identification of quantitative trait loci for agronomic traits in an advanced backcross population between *Oryza rufipogon* Griff. and the *O. sativa* L. cultivar MR219. Doctoral thesis, Universiti Kebangsaan Malaysia, the Selangor.

Liu E, Xu W, Song Q, et al. 2013. Microarray-assisted fine-mapping of quantitative trait loci for cold tolerance in rice. Molecular Plant, 6(3): 757-767.

Lu B R, Cai X X, Jin X. 2009. Efficient *indica* and *japonica* rice identification based on the InDel molecular method: its implication in rice breeding and evolutionary research. Progress in Natural Science:

Materials International, 19(10): 1241-1252.

Luo X, Tian F, Fu Y, et al. 2009. Mapping quantitative trait loci influencing panicle-related from Chinese common wild rice (*Oryza rufipogon*) using introgression lines. Plant Breeding, 128(6): 559-567.

Luo X, Wu S, Tian X, et al. 2011. Identification heterotic loci associated with yield-related traits derived from Chinese common wild rice (*Oryza rufipogon* Griff.). Plant Science, 181(1): 14-22.

Ma Y, Dai X, Xu Y, et al. 2015. COLD1 confers chilling tolerance in rice. Cell, 160(6): 1209-1221.

Mao D, Yu L, Chen D, et al. 2015. Multiple cold resistance loci confer the high cold tolerance adaptation of Dongxiang wild rice (*Oryza rufipogon*) to its high-latitude habitat. Theoretical and Applied Genetics, 128(7): 1359-1371.

Marri P R, Sarla N, Reddy L V, et al. 2005. Identification and mapping of yield and yield related QTLs from an Indian accession of *Oryza rufipogon*. BMC Genetics, 6(1): 1-14.

McCouch S R, Kochert G, Tu Z H, et al. 1988. Molecular mapping of rice chromosomes. Theoretical and Applied Genetics, 76(6): 815-829.

Michelmore R W, Papan I, Kesseli R V. 1991. Identification of markers linked to disease resistance genes by bulked segregant analysis: a rapid method to detect markers in specific genomic regions by using segregating populations. Proceeding of National Academy of Sciences of the United States of America, 88(21): 9828-9832.

Moncada P, Martinez C P, Borrero J, et al. 2001. Quantitative trait loci for yield and yield components in an *Oryza sativa*×*Oryza rufipogon* BC$_2$F$_2$ population evaluated in an upland environment. Theoretical and Applied Genetics, 102(1): 41-52.

Ngu M S, Thomson M J, Bhuiyan M A R, et al. 2014. Fine mapping of a grain weight quantitative trait locus, *qGW6*, using near isogenic lines derived from *Oryza rufipogon* IRGC105491 and *Oryza sativa* cultivar MR219. Genetics and Molecular Research, 13(4): 9477-9488.

Paterson A H, Deverna J W, Lanini B, et al. 1990. Fine mapping of quantitative trait loci using selected overlapping recombinant chromosomes in an interspecies cross of tomato. Genetics, 124(3): 735-742.

Price A H, Steele K A, Moore B J, et al. 2000. A combined RFLP and AFLP linkage map of upland rice (*Oryza sativa* L.) used to identify QTLs forroot-penetration ability．Theoretical and Applied Genetics, 100(1): 49-56.

Qiao W H, Qi L, Cheng Z J, et al. 2016. Development and characterization of chromosome segment substitution lines derived from *Oryza rufipogon* in the genetic background of *O. sativa* spp. *indica* cultivar 9311. BMC Genomics, 17(1): 580.

Ram T, Majumder N D, Mishra B, et al. 2007. Introgression of broad-spectrum blast resistance gene(s)into cultivated rice (*Oryza sativa* ssp. *indica*) from wild rice *O. rufipogon*. Current Science, 92(2): 225-230.

Sabu K K, Abdullah M Z, Lim L S, et al. 2006. Development and evaluation of advanced backcross families of rice for agronomically important traits. Commun in Biometry and Crop Science, 1(2): 111-123.

Septiningsih E M, Prasetiyono J, Lubis E, et al. 2003. Identification of quantitative trait loci for yield and yield components in an advanced backcross population derived from the *Oryza sativa* variety IR64 and the wild relative *O. rufipogon*. Theoretical and Applied Genetics, 107(8): 1419-1432.

Shan J X, Zhu M Z, Shi M, et al. 2009. Fine mapping and candidate gene analysis of spd6, responsible for small panicle and dwarfness in wild rice (*Oryza rufipogon* Griff.). Tag Theoretical and Applied Genetics, Theoretische und Angewandte Genetik, 119(5): 827-836.

Shen X H, Song Y, Huang R L, et al. 2013. Development of new type of CMS source from Dongxiang wild rice (*Oryza rufipogon*). Rice Science, 20(5): 379-382.

Tan L B, Li X R, Liu F X, et al. 2008a. Control of a key transition from prostrate to erect growth in rice domestication. Nature Genetics, 40(11): 1360-1364.

Tan L B, Liu F X, Xue W, et al. 2007. Development of *Oryza rufipogon* and *O. sativa* introgression lines and assessment for yield-related quantitative trait loci. Journal of Integrative Plant Biology, 49(6): 871-884.

Tan L B, Zhang P J, Liu F X, et al. 2008b. Quantitative trait loci underlying domestication and yield-related traits in an *Oryza sativa*×*Oryza rufipogon* advanced backcross population. Genome, 51(9): 692-704.

Thomson M J, Tai T H, McClung A M, et al. 2003. Mapping quantitative trait loci for yield, yield components and morphological traits in an advanced backcross population between *Oryza rufipogon* and the *Oryza sativa* cultivar Jefferson. Theoretical and Applied Genetics, 107(3): 479-493.

Tian F, Li D J, Fu Q, et al. 2006a. Construction of introgression lines carrying wild rice (*Oryza rufipogon* Griff.) segments in cultivated rice (*Oryza sativa* L.) background and characterization of introgressed segments associated with yield-related traits. Theoretical and Applied Genetics, 112(3): 570-580.

Tian F, Zhu Z, Zhang B, et al. 2006b. Fine mapping of a quantitative trait locus for grain number per panicle from wild rice (*Oryza rufipogon* Griff.). Tag Theoretical and Applied Genetics, Theoretische und Angewandte Genetik, 113(4): 619-629.

Tian L, Tan L B, Liu F X, et al. 2011. Identification of quantitative trait loci associated with salt tolerance at seedling stage from *Oryza rufipogon*. Journal of Genetics and Genomics, 38(12): 593-601.

Utami D W, Moeljopawiro S, Hanarida I, et al. 2008. Fine mapping of rice blast QTL from *Oryza rufipogon* and IR64 by SNP markers. Sabrao Journal of Breeding Genetics, 40(2): 105-115.

Wang C L, Fan Y L, Zheng C K, et al. 2014. High-resolution genetic mapping of rice bacterial blight resistance gene *Xa23*. Molecular Genetics and Genomics, 289(5): 745-753.

Wickneswari R, Bhuiyan M A R, Sabu K K. 2012. Identification and validation of quantitative trait loci for agronomic traits in advanced backcross breeding lines derived from *Oryza rufipogon*×*Oryza sativa* cultivar MR219. Plant Molecular Biology Reporter, 30(4): 929-939.

Xiao J H, Grandillo S, Sang N A, et al. 1996. Genes from wild rice improve yield. Nature, 384(6606): 223-224.

Xiao J H, Li J M, Grandillo S, et al. 1998. Identification of trait-improving quantitative trait loci alleles from a wild rice relative, *Oryza rufipogon*. Genetics, 150(2): 899-909.

Xiao N, Huang W N, Li A H, et al. 2015. Fine mapping of the *qLOP2* and *qPSR2-1* loci associated with chilling stress tolerance of wild rice seedlings. Theoretical and Applied Genetics, 128(1): 173-185.

Xiao N, Huang W N, Zhang X X, et al. 2014. Fine mapping of *qRC10-2*, a quantitative trait locus for cold tolerance of rice roots at seedling and mature stages. Plos One, 9(5): e96046.

Xie J K, Kong X L, Chen J, et al. 2011. Mapping of quantitative trait loci for fiber and lignin contents from an interspecific cross *Oryza sativa*×*Oryza rufipogon*. Biomedicine Biotechnology, 12(7): 518-526.

Xie X B, Jin F X, Song M H, et al. 2008. Fine mapping of a yield-enhancing QTL cluster associated with transgressive variation in an *O. sativa*×*O. rufipogon* cross. Theoretical and Applied Genetics, 116(5): 613-622.

Xie X B, Song M H, Jin F X, et al. 2006. Fine mapping of a grain quantitative trait locus on rice chromosome 8 using near-isogenic lines derived from a cross between *O. sativa* and *O. rufipogon*. Theoretical and Applied Genetics, 113(5): 885-894.

Yamamoto T, Kuboki S Y, Lin T, et al. 1998. Fine mapping of quantitative trait loci *Hd-1*, *Hd-2*, *Hd-3*, controlling heading date of rice, as single mendelian factors. Theoretical and Applied Genetics, 97(1-2): 37-44.

Yamamoto T, Lin H X, Sasaki T, et al. 2000. Identification of heading date quantitative trait locus *Hd6* and characterization of its epistatic interactions with *Hd2* in rice using advanced backcross progeny. Genetics, 154(2): 855-891.

Yamamoto T, Sasaki T, Yano M. 1997. Genetic analysis of spreading stub using *indica/japonica* backcross progenies in rice. Japanese Journal of Breeding, 47(2): 141-144.

Yang D W, Ye X F, Zheng X H, et al. 2016. Development and evaluation of chromosome segment substitution lines carrying overlapping chromosome segments of the whole wild rice genome. Frontiers in Plant Science, 7(81): 1737.

Yang M Z, Cheng Z A, Chen S N, et al. 2007. A rice blast resistance genetic resource from wild rice in Yunnan, China. Journal of Plant Physiology and Molecular Biology, 33(6): 589-595.

Yun Y T, Chung C T, Lee Y J, et al. 2016. QTL mapping of grain quality traits using introgression lines carrying *Oryza rufipogon* chromosome segments in Japonica rice. Rice, 9(1): 62.

Zeng Z B. 1993. Theoretical basis for separation of multiple linked gene effects in mapping quantitative trait loci. Proc Natl Acad Sci USA, 90: 10972-10976.

Zhang F, Zhuo D L, Zhang F, et al. 2014. *Xa39*, a novel dominant gene conferring broad-spectrum resistance to *Xantnomonas oryzae* pv. *oryzae* in rice. Plant Patholog, 64(3): 568-575.

Zhang X, Zhou S X , Fu Y C, et al. 2006. Identification of a drought tolerant introgression line derived from Dongxiang common wild rice (*O. rufipogon* Griff.). Plant Molecular Biology, 62(8): 247-259.

Zhao J, Qin J, Song Q, et al. 2016. Combining QTL mapping and expression profile analysis to identify candidate genes of cold tolerance from Dongxiang common wild rice (*Oryza rufipogon* Griff.). Journal of Integrative Agriculture, 15(9): 1933-1943.

Zhou S X, Tian F, Zhu Z F, et al. 2006. Identification of quantitative trait loci controlling drought tolerance at seedling in Chinese Dongxiang common wild rice (*Oryza rufipogon* Griff.). Acta Genetica Sinica, 33(6): 551-558.

第六章　普通野生稻渗入系的应用之二：育种实践

由于亲缘关系及基因组的差异，稻属的种间利用目前大多限于 AA 基因组内，其中普通野生稻、长雄野生稻和光稃稻（即非洲栽培稻）已广泛运用于育种（Zhao et al.，2008；Vaughan et al.，2003；Wan et al.，2008）。我国自 1917 年发现野生稻以来，历代学者在普通野生稻的利用方面做出了突出贡献，取得了举世瞩目的成就。普通野生稻是目前育种利用较为彻底和成熟的野生稻资源，将普通野生稻与不同的栽培稻进行远缘杂交构建渗入系，渗入系构建过程也是品种选育的过程，随着具不同遗传背景的渗入系的构建，多年多点的渗入系性状调查和遗传分析，以及更为简便快速的生物技术的发展，育种者就可以根据渗入系分析结果，结合生物技术进行育种设计，有目标地将控制不同性状的有利基因进行组合，选育出生产上有应用价值的品种（Peleman and vander Voort，2003）。另外，在渗入系的构建过程中，选用生产上大面积使用的优良栽培品种作为受体亲本，那么就能发现既保留了亲本优良特性，又改良了某些性状的渗入系，这样的渗入系本身就具有很强的生产应用性，所以渗入系的构建可以有效地将外源优异基因导入到优良推广品种中，弥补原品种的不足，从而培育出新品种。值得一提的是，利用遗传背景相同的渗入系进行杂交，可以将不同代换片段上的多个优良基因快速聚合，培育出具有更多优良性状的新品种。

本章主要阐述不同类型普通野生稻渗入系育种实践应用进展，以及渗入系育种应用案例。

第一节　普通野生稻渗入系育种应用进展

在水稻育种中利用普通野生稻作为亲本，必须先鉴定才能加以利用其优良性状。研究表明，在野生稻资源中，不同分布点同一类型，或同一分布点不同类型，甚至同一分布点同一类型，其个体间的遗传特性都有所不同。因此，要提高育种效果，必须按照育种目标，选用经鉴定具有所需性状的材料作为亲本才能减少盲目性（吴妙燊和李道远，1990）。

一、广东普通野生稻渗入系的育种应用

广东普通野生稻的优异基因源是普通野生稻中优异基因应用最早的，早在 1926 年丁颖教授就采用广东普通野生稻与栽培稻的自然杂交后代，于 1931 年育成世界上第一个具有野生稻血缘的品种中山 1 号（表 6-1），开启了我国利用与开发野生稻种质资源的先河。中山 1 号适应性广、米质好，对稻飞虱、白叶枯病和矮缩病具有一定的抗性，产量比同熟期的竹占、油占增产 30%。经系谱选育、杂交和辐射育种，该品种先后衍生出

中山白、包选 2 号、中山红、包胎矮、钢枝占及大灵矮等 29 个推广面积较大的品种，推断其血缘已至少衍生出 8 辈共 95 个品种，累计推广面积在 824.6 万 hm² 以上（李金泉等，2009）。

（一）细胞质雄性不育性的育种应用

刘雪贞等（2001）利用广东普通野生稻/珍汕 97 杂种中不育性稳定、柱头外露率高且优质、抗病虫害、经济性状良好、恢复谱较广的不育株系，与优质米类型的栽培稻品种进行杂交与回交，转育出了优异质源不育系 102A、银丰 A、514A、045A 和 057A 等。

卢永根等（2008）从 2002 年开始先后利用 500 多个水稻品种（系）对高州普通野生稻进行测交筛选，并经回交转育及育性观察，获得了一批不同回交世代的不育株系，育成了华香 A（已回交 8 代）和软香 A（已回交 7 代）两个农艺性状及育性稳定的香型不育新材料，这两个不育材料进一步通过繁制种及组合选配试验，最终育成不育系。另外，高州普通野生稻野栽杂交后代经连续单株系选和测交观察，得到了一批不同世代的恢复株系，并利用其中农艺性状稳定的野恢 252417 等 6 个恢复株系组配了一些优良组合，获得了一批不同世代的常规稻品系，其中有 8 个是红米品系。

（二）综合优良性状的育种应用

1976~1985 年广东省农业科学院水稻研究所应用广东普通野生稻培育中竹野、铁野等品系（表 6-1）（广东省农业科学院水稻研究所野生稻研究组，1988）。

从 1980 年开始，广东省广州市增城区农业局的宋东海（1994，1999）以桂朝 2 号为母本、广东普通野生稻为父本，经定向 6 代杂交选育了优质、抗稻瘟病与白叶枯病、高产的新品系桂野占 2 号（表 6-1），并利用桂野占系列品种与国内外优异的种质资源进行杂交，先后培育出野澳丝苗、桂野丝苗、美野占 2 号、野莉占、桂野香等一系列优良品种。

1979~1982 年广东省湛江市农业科学研究院应用广东普通野生稻育成早造中迟熟品种古今洋（表 6-1）（广东省农业科学院水稻研究所野生稻研究组，1988）。

二、广西普通野生稻渗入系的育种应用

广西普通野生稻育种应用较为全面，利用杂交、连续回交、复交及分子标记辅助选择在抗病虫、抗（耐）非生物逆境、农艺性状、可育性、其他优良性状及综合性状方面都取得了巨大的成功。

（一）抗病性的育种应用

林世成等（1993）以广西普通野生稻 RBB16 为水稻白叶枯病抗源亲本，与粳稻品种杂交，在 F₆ 育成 2 个籼型、3 个粳型稳定新品系。研究表明，RBB16 的抗性传递力很强，在育种上有广阔的利用前景。新育成的 5 个品系中有 3 个对水稻白叶枯病具有广谱抗性，可作为改良型抗源，供育种利用，其中丰产性好的可在生产中应用。

表 6-1 具有野生稻血缘的典型栽培稻品种

Tab. 6-1 Typical rice cultivars derived from wild rice

品种 Variety	系谱 Pedigree	选育单位 Breeding unit	选育时间 Breeding time	参考文献 References
中山 1 号 Zhongshan 1	广东普通野生稻栽培稻的天然杂交	华南农业大学	1926~1933	李金泉等, 2009
古今洋 Gujinyang	广东普通野生稻桂朝 2 号//主 630//（桂朝 2 号/IR）	广东省湛江市农业科学院水稻研究所	1979~1982	广东省农业科学院水稻研究所野生稻研究组, 1988
中竹野 2 号、8 号 Zhonzuye 2, 8	广东普通野生稻/（晚青/青兰 749）//（晚青/青兰）///竹包 2 号	广东省农业科学院水稻研究所	1976~1985	广东省农业科学院水稻研究所野生稻研究组, 1988
铁野 Tieye	广东普通野生稻/铁 2-15//铁 2-20///铁陆	广东省澄海县农业科学所	1976~1985	广东省农业科学院水稻研究所野生稻研究组, 1988
早野占 Zaoyezhan	广东普通野生稻晚早 1 号//晚早 1 号	广东省博罗县农业局	1980~1986	广东省农业科学院水稻研究所野生稻研究组, 1988
晚野占 Wanyezhan	广东普通野生稻科六 17	广东省博罗县农业局	1980~1986	广东省农业科学院水稻研究所野生稻研究组, 1988
桂野占 2 号、3 号、10 号 Guiyezhan 2, 3, 10 桂野晚占 1 号 Guiyewanzhan 1	广东普通野生稻/桂朝 2 号	广东省增城区良种公司	1985~1989	宋东海, 1994, 1999
小野团 Xiaoyetuan	团结 1 号//广西普通野生稻	广西百色市农业科学研究所	1972~1978	钟代彬等, 1995
西乡糯 Xixiangnuo	双桂 1 号/小家伙/广西普通野生稻	广西农业科学院广东水稻研究所	1989	周泽隆和郑县章, 1991
桂青野 Guiqingye	广西普通野生稻 81-377/青华矮 6 号/双桂 1 号///双桂 36 号	广西农业科学院广东水稻研究所	1994	黄瑛歉等, 1994
测 253 Ce 253	IR36//广西普通野生稻/IR2061//IR24/古 154	广西农业科学院水稻研究所	1996	卢文倍等, 2008
二九南 1 号 A Erjiunan 1A	海南普通野生稻/6044//二九南 1 号	湖南省安江农业学校	1973	王业文等, 2010
崖农早 Yanongzao	海南普通野生稻/农垦 6 号	上海市青浦县农业科学研究所	1973	钟代彬等, 1995
莲塘早 A Liantangzao A	海南普通野生稻/莲塘早	武汉大学	1974	武汉大学遗传研究室, 1977
珍汕 97A Zhenshan 97A	海南普通野生稻/珍汕 97	江西省萍乡县农业科学研究所	1976	王业文等, 2010
威 20A Wei 20A	海南普通野生稻/6044//71-72//V20B	湖南省贺家山原种场	1976	王业文等, 2010
国际油粘 A Guojiyouzhan A	东乡普通野生稻/IR24-1-5-4//国际油粘	江西省农业科学院水稻研究所	1985	陈大洲等, 2002

续表

品种 Variety	系谱 Pedigree	选育单位 Breeding unit	选育时间 Breeding time	参考文献 References
协青早 A Xieqingzao A	东乡普通野生稻/竹优珍 1 号///军协/温选 1 号//军协/温选青//秋塘早 5 号	安徽省广德县农业科学研究所	1985	陈大洲等, 2002
密野 1 号 Miye 1	南洋密谷/东乡普通野生稻	江西省安义县农业科学研究所	1988	陈大洲等, 2002
东 B11A Dong B11A	东乡普通野生稻/红优早籼/HA79317-7//B11	江西省宜春市农业科学研究所	2002	肖晓春等, 2001
东野 1 号 Dongye 1	东乡普通野生稻/粳稻 0298（0242B/029）	江西省农业科学院水稻研究所	2003	陈大洲等, 2004
中早 35A Zhongzao 35A	东乡普通野生稻/中早 35	江西省农业科学院水稻研究所	2010	Shen et al., 2013
金农 1A Jinnong 1A	福建普通野生稻金早 6 号/闽恢 89	福建农林大学	2003	王乃元, 2006a
金恢 1 号 Jinhui 1	明恢 63/普通野生稻	福建农林大学	2006	王乃元, 2006b
桂 99 Gui 99	龙野 5-3（龙紫 12/东南亚普通野生稻）/IR661/IR2061	广西农业科学院水稻研究所	1987~2001	覃惜阴等, 1994
远恢 611 Yuanhui 611	马来西亚普通野生稻/V20B//测 64-7	湖南杂交水稻研究中心	2005	杨益善等, 2005
R163	9311/马来西亚普通野生稻	湖南杂交水稻研究中心	2008	吴俊等, 2010
印竹 11 号、13 号、14 号 Yinzhu 11, 13, 14	印度普通野生稻/竹占	华南农业大学	1928~1936	广东省农业科学院水稻研究所野生稻研究组, 1988
银印 2 号、20 号 Yinyin 2, 20	印度普通野生稻/银占	华南农业大学	1928~1936	广东省农业科学院水稻研究所野生稻研究组, 1988
东印 1 号、11 号 Dongyin 1, 11	印度普通野生稻/东莞白	华南农业大学	1928~1936	广东省农业科学院水稻研究所野生稻研究组, 1988

章琦等（2000）根据广西普通野生稻 RBB16 育成纯合抗白叶枯病株系 H4 及近等基因系 CBB23 和 CBB23（B）。

金旭炜等（2007）以广西普通野生稻 Y238，与 JG30 通过杂交、回交、自交等手段将 JG30/Y238 的 BC$_4$F$_1$ 培育成抗白叶枯病的近等基因系 CBB30。

肖叶青等（2010）以广西普通野生稻为供体，江西省农业科学院水稻研究所育成的优良三系保持系赣香 B 为受体，通过杂交和大量回交，构建了 110 个具有广西普通野生稻遗传背景的近等基因导入系。利用该导入系，在稻瘟病重发区初步筛选出 70 份抗叶稻瘟病和 63 份抗穗颈瘟病材料。

Zhou 等（2011）将来自广西普通野生稻的高抗白叶枯病基因 *Xa23* 导入到恢复系明恢 63，获得了 3 个包含 *Xa23* 的新保持系。将 3 个新保持系与珍汕 97A 杂交，后代也表现为抗白叶枯病。

颜群等（2012）将广西普通野生稻 GX365 与高感稻瘟病的籼稻品种 B40 杂交，然后用 B40 连续回交 5 次，再自交 2 次，获得抗性纯合稳定的稻瘟病抗源材料 RB221。

冯锐等（2014）利用高抗白叶枯病的广西普通野生稻材料 1-428 与自育品种杂交，经过多代回交和自交，获得了抗白叶枯病的中间材料，利用该抗性材料与抗褐飞虱野稻 1-513 杂交，获得 F$_1$，F$_1$ 出现部分结实率低的株系，通过连续多代回交，转育出抗白叶枯病的不育新品系。该不育品系株叶形态优良，分蘖强，开花习性好，花粉败育彻底，配合力高，米质优，高抗白叶枯病。

（二）抗虫性的育种应用

李容柏等（2006）应用广西普通野生中稻褐飞虱抗源构建渗入系，培育出 143 份抗性创新种质和 6 份抗性品系或高产优质杂交水稻组合，这些优良的抗性创新种质为培育抗性新品种建立了坚实的基础。

陈英之等（2010）利用来源于广西普通野生稻的 5 个抗稻褐飞虱基因[*bph22*（*t*）、*bph23*（*t*）、*Bph24*（*t*）、*bph25*（*t*）、*bph26*（*t*）]，通过杂交、回交和分子标记辅助选择转育，对 5 种杂交水稻（保持系天 B、保持系盟 B、保持系先 B、光温敏核雄性不育系桂 118S 及恢复系 187R）进行转育和聚合育种，成功地获得 9 种含有 3~5 个褐飞虱抗性基因的聚合系，对这些抗性基因聚合系进行遗传背景分析和性状调查表明，遗传背景回复率已达 90% 以上，苗期和成株期（即全生育期）表现出对褐飞虱高抗，主要经济性状与受体亲本（轮回亲本）基本没有差异。

郭辉等（2012）利用具有高抗褐飞虱显性基因的广西普通野生稻 HS204 作为抗源供体，以恢复系明恢 65、582、MR 等作为轮回亲本，通过杂交、回交、苗期群体鉴定和成株期农艺性状选择，成功地将高抗褐飞虱基因转育到轮回亲本中，获得 45 个抗性纯合株系，同时其配合力、米质等农艺性状得到了相应改善。

郭辉等（2016）以广西普通野生稻的高抗褐飞虱渗入系 HS204 为抗源供体材料，采用杂交、回交结合分子标记辅助选择的方法，获得 4 份抗性基因纯合的保持系中间材料（100B、101B、102B 和 103B），2 份抗性不育系材料（100A 和 103A）。将高抗不育系 100A 与不同的恢复系进行测交，结果测交的 10 个组合均表现出较好的抗褐飞虱水平，其中属高抗水平的为 100A/R2586、100A/KR838 和 100A/KR527，其余为抗至中抗水平；100A/KR527、100A/R2586、100A/明恢 63、100A/辐恢 838 和 100A/桂 99 等组合单株产量比对照（特优 7118）显著增高，增幅为 14.45%~49.26%。获得的抗性保持系，可为杂交稻抗性不育系的育种提供更好的基因源；获得的抗性不育系，可直接应用于三系杂交稻的配组选育。

（三）抗（耐）非生物逆境特性的育种应用

杨培忠等（2008）利用广西合浦普通野生稻与恢复系 IR661、IR2061 复合杂交（IR661//IR2061/合浦野生稻）于 2000 年育成一系列水稻恢复系。该恢复系恢复力强、配合力高、米质优，同时具有合浦普通野生稻抗寒性强的特性。用测 679 组配的杂交稻组合中优 679（中 9A/测 679）、博优 679（博 A/测 679）和优 I679（优 IA/测 679）已先后通过了广西壮族自治区农作物品种审定委员会审定。

肖叶青等（2010）通过其构建的具有广西普通野生稻遗传血缘的近等基因导入系，在持续干旱和 35℃以上的高温条件下，在低氮水平、淹水和喷施草甘膦除草剂等胁迫条件下大规模筛选，初步筛选到一批抗旱、耐高温、耐低氮、苗期耐淹和抗除草剂的育种中间材料。

覃宝祥等（2015）利用人工低温胁迫的方法，对 20 个苗期耐冷的广西普通野生稻染色体片段代换系进行了孕穗期耐冷性鉴定评价。结果表明：在 20 份代换系材料中，孕穗期耐冷性表现为 3 级（强）、5 级（中）和 7 级（弱）的材料为 2 份、15 份和 3 份，分别占供试材料的 10%、75% 和 15%；水稻苗期和孕穗期的耐冷性呈显著正相关（$P<0.05$），所鉴定出的 2 份抗性为 3 级的材料（DC907 和 DC866）不但可以作为苗期耐冷性抗源，也可以作为孕穗期耐冷性抗源。

（四）农艺性状优特性的育种应用

1972~1978 年广西壮族自治区百色市农业科学研究所应用广西普通野生稻选育出高产品种小野团（钟代彬，1995）。

广西壮族自治区农业科学院水稻研究所利用广西普通野生稻获得了分蘖力特强的杂种后代，且其具有较强的再生能力（杨空松等，2005）。

黄大辉等（2013a，2013b）利用 4 个黑色颖壳和 4 个红色种皮的广西普通野生稻分别与籼稻品种 9311 杂交，通过回交和多代自交获得多个农艺性状稳定遗传的黑色颖壳及红色种皮水稻品系。

吴子帅等（2016）以籼稻品种 9311 为受体亲本、广西普通野生稻 DP30 为供体亲本，通过连续回交、自交并定向选择表型，在 BC_4F_2 获得稳定遗传的早抽穗染色体片段代换系 CSSL13。同时，韦敏益等（2016）从上述群体中筛选鉴定出 1 份稳定遗传的具有长芒表型的染色体片段代换系 CSSL5。

（五）米质优特性的育种应用

黄娟等（2006）以 15 份栽培稻为母本，16 份含有高蛋白质的广西普通野生稻为父本，通过杂交，将普通野生稻高蛋白质基因导入栽培稻中，把获得的 9 个高蛋白质组合进行花药培养，获得一批性状与栽培稻接近但蛋白质含量高于母本的高蛋白质花培植株。

（六）可育性的育种应用

桑洪玉等（2014）以 2 份花粉育性和结实率较高的广西普通野生稻材料 DP32 和 DP70 为供体亲本，9311 为受体亲本，采用连续多代回交和分子标记辅助选择的方法，分别得到携带育性恢复基因 *Rf3*、*Rf4* 的 5 个单片段代换系。

韩飞怡等（2015）以 10 份广西普通野生稻材料为供体亲本，9311 为受体亲本，通过杂交及多代回交，获得携带广西普通野生稻 *Rf3* 或 *Rf4* 基因座位的染色体单片段代换系 13 个。同时，将携带 *Rf3* 和 *Rf4* 基因座位的单片段代换系杂交和自交，获得 *Rf3-Rf4* 双片段聚合系 2 个。

（七）综合优良性状的育种应用

周泽隆和邓显章（1991）以双桂 1 号为母本，与小野糯（小家伙/广西普通野生稻）进行杂交，选育出新品种西乡糯一号（表 6-1），该品种既保留了双桂 1 号的优良株叶形态和高产特性，又遗传了小野糯的优良糯性，具有耐肥、抗倒、优质、抗病、高产等特性，米质达农业部的部颁优质米二级标准，最高单产达到 9045kg/hm^2。

李道远等（1992）对广西普通野生稻白叶枯病广谱抗源 RBB16 与水稻品种垦系 3 号的一批杂交后代进行花培育种，从获得的一批野栽杂交后代的花培绿苗中选育出 T209-l、14-5 两个稳定新品系。其中，T209-l 来自垦系 3 号//垦系 3 号/RBB16 的 F$_4$ 的花培稳定品系，茎秆粗壮，着粒密，穗大粒多，结实率高，米质优，抗倒性强。在南宁种植晚造小区亩产 448kg，比亲本垦系 3 号增产 59.30%，比对照粳稻品种中作 180 增产 15.2%。14-5 的株高为 94cm，穗粒较少，米质优，具有野生稻亲本的白叶枯病抗性，但丰产性不够，只能作改良型白叶枯病抗源。其他组合的花培绿苗还有一些农艺性状优良、抗性强的株系。

庞汉华（1999）利用中作 190/广西普通野生稻 RBB16 杂交组合的 F$_1$ 花培出稳定株系 96-23，其株型紧凑，株高为 115~130cm，茎秆粗壮，分蘖力强，有效穗数为 6~11 个，粒密，穗大粒多（182~281 粒），后期青枝立秆，结实率高，偏粳，难脱粒，米质优，蛋白质含量为 13.37%，全生育期为 138~145d。

黄珉猷等（1994）以广西普通野生稻 81-377 为母本，与晚籼青华矮 6 号杂交获得少量 F$_1$ 杂种，再用早籼双桂 1 号、双桂 36 作父本对杂种进行连续定向杂交，经 7 年 11 代选育，于 1994 年育成新品种，命名为桂青野（表 6-1）。该品种具有早熟，高产，优质，高抗稻褐飞虱生物型 Ⅰ、Ⅱ 的特性，适合作晚稻种植，一般产量为 5250~7500kg/hm^2，比对照七桂早增产 15.37%~18.70%，具有米无心、腹白，品质优等特点。

莫永生等在 1985 年首先将 IR36 与广西普通野生稻直接进行杂交获得杂种 F$_1$，在 1986 年将 F$_1$ 与 IR2061 进行杂交，再与 IR24 和古 154 的杂交种进行复交，然后在复交杂种后代单株中反复进行株选和系选，于 1996 年选育出高产、优质、抗病及性状稳定的强优广谱恢复系测 253（表 6-1）。利用测 253 配组育成并通过审定的组合有 7 个，产生了巨大的社会、经济和生态效益（莫永生，2004；卢文倍等，2008）。

李荣柏等（2003）应用广西普通野生稻配制了 293 个杂交组合，通过回交、复交及花药培养，进行稻褐飞虱抗性创新品系的选育工作，对选育出的 493 个遗传稳定品系进行抗性鉴定，运用 RAPD 标记对筛选出的 143 个抗性育种品系进行分子标记多态性分析，从中获得了 120 份具有 DNA 分子标记多态性（遗传多样性）的抗性创新种质，还初步培育出 5 个具有生产应用价值的高产（或优质）、抗稻褐飞虱育种品系和杂交组合。

三、海南普通野生稻渗入系的育种应用

海南普通野生稻中优异基因的挖掘利用，最著名的例子是"杂交水稻之父"袁隆平，自 1970 年将在海南三亚南红农场发现的普通野生稻不育株的雄性不育基因导入栽培稻中，相继育成了雄性不育系二九南 1 号 A 及其相应的保持系（表 6-1），在 1973 年正式实现了杂交水稻三系配套，掀起了水稻生产的"第二次绿色革命"，为中国的杂交水稻事业做出了较大贡献，使中国水稻育种水平和生产稳居世界前列（王业文等，2010）。

（一）细胞质雄性不育性的育种应用

武汉大学朱英国院士利用海南陵水红芒型普通野生稻为母本，与籼稻莲塘早杂交和多次回交，于 1974 年育成了红莲型不育系，如莲塘早 A（表 6-1）、红莲 A、青四矮 2 号 A、从广 41A、粤泰 A 和粤丰 A 等（武汉大学遗传研究室，1977）。20 世纪 80 年代，广东省农业科学院水稻研究所、广东省湛江市农业专科学校杂优稻育种站开展了红莲型杂交稻的选育和利用研究，先后育成青四矮 2 号 A、从广 41A 等，实现了红莲型杂交稻在生产上的应用（田舍和谢学升，1995；袁隆平，2002；严小微等，2014）。

江西省萍乡市农业科学研究所用野败型水稻与栽培稻杂交，经多代核置换，培育成珍汕 97A 和二九矮四号 A，此后培育出献党 A、691A、75785A、75784A、77ABA 和献改 A。这些不育系材料的不育性稳定，柱头外露率高，且具有优质、抗病虫等优良性状，恢复谱较广，较容易配置出早熟、米质优、抗性好、产量高的强优势组合，是杂交稻开发利用中有较好前景的新质源材料（韩飞和侯立恒，2007）。

（二）综合优良性状的育种应用

1973 年上海市青浦县农业科学研究所利用主栽品种与海南白芒型普通野生稻杂交选育出具有早熟、耐肥、矮秆、抗倒伏优良性状的品种崖农早（表 6-1）（钟代彬，1995）。

四、江西普通野生稻渗入系的育种应用

自 1978 年发现了江西东乡普通野生稻，其引起了国内外植物学家和育种学家的极大关注。它作为迄今世界上分布最北的普通野生稻，对我国栽培稻的起源、演变研究具有重要作用。同时，东乡普通野生稻的发现正逢我国杂交水稻研究成功并进入大面积应

用之际。此后，育种家对东乡普通野生稻的种质资源开始了新质源的研究。东乡普通野生稻具有优异的耐冷基因。把东乡普通野生稻强耐冷基因导入栽培稻中，早稻提早播种无须农膜，也不会烂秧，晚稻抽穗延迟，也不怕寒露风，结实率不受影响，将大大促进水稻的高产、稳产性。1979 年，江西省东乡县农业科学研究所和南丰县农业科学研究所就已经开始将东乡普通野生稻用于杂交育种，并获得一些杂交后代和品系（邬柏梁等，1979）。

（一）抗病性的育种应用

肖叶青等（2010）以东乡普通野生稻为供体，江西省农业科学院水稻研究所育成的优良三系保持系赣香 B 为受体，通过杂交和大量回交，构建了 179 个具有东乡普通野生稻遗传背景的近等基因导入系。利用该导入系，在稻瘟病重发区初步筛选出 132 份抗叶稻瘟病和 115 份抗穗颈瘟病材料。

余守武等（2015）选取协青早 B//协青早 B/东乡野生稻的 BC_1F_6 中 4 个株系（S1~S4）进行南方水稻黑条矮缩病抗性鉴定，结果发现 4 个株系材料抗性变异较大，但均强于轮回亲本协青早 B，其中 S4 抗性最好，发病率为 26.7%，达中抗水平，而协青早 B 的发病率为 45.9%，表现为感病。利用筛选到的抗性株系 S4，与光温敏核不育系 C47S 杂交转育，结果鉴定筛选到 6 个抗性较好的光温敏核不育系。

（二）抗（耐）非生物逆境特性的育种应用

宜丰县农业科学研究所 1991 年利用东野与 M112 杂交产生的 F_2，选育出能越冬植株 1 株，至今越冬保存 6 个年头（陈大洲等，1998）。

陈大洲（2004）、陈大洲等（1998，2003，2007）利用强耐冷东乡普通野生稻与栽培粳稻 0298 品种杂交，将 BC_1F_2 种子播种于装有田泥的器皿中，置恒温箱于 30℃发芽至二叶一心，取出并在常温下炼苗 1~2d，再放入冰箱或生物培养箱内于 0℃低温处理 72h，移出于常温下放置 5d，成活苗移栽到大田。通过这种"双重低温加压"筛选方法的连续选择，于 1998 年选育成耐冷性强的稳定越冬的株系 4913-1，1999 年进行株系比较试验，表现为产量水平高、株叶形态好、后期落色好；2000 年在该所进行品比试验，该品系比对照增产显著；2001~2003 年在省内外进行多点试验示范；2003 年 12 月通过了江西省农作物品种审定委员会审定，最终育成了东野 1 号（表 6-1）。在南昌自然条件下越冬再生 3 年，通过生产示范，产量、品质和抗性都得到了较理想的效果。同时育成了粳型三系不育系和两用系不育系，可以在南昌地区连续越冬。

肖叶青等（2010）通过构建的具有东乡普通野生稻遗传血缘的近等基因导入系，在持续干旱和 35℃以上的高温条件下，在低氮水平、淹水和喷施草甘膦除草剂等胁迫条件下大规模筛选，初步筛选到一批抗旱、耐高温、耐低氮、苗期耐淹和抗除草剂的材料。

简水溶等（2011）将东乡普通野生稻/协青早 B//协青早 B 的回交重组自交系群体（BC_1F_9）于苗期经 10℃冷处理 7d 后，群体的平均萎蔫率为 67.4%，平均死苗率为 70.8%；死苗率≤20% 的株系经更低温度（8℃昼/5℃夜）处理 5d，获得的强耐冷材料 5243 和 5335，可用于构建东乡野生稻 QTL 近等基因系。

潘晓飚等（2011）以秀水 09 为受体，东乡普通野生稻为供体进行杂交，构建 BC_4F_2 群体，从该群体中筛选出 25 个耐盐单株。

付学琴等（2011）根据相应的抗旱指标，从东乡普通野生稻与协青早 B 构建的回交重组自交系（BC_1F_9）中，筛选出了 4 个强抗旱渗入系（1112、1168、1172 和 1315）。

Zhao 等（2016）以桂朝 2 号为受体、东乡普通野生稻为供体构建的渗入系为材料，筛选出 1 个强耐冷渗入系 SIL157，与受体亲本相比，SIL157 在各生长阶段均表现出较强的耐冷性。

（三）细胞质雄性不育性的育种应用

安徽省广德县农业科学研究所利用具雄性不育特性的江西矮小普通野生稻同协青早杂交，转育成矮败型雄性协青早不育系，如协青早 A（表 6-1）。1983 年以来，测配成的杂交新组合有协优 64、协优 63、协优 2374、协优华联 2 号、协优华联 49 号等优质高产组合，全国累计种植面积达数千万公顷，产生了巨大的社会和经济效益。协青早不育系目前仍在生产上大面积应用，继续为保障我国的粮食安全发挥着重大作用（吴让祥，1986，1987；陈大洲，1990）。

江西省农业科学院水稻研究所 1981 年利用东乡普通野生稻中的雄性不育株与栽培稻品种 IR24-1-5-4 进行远缘杂交和核置换，1985 年选育出含有东乡普通野生稻细胞质雄性不育质源的国际油粘 A（表 6-1），其恢复谱不同于"野败型""红莲型""印尼型""岗型""D 型""BT 型"雄性不育系，但由于其杂种优势不强，未能在生产上利用（潘熙淦等，1986；陈大洲等，1995，2002）。

江西省宜春市农业科学研究所 1986 年利用东乡普通野生稻为母本，分别与栽培稻红优早籼、837、81-417、73-07 杂交，再与红 410、HA79317-7 等品种复交，在后代群体中筛选出雄性不育株，分别与栽培稻 B51、B11、培矮 64、R4005、3037 等品种连续回交，其 F_1 表型均为完全雄性不育，再选株成对回交，经多代核置换，最终选育出具东乡普通野生稻胞质的不育系东 B51A、东 B11A（表 6-1）、东培 A、东 R4005A 和东 3037A。其中，东 B51A 为有花粉型不育系，其不育性、不育株率和不育度均达 100%，且配合力、异交率高，被列为江西省"十五"规划开发利用重点项目；通过广泛测交已筛选出东 B11A/Txz13 新组合，于 2005 年通过江西省农作物品种审定委员会审定，定名为先农 40 号（赣审稻 2005026）（肖晓春等，2001，2006）。在此基础上，利用东 B11A 为母本，选用米质较好的金 23B/58025B F_4 材料中的优良株系为父本，进行测交并连续回交转育成东乡普通野生稻细胞质雄性不育系 L125A（雷雪芳等，2015a）；选用株型和外观品质好的金 23B/B51 低世代单株为父本，进行连续回交转育成具有东乡普通野生稻细胞质的雄性不育系 47A 和 41A（雷雪芳等，2014，2015b）。

Shen 等（2013）利用东乡普通野生稻为母本与中早 35 进行杂交，再连续回交进行核置换，获得了核质互作雄性不育系中早 35A（表 6-1）。该不育系经多年连续种植鉴定为典败少花粉型不育系，是与野败型、红莲型不育系不同类型的新型不育系，暂命名为东野型胞质雄性不育系。

（四）其他优良性状的育种应用

文飘等（2011）以发芽率为评价指标，从东乡普通野生稻与协青早 B 杂交构建的 230 个高代回交重组自交系（BIL）中筛选出 11 个强休眠性株系，其中株系 BIL216 的休眠性最强，用 5% H_2O_2 浸种能有效解除强休眠性材料的休眠，所以 BIL216 可以作为培育强休眠性新品种的优异中间材料。

（五）综合优良性状的育种应用

江西省安义县农业科学研究所于 1979 年利用东乡普通野生稻与南洋密谷的杂交后代进行杂交选育，至 1988 年育成早稻中熟优质米品种密野 1 号（表 6-1），在南昌市大面积推广应用，该品种因米质优、熟期早的特点获得南昌市科技进步奖一等奖（陈大洲等，2002）。

中国科学院研究了东乡普通野生稻群中 1 个变种的表型特征和生态特性，并从数量性状和细胞遗传学的角度研究了该变种作为父本与具不同遗传背景的 7 个籼、粳型栽培品种进行遗传重组，最终将具有育种价值的基因转移到栽培稻品种中，育成了含半矮秆、多穗、长穗、多粒及抗稻瘟病、耐寒、优质基因的早籼稻 90-2（李子先等，1994）。

江西省农业科学院水稻研究所利用东乡普通野生稻作亲本育成了早熟、抗稻瘟病和白叶枯病、耐早衰的优良早籼品系赣 D 早，该品系（种）参加区试品比（1994~1996 年），田间表现为早熟、多抗、不早衰，为育种的优良中间材料（陈大洲等，2002）。

He 等（2004）利用东乡普通野生稻与栽培稻杂交，获得可越冬的雄性不育系 4 个，这些不育系在 15℃的低温条件下可开花。

李霞等（2016）将 3 个杂交组合 R974//东乡普通野生稻/R974、F6//东乡普通野生稻/F6 和协青早 B//东乡普通野生稻/协青早 B 不同世代的后代材料进行耐冷性和耐旱性鉴定。在不同温度下，以发芽率、发芽指数和活苗率为鉴定指标进行耐冷性鉴定，用 8 个与抗旱有关的性状进行了苗期抗旱性鉴定。结果发现，7~10℃的低温处理和 7℃、10d 的低温胁迫分别为籼稻发芽期和芽期耐冷性的合适鉴定条件。7~10℃低温下，来自于杂交组合 R974//东野/R974 BC_1F_1 世代中的 M65 和来自于组合协青早 B//东乡野生稻/协青早 B BC_1F_{10} 世代中的 M132 的发芽率及发芽指数均明显高于其他参试品系，说明品系 M65 和 M132 具有较强的发芽期耐冷性。7℃、10d 低温胁迫下，来自于杂交组合 R974//东野/R974 BC_1F_7 世代中的 M10 和来自于组合 F6//东野/F6 BC_1F_7 世代中的 M117 活苗率较高，分别为 72% 和 81.25%，说明品系 M10 和 M117 具有很强的发芽期耐冷性。来自于杂交组合 R974//东野/R974 BC_1F_7 世代的 M61 和 M117 苗期综合抗旱 D 值较大，说明品系 M61、M117 具有较强的苗期耐旱性。综合表明，这些材料可在水稻耐冷性、耐旱性育种及东乡野生稻耐性机制研究中加以利用。

五、湖南和福建普通野生稻渗入系的育种应用

湖南和福建普通野生稻在栽培稻常规育种和杂交育种中应用较少，大量的优良特性还待进一步开发利用。

（一）抗病性的育种应用

李友荣等（2001）通过将湖南普通野生稻与栽培稻进行杂交和复交，育成了含白叶枯病抗性基因及品质优的栽培稻新种质6份（RW01~RW06）。

肖叶青等（2010）分别以湖南茶陵和湖南江永普通野生稻为供体，江西省农业科学院水稻研究所育成的优良三系保持系赣香B为受体，通过杂交和大量回交，构建了142个和87个具有湖南普通野生稻遗传背景的近等基因导入系。利用这两个导入系，在稻瘟病重发区初步筛选出148份抗叶稻瘟病和126份抗穗颈瘟病材料。

王胜利（2013）将湖南茶陵普通野生稻的总DNA通过花粉管通道法导入到受体栽培稻R9810中，通过田间培育、筛选和收集，获得了3份具有较强抗稻瘟病特性的后代材料（ys090026.6、ys090036.1和ys09004/6）。

（二）抗（耐）非生物逆境特性的育种应用

肖叶青等（2010）通过其构建的具有湖南茶陵和湖南江永普通野生稻遗传血缘的近等基因导入系，在持续干旱和35℃以上的高温条件下，在低氮水平、淹水和喷施草甘膦除草剂等胁迫条件下大规模筛选，初步筛选到一批抗旱、耐高温、耐低氮、苗期耐淹和抗除草剂的材料。

李颖邦等（2015）将湖南茶陵普通野生稻基因组导入到冷敏感品种R9810中，得到后代KM16，发现在冷胁迫下，KM16植株的生长素、脱落酸等含量及过氧化氢酶活性高于受体品种R9810。

（三）综合优良特性的育种应用

王乃元（2006a）以福建漳浦野生稻为母本、金早6号为父本杂交后获得F_1，再以F_1为母本、闽恢89为父本杂交，连续回交7代转育而成新型质源三系不育系金农1A（表6-1）。该质源不育系具有不育度高、不育性稳定、开花时间早及农艺性状优良等特性，其稻米品质优良，所检测的12项稻米品质指标均达农业部的部颁优质米一级或二级标准，并表现高抗稻瘟病和白叶枯病，为培育高产、优质和多抗杂交稻奠定了良好的遗传基础。

六、云南普通野生稻渗入系的育种应用

云南普通野生稻的育种应用最早始于1974年，用IR36/南特号等品种（系）与景洪普通野生稻杂交育成滇9型（西野型）籼型不育系（曾亚文等，1999）。为了解清楚云南的两种普通野生稻（元江和景洪普通野生稻）的育种价值，陈勇等（1997）利用15个云南栽培稻分别与元江和景洪普通野生稻杂交，对30个组合的F_2分离群体的性状频率分布多态性进行了研究，结果表明：元江普通野生稻比景洪普通野生稻更为原始和保守，F_2呈现显性基因频率较高；利用元江普通野生稻作亲本可望获得遗传基础较宽的群体。

（一）抗病性的育种应用

肖叶青等（2010）分别以元江普通野生稻荷花塘 2 号、荷花塘 4 号和荷花塘 10 号为供体，江西省农业科学院水稻研究所育成的优良三系保持系赣香 B 为受体，通过杂交和大量回交，构建了 16 个、32 个和 15 个具有元江普通野生稻遗传背景的近等基因导入系。利用这 3 个导入系，在稻瘟病重发区初步筛选出 37 份抗叶稻瘟病和 31 份抗穗颈瘟病材料。

段富有等（2010）对合系 35 号与元江普通野生稻远缘杂交后代不同世代的不同株系材料分年度进行了抗白叶枯病能力的鉴定和分析，获得了一批高抗和中抗白叶枯病育种中间材料。杨俊等（2015）选取上述组合构建的渗入系 300 个进行多菌系鉴定，结果发现，300 份材料中，有 12 份对所有的供试白叶枯病菌小种均表现出抗性（表 6-2），说明这 12 个渗入系可作为广谱抗白叶枯病的育种中间材料。

表 6-2　普通野生稻渗入系品种对水稻白叶枯病优势小种具有抗性的材料（引自杨俊等，2016）
Tab. 6-2　Screening of rice varieties of wild rice to bacterial blight resistant germplasms（Cited from Yang et al.，2016）

品种	白叶枯病菌 Xanthomonas oryzae pv.oryzae					
Variety	HEN11	SCYC-6	YN7	YN11	FUJ	YN24
Y17	R	R	R	R	MR	R
Y99	R	R	R	R	MR	R
Y123	MR	MS	MR	R	MR	MR
Y201	R	MR	R	R	MR	MR
Y207	R	R	R	R	MR	R
Y235	MR	R	R	R	MR	R
Y252	R	R	R	R	R	R
Y253	R	R	R	R	MR	R
Y260	R	R	MR	R	R	MR
Y265	R	R	R	MS	R	R
Y273	R	MS	MR	R	MR	MR
Y295	R	R	R	MS	R	R

注：R. 抗；MR. 中抗；MS. 中感
Note：R. Resistant；MR. Moderately resistant；MS. Moderately susceptible

（二）抗（耐）非生物逆境特性的育种应用

肖叶青等（2010）通过构建的具有元江 3 个居群普通野生稻遗传血缘的近等基因导入系，在持续干旱和 35℃ 以上的高温条件下，在低氮水平、淹水和喷施草甘膦除草剂等胁迫条件下大规模筛选，初步筛选到一批抗旱、耐高温、耐低氮、苗期耐淹和抗除草剂的材料。

张辉（2010）从元江普通野生稻与特青杂交构建的渗入系中，鉴定出 2 份强抗铝材料 N1 和 YIL55。其中，YIL55 的超氧化物歧化酶（superoxide dismutase，SOD）活性在受到铝胁迫以后，增加幅度最大，而 N1 的过氧化氢酶（hydrogen peroxidase，CAT）活性在受到铝胁迫后，增加幅度达到极显著水平（$P<0.01$）。

七、其他国家普通野生稻渗入系的育种应用

国外普通野生稻的育种应用中，马来西亚普通野生稻的高产特性开发较广，无论在国内还是国外对水稻的生产产生了巨大的经济效应，但其余的优良特性还需进一步开发利用。

（一）抗病性的育种应用

Ram 等（2007）根据印度普通野生稻（Coll-4）对稻瘟病的抗性，将印度普通野生稻（Coll-4）与栽培稻 B32-Sel4 杂交构建了 42 个渗入系，通过人工接种方式鉴定出 20 株高抗和 6 株中抗株系。其中品系 IR73385-1-4-2-1-6 还高抗通戈洛病毒病，已在菲律宾推广。

（二）高产性的育种应用

1928 年广东省农业科学院水稻研究所野生稻研究组将主栽品种与印度普通野生稻进行杂交选育，分别培育出早造千粒穗的银印 20 号、耐肥高产的东印 1 号、晚造的印竹 14 号等系列品种，并在华南稻区推广应用（广东省农业科学院水稻研究所野生稻研究组，1988）。

1995 年国家杂交水稻工程技术研究中心与美国康奈尔大学开展合作研究，从 300 个 BC_2 测交群体（V20A/马来西亚普通野生稻 IRG105491//V20B///V20B/测 64-7）中发现，有 7 个品系比对照（威优 64）增产 30 %以上（Xiao et al.，1996，1998）。随后，邓启云等（2004）和杨益善等（2005）以含有马来西亚普通野生稻高产 QTL *yld1.1* 和 *yld2.1* 的测交材料为基因供体，以中熟晚稻恢复系测 64-27 为受体杂交，经 3 代连续回交和多代自交，在每个世代采取分子标记辅助选择和田间表型鉴定相结合的方法，育成携带 *yld1.1* 和 *yld2.1* 基因的籼型晚稻大穗型新恢复系远恢 611（表 6-1）。与受体亲本测 64-27 系列组合相比，远恢 611 系列组合普遍表现增产，占组合总数的 81%，实收产量平均增幅为 7.8%，说明野生稻高产基因在远恢 611 系列组合中得到了较好表达，具有显著的增产效果。杨益善等（2006）利用远恢 611 所配部分强优势组合为材料，对其部分光合生理指标进行测定的结果表明，远恢 611 系列组合杂种优势强，穗大粒多，库容量大，具有超高产潜力；后期上面 3 片功能叶宽大，直立，叶面积大，与茎秆夹角小，不披垂；比叶重大而稳定，不早衰；剑叶净光合速率高。库很大且高光效是远恢 611 系列组合高产的主要生理原因，也可能是野生稻高产基因高效表达的重要生理基础。

Cheema 等（2008）利用马来西亚普通野生稻（IRGC105491）和栽培稻 IR64 回交，从 100 个 BC_2F_5 株系中选择了 12 个渗入系，一系列分析结果表明其中有 9 个渗入系的产量显著高于轮回亲本 IR64，增幅达 19%~38%。

　　吴俊等（2010）同样应用了马来西亚普通野生稻的增产 QTL *yld1.1* 和 *yld2.1*，以超级稻亲本 9311 为受体和轮回亲本，与马来西亚普通野生稻杂交和连续回交，利用分子标记辅助选择，育成了携带 *yld1.1* 和 *yld2.1* 基因的新亲本 R163，与自选广适性光温敏不育系 Y58S 配组，育成两系杂交中稻新组合 Y 两优 7 号。该组合株叶形态优良，丰产性好，米质优良，抗逆性强，适应性广，2008 年 3 月通过湖南省农作物品种审定委员会审定，同年被湖南省认定为超级稻品种。

　　为了充分利用野生稻高产 QTL 进行超级杂交稻育种，国家杂交水稻工程技术研究中心制定了把马来西亚普通野生稻高产 QTL 导入现有超级杂交稻两优培九的父本 9311 和三系强优恢复系明恢 63，以进一步提高杂交稻产量潜力的技术路线。首先以 9311 和明恢 63 为高产基因受体（♀），马来西亚普通野生稻为高产基因供体（♂）进行杂交，再分别以 9311 和明恢 63 为轮回亲本回交。在 BC_1F_1，田间选择农艺性状倾向于轮回亲本的单株，再用与 *yld1.1* 和 *yld2.1* 紧密连锁的 SSR 标记 RM9 及 RM166 筛选含目标基因的单株继续回交。从 BC_2F_1 开始，先在生长前期对各单株提取 DNA 进行分子标记分析，成熟期再进行田间选择，筛选既具有野生稻特异带型又具有高产农艺性状的优良单株继续回交。在 BC_3F_1 群体中，选择携带野生稻高产 QTL 的单株考种，其主要农艺性状和产量性状比相应的受体亲本明恢 63 和 9311 具有明显优势，主要表现在每穗粒数和千粒重等明显提高，部分单株比对照增产 30% 以上（Wang et al.，2004；Liang et al.，2004）。从 BC_4F_1 开始，在回交群体中选择同时具有野生稻高产 QTL *yld1.1* 和 *yld2.1* 特异带型且农艺性状优异的部分单株自交并继续回交，2004 年获得了 BC_4F_4、BC_5F_3 和 BC_6F_2 等不同世代类型的分别具有明恢 63 和 9311 遗传背景的含野生稻高产 QTL 的近等基因系。2004 年在以 9311 为遗传背景的近等基因系 BC_4F_3 和 BC_5F_2 中选取具有野生稻特异带型的优良单株与培矮 64S 和 P88S 测交鉴定杂种优势，结果部分测交组合比相应对照增产极显著，具有超高产潜力（杨益善等，2005）。说明野生稻高产 QTL 导入中稻恢复系后同样具有显著的增产效果，进一步证明了野生稻高产 QTL 的增产效应和育种价值。

（三）细胞质雄性不育性的育种应用

　　Dalmacio 等（1995）在菲律宾、印度等国家的普通野生稻中也发现了细胞质雄性不育基因，并转入栽培稻中育成了 IR58025A、IR62829A 和 IR66707A 等不育系，但至今还未鉴定或育出可与之匹配的优良恢复系。

　　广西农业科学院李丁民研究员于 1976 年开始，利用野败的保持系龙紫 12 与东南亚普通野生稻进行杂交，育成了龙紫野 12 保持系，再与恢复系桂 8（IR2061×IR661）杂交掺入白叶枯病和稻瘟病抗性基因，经 15 代选育，于 1987 年育成了含有普通野生稻血缘的优良恢复系桂 99（表 6-1）。桂 99 作为我国骨干恢复系之一，也是杂交水稻育种史上第一个含有野生稻基因的恢复系，开创了我国野生稻资源育种利用的先例，它抗性强、配合力高、恢复力强、米质优，有 8 项指标达到优质米二级标准，是"七五""八五"期间我国唯一的优质恢复系，也是应用时间最长的水稻恢复系之一。因桂 99 所配组合具有明显增产优势，截至 2005 年底，全国不同育种单位利用桂 99 恢复系配制并在生产上大面积应用的杂交稻组合有 14 个，累计应用面积为 0.1 亿 hm²，为农户、种子经营部门和社会带来的直接或间接经济效益超过 40 亿元，经济和社会效益显著。其中，桂 99 与珍汕 97A 配组的汕优桂 99，产量达 6750~8250kg/hm²，普遍比对照增产 6.5%，在 1990~1993 年已推广 139.53 万 hm²（覃惜阴等，1994）。选用恢复系桂 99 及含广西药用野生稻血缘的桂 D1 号作亲本，育成抗旱恢复系桂旱 1 号，通过广泛测配筛选，2006 年育成抗旱杂交稻培杂桂旱 1 号。培杂桂旱 1 号是我国南方首批通过省级农作物品种审定委员会审定的 3 个抗旱杂交稻新组合之一，在旱播旱管和水插旱管的节水栽培条件下，具有亩产千斤[①]的潜力，对抵抗干旱胁迫及节水农业均有非常重要的意义（邓国富等，2012）。

（四）综合优良性状的育种应用

越南利用本国的普通野生稻材料与国际水稻研究所合作，育成了高产、早熟品种 AS996（IR64/*O. rufipogon*）。AS996 耐酸性硫酸土，且抗稻瘟病和褐飞虱，2005 年在湄公河稻区的种植面积已超过了 12 万 hm²（Heinrichs，1985；Brar et al.，2002）。

丁颖教授于 1928 年，将栽培稻与印度普通野生稻杂交，后来陆续选育出印竹 14 号、印竹 11 号、印竹 13 号、银印 2 号、银印 20 号、东印 1 号和东印 11 号等品种，并且一度在华南推广（林世成和闵绍楷，1991）。其中，早银占与印度普通野生稻的杂交后代 F_4（39-2）在高肥去蘗栽培条件下，获得具 1400 粒的千粒穗，结实良好。该结果曾发表于日本《农业及园艺》杂志，引起东亚稻作科学界的极大关注（黄超武，1985）。

Bhuiyan 等（2011）运用马来西亚普通野生稻（IRGC105491）与 MR219 配制的 BC_2F_6 群体，通过籽粒、果皮颜色、产量和农艺性状相关 QTL 的验证，以及稻瘟病抗性筛选，获得 1 个高抗稻瘟病，籽粒、果皮红色、产量高和农艺性状优的品系 G33。

第二节　普通野生稻渗入系育种应用案例

一、具有广东普通野生稻血缘品种品系的选育

（一）中山 1 号及其衍生品种的选育

1. 中山 1 号的选育

丁颖院士于 1926 年夏在广州市东郊犀牛尾沼泽地发现普通野生稻，采集种茎按单株种植于中山大学农学院（今华南农业大学前身）的农场水塘。1926 年冬采种，1927 年按单粒播种，共计 6 棵秧苗（W_1~W_6）分别盆栽于网室中。其中 W_3 在生长后期明显不同于其他植株，表现为茎秆直立，叶挺直，穗子全部不育，因此无法通过种子繁衍和系统选择而被淘汰。同年按单株收获除 W_3 外的各株种子。1928 年按株系种植于大田中，W_1、W_2、W_4、W_5、W_6 分别种植 10 株、30 株、40 株、27 株和 20 株。1929 年冬得到

---

① 1 斤=500g

W_{2-2} 及其他自然杂种分离的固定系统。1929~1930 年连续两年观察了野生稻自交后代分蘖类型、叶鞘色、芒、颖壳色和米色等性状的分离规律。1930~1933 年，进行 W_{2-2} 单株的特性观察及多株的产量试验。至 1933 年，W_{2-2} 与产量有关的特性没有劣变的倾向，而且长势旺盛，对于寒害、热害及不良土壤等的抵抗力特强，产量高，因此定为一个新品种，以它所在的中山大学农学院命名为中山 1 号。除 W_{2-2} 外，上述株系中尚有 W_1c-18-2、W_1c-2-3、W_1c-70-2、W_1-10-1 和 W_5c-17-5 等表现较好的性状稳定的株系（丁颖，1933）。

中山 1 号为普通野生稻与栽培稻自然杂种中无芒、无色、白米及茎秆直立的隐性分离固定品种。该品种发芽能力强而且整齐。其分蘖能力强，每株有效分蘖数为（28.94±0.040）个，与野生稻的多分蘖相近。秆似栽培稻直立、整齐，株高为（90.07±0.078）cm，抗倒伏能力强于一般栽培稻品种。叶片硬直，叶色浓绿，至成熟期变黄的仍较少。剑叶长 43.37cm，宽 9.00mm，叶端高出穗端 20.5cm，叶身与穗轴所成角度为 30°左右。该种为晚稻中熟种，预定播期为 7 月 1 日，移植期为 8 月 1 日，出穗期为 10 月初，收获期为 11 月初。开花多在正午，与野生稻的开花时间不同，且每棵各分蘖的出穗期也很整齐。颖花的开闭时间及授粉状态与普通栽培稻种相同，柱头不外露。穗型较密集。结实率低。穗长为（20.76±0.039）cm，每穗粒数为（91.86±0.28）粒，着粒密度为（4.24±0.011）粒/cm。谷粒无芒、无色，粒形与 Graham 氏谷粒分类的第一级相似。千粒重 24.89g，粒长 8.69mm、宽 2.95mm，谷粒厚 2.17mm。糙米为玻璃质米。从 1930~1933 年的产量比较试验来看，该品种产量较高（丁颖，1933）。当时普通晚稻亩产 200kg 以下。1930 年该品种的小区产量为 264.5kg/hm²。1931 年与本品种熟期相近的竹占、油占及齐眉 3 个品种的平均产量为 174kg/hm²，而中山 1 号为 207.5kg/hm²。1932 年上述 3 个对照品种的平均产量为 147kg/hm²，中山 1 号则为 211kg/hm²，中山 1 号约比上述熟期相近的 3 个品种增产 30%左右。1933 年该品种的产量为 193kg/hm²。4 年的平均产量为 219kg/hm²。该品种的糙米品质颇佳，与广州当时的一级米栽培稻品种竹占相比，其米粒特别膨胀和爆裂，比竹占更具光泽和透明度高，蛋白质和脂肪含量更高，但其米饭口感有些粗糙，与一般由赤米育成品种的米质相近，可能是由旺盛的生长习性和植株仍保留有一些野生稻的特性所致。

中山 1 号对于不良环境的抵抗力特强。例如，1931 年 9 月末气温骤降至 14℃左右，1931 年 8 月气温持续在 26℃以上，一般栽培稻品种均明显受影响，而该品种的受害程度很微小。又如该年晚季植后 3 周左右，土壤的强酸性导致一般栽培稻品种多有萎黄病发生，而本品种的受害特征亦微小。对白叶枯病、矮缩病和褐飞虱也具有一定的抗性（丁颖，1933；林世成和闵绍楷，1991）。

1930~1936 年，由中山大学南路稻作育种场对中山 1 号、竹占 1 号等品种进行推广，通过委托各农事机关及农业学校（广东省高州农业学校和廉江第三区职业学校 2 个分布点）推广，或通过赠予或出售种子给农民（广东信宜县 11 个分布点）的方法推广（刘祥集，1936）。由于试验条件所限，只有 1934 年得到完整的试验结果。由于各地土壤肥力不一，产量也参差不齐。在 13 个推广地点中，亩产最高为 223.8kg（广东信宜平保），最低亩产为 69.4kg（广东廉江，但该分布点仍比对照品种增产 15.3%），平均亩产为

197.5kg，而对照品种的平均亩产为145.53kg。与对照品种相比，最高增幅为20.4%，最低为-33.3%，平均为3.55%。除个别地点特别不适应外，大部分推广点均表现为增产。1933年开始在广州南部地区试种，后引种至广西，由于历史原因，未能查到当时中山1号的推广面积。中山占是中山1号的直接衍生品种，1950年推广了2.47万hm²，从1949年至1975年，种植年限长达26年（林世成和闵绍楷，1991）。优良品种是系统选育的基础，因此可以推测，中山1号在新中国成立前应该有一定的种植面积，特别是在田地贫瘠、粗放管理的地区受到农民欢迎。

2. 中山1号衍生系的选育和系谱

中山1号及其衍生系不断出现新的变异。半个多世纪以来，广东和广西等省（自治区）的一些研究单位和农民通过系统选育、杂交育种和辐射诱变育种等多种途径对中山1号进行改良，共衍生了至少8辈95个品种（表6-3和图6-1）。其中，系统选育的品种有46个，占整个衍生品种的48.42%，带有野生稻细胞质兼细胞核基因的品种有41个，占系统选育品种的89.13%；杂交育种选育的品种有42个，占整个衍生品种的44.21%，带有野生稻细胞质兼细胞核基因的品种有24个，占杂交育种选育品种的57.14%；辐射诱变育种选育的品种有7个，占整个衍生品种7.37%，带有野生稻细胞质兼细胞核基因的品种有6个，占辐射诱变品种的85.71%。中山1号第3至6辈衍生的品种最多，分别为21个、33个、26个和10个，占了所育成品种的绝大部分。在所有品种中，中山占、中山红、中山白、包胎矮和包选2号衍生的品种最多，原因在于它们本身就是生产上的优良品种，推广的时间长，面积大，因此也是衍生品种的重要亲本。例如，从中山红（又名包胎红）衍生出包胎矮、大灵矮和钢枝占等推广面积较大的品种；从中山白（又名包胎白、包胎占）衍生了包选2号。中山1号丰富的遗传多样性是众多品种层出不穷的遗传基础。大多衍生品种都具有对病虫抗性较强、耐肥、抗倒、耐寒、耐热、耐贫瘠土壤、对田土适应性较广、高产、稳产、米质好、根系吸肥力强、肥料利用率高、成熟期青枝腊秆、不易早衰等特点（林世成和闵绍楷，1991），从各个方面遗传了中山1号的优良特性。

表6-3　中山1号衍生品种汇总[根据吴鸿深（1986）、林世成和闵绍楷（1991）、
周泽隆和杨新庆（1997）资料整理]

Tab. 6-3　Summary of the varieties derived from Zhong shan 1 ［Summarized from
Wu et al（1986）；Lin and Min（1991）；Zhou and Yang（1997）］

育种方法 Breeding method	辈序及质源 Generation and source matter								合计 Sum	所占比例 Percentage/%	野生稻质源 Source matter from wild rice/%
	1	2	3	4	5	6	7	8			
系统选育 Pedigree selection	1	2	11	13	14	5	0	0	46	48.42	41（89.13）
杂交育种 Hybrid breeding	0	0	10	15	10	5	1	1	42	44.21	24（57.14）
辐射诱变育种 Radioactive mutation breeding	0	0	0	5	2	0	0	0	7	7.37	6（85.71）
合计 Total	1	2	21	33	26	10	1	1	95	100	71（74.74）

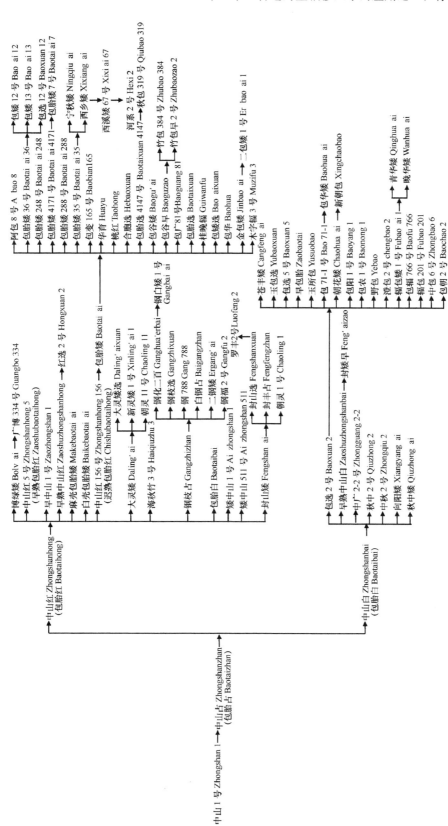

图6-1　中山1号及其衍生品种的系谱（引自李金泉等，2009）

Fig. 6-1　The pedigree of Zhongshan 1 and its derived varieties (Cited from Li et al., 2009)

中山 1 号衍生的品种在生产上起主导作用的有 27 个，表 6-4 列出了中山 1 号主要衍生品种的推广情况。据不完全统计，这 27 个品种总的推广面积达 824.6 万 hm²。推广面积达 66.67 万 hm² 以上的品种有 3 个，包选 2 号为 430.47 万 hm²、包胎矮为 175.27 万 hm² 和大灵矮为 68.93 万 hm²。推广面积为 6.67~66.67 万 hm² 的品种有 6 个，分别为中山红、包胎白、早中山 1 号、阿包 8 号、迟熟包胎红和朝灵 11。从 20 世纪 30 年代中山 1 号开始推广算起，至 90 年代，推广时间超过 60 年。其中，中山占从 1949 年至 1975 年，种植年限达 26 年；中山红自 1955 年开始推广，至 1977 年止，其当家时间共计 23 年；包胎矮推广时间从 1962 起，至 1990 年仍有较大面积种植，达 28 年；包选 2 号推广时间从 1970 年至 1992 年，达 22 年；大灵矮推广时间长达 18 年（1970~1988 年）（吴鸿深，1986）。这些品种长期以来成为华南地区晚籼的当家品种，种植面积广，栽培年限长，创造了巨大的经济和社会效益，这在水稻育种史上是罕见的（黄超武，1992）。

（二）多元配组杂交育种法的实践应用

多元配组杂交育种法的实践应用，最经典的例子是广东省增城区农业局种子站宋东海（1994，1999）运用广东增城普通野生稻培育出一系列兼具普通野生稻和栽培稻主要优点的新品种、新品系。宋东海从 1980 年开始，直接利用增城普通野生稻与国内外栽培稻品种杂交，进行遗传育种利用研究，在杂交育种上主要采用多元配组杂交遗传育种法，历时 18 年，先后成功培育出明显兼具普通野生稻和栽培稻主要优点的优质或特优质、高产、抗多种病虫害、效益高、适应性广的水稻新品种桂野占、野澳丝苗、桂野丝苗、野莉占、美野占、双野占、桂野香等，并被全国 13 个省（自治区）广泛引种，取得了明显的社会经济效益。另外，证明了多元配组杂交育种法在野生稻遗传育种上是卓有成效的。以下内容具体介绍宋东海多年的杂交育种实践案例。

1. 桂野占系列新品种的选育

宋东海选用自然生长在广东省增城区洋田桥河畔的普通野生稻作父本，与国内栽培稻高产品种桂朝 2 号杂交，定向选育成优质、高产、稳产、高抗稻瘟病和白叶枯病、中抗细菌性条斑病和褐飞虱的优良新品种系列桂野占。桂野占兼具增城普通野生稻和栽培稻桂朝 2 号双亲的主要优点，如增城普通野生稻的优质、对病虫害的高度抗性、对不良环境条件的良好适应性、省肥、粗生易长等主要优点都明显地遗传给了桂野占，这些优点又明显地与栽培稻良种桂朝 2 号的株型茎态理想、适应性广、耐肥抗倒、穗大粒多、高产性能好等优点有机地结合成一体，这就使桂野占具有丰富的遗传背景。

2. 利用桂野占多元配组培育高产、优质良种的研究实践

为了培育集野生稻与国内外栽培稻多个典型种质的优点于一身，并具有优质、高产、高效特点的水稻新品种。18 年来，宋东海利用桂野占 2 号、桂野占 3 号广泛与国内外优异的水稻种质资源进行杂交育种研究，先后培育成一批优质、高产、高效的水稻新品种。

（1）新品种野澳丝苗的选育

用桂野占 2 号与国外著名的特优品种澳洲袋鼠丝苗杂交，成功地定向培育出明显兼

表 6-4 中山 1 号主要衍生品种的选育和推广情况

Tab. 6-4 Summary of the varieties derived from ZhongShan 1 on breeding and popularization

品种名称 Variety name	选育单位 Breeding unit	组合 Combination	育成年份 Breeding year	推广面积/万 hm² Popularization area/万 hm²	参考文献 References
二钢矮 Ergang'ai	广东省阳江市农业科学研究所	二白矮 1 号(♀)/钢枝占(♂)		0.93	林世成和闵绍楷, 1991
大灵矮 Daling'ai	广西壮族自治区灵山县农业科学研究所	包胎红系选	1968	68.93	林世成和闵绍楷, 1991
中山占 Zhongshanzhan	广西壮族自治区	中山 1 号系选		2.47	林世成和闵绍楷, 1991
中山白 Zhongshanbai	广西壮族自治区柳州农业试验站	中山红系选	1964	4.60	林世成和闵绍楷, 1991
中山红 Zhongshanhong	广西壮族自治区玉林市名山乡	中山占系选	1947	8.00	林世成和闵绍楷, 1991
中广 2-2 号 Zhongguang 2-2	广西壮族自治区	中山白/广选 3 号		0.67	周泽隆和杨新庆, 1997
中包 6 号 Zhongbao 6	中国科学院华南植物所	包选 2 号快中子处理		1.40	林世成和闵绍楷, 1991
玉包选 Yubaoxuan	广西壮族自治区玉林市农业科学研究所	包选 2 号系选	1978	4.80	林世成和闵绍楷, 1991
玉所包 Yusuobao	广西壮族自治区玉林市农业科学研究所	包选 2 号系选		4.80	林世成和闵绍楷, 1991
白钢占 Baigangzhan	广西农业大学	钢枝占系选	1984	0.53	周泽隆和杨新庆, 1997
包华矮 Baohuaai	广东省高鹤县农业科学研究所	包选 2 号/广华矮	1974	1.67	林世成和闵绍楷, 1991
包选 12 号 Baoxuan 12	广西壮族自治区玉林市农业试验站	包胎矮 36 系选	1971	1.33	林世成和闵绍楷, 1991
包选 2 号 Baoxuan 2	广西壮族自治区玉林市农业科学研究所	包胎白系选	1965	430.47	林世成和闵绍楷, 1991
包胎白 Baotaibai	广东省肇庆市农业科学研究所	包胎红系选	1961	15.65	林世成和闵绍楷, 1991
包胎矮 Baotaiai	广西壮族自治区玉林市农业科学研究所	中山红 156(♀)/秋矮 133(♂)	1959	175.27	林世成和闵绍楷, 1991
包胎矮 7 号 Baotaiai 7	广东省肇庆市农业科学研究所	包胎矮 4171 系选	1968	4.40	林世成和闵绍楷, 1991
早中山 1 号 Zaozhongshan 1	广西壮族自治区灵山县农业局;广西壮族自治区灵山县农业科学研究所	广仙(♀)/中山红(♂)	1971	20.67	林世成和闵绍楷, 1991
华育 Huayu	广东省五华县良种场	包胎矮系选		0.07	广东省农业局, 1978

续表

品种名称 Variety name	组合 Combination	育成年份 Breeding year	推广面积 Popularization area/万 hm²	选育单位 Breeding unit	参考文献 References
红选 2 号 Hongxuan 2	早熟中山红系选	1968	0.10	广东省阳江市农业科学研究所	广东省农业局, 1978
阿包 8 号 Abao 8	阿中 (♀) /包胎矮 (♂)		31.33	广东省澄迈县农业科学研究所	林世成和闵绍楷, 1991
迟熟包胎红 Chishubaotaihong	包胎红系选		19.53	广西壮族自治区玉林市	林世成和闵绍楷, 1991
封矮早 Fengaizao	广二矮 5 号 (♀) /早熟中山白 1966 (♂)	1966	0.67	广东省封开县农业科学研究所	林世成和闵绍楷, 1991
钢白矮 1 号 Gangbaiai 1	钢枝占 (♀) /二白矮 1 号华系组合 (♂)	1979	3.00	广东省农业科学院水稻研究所	林世成和闵绍楷, 1991
钢枝占 Gangzhizhan	中山红系选	1974	3.87	广东省德庆县农业科学研究所	林世成和闵绍楷, 1991
钢枝选 Gangzhixuan	钢枝占系选	1983	2.40	广西壮族自治区贵县农业科学研究所	林世成和闵绍楷, 1991
朝灵 11 号 Chaoling 11	朝阳矮 1 号/大灵矮	1973	16.40	广西壮族自治区灵山县农业科学研究所	周泽隆和杨新庆, 1997
辐包矮 Fubaoai	包选 2 号辐射	1971	0.67	广东省农业科学院	广东省农业局, 1978

具野生稻和栽培稻 3 个亲本主要优点的米质特优、稳产、高产、多抗、矮秆抗倒伏、适应性广的新一代丝苗米良种野澳丝苗。在增城区 1990 年、1991 年早造品比中，野澳丝苗分别比对照种七桂早 25 增产 9.84% 和 13.17%；在广州市 1991 年晚造区试中，比对照种七桂早 25 增产 4.4%，名列第一；在佛山市农业科学研究所 1992 年早造品比中，比对照种七山占增产 6.14%；在湖北省京山县农业科学研究所 1993 年品比中，比对照种鉴真二号增产 12.53%，比粳籼 89 增产 12.86%。大田生产一般亩产 400~450kg，高产栽培亩产 600kg 以上。中南地区各省引种推广 50 多万公顷，一般亩产 400~500kg，高产栽培亩产达 635kg，普遍增产、增收。1993 年 12 月，野澳丝苗被广州市农作物品种审定委员会审定为水稻良种，并通过了由华南农业大学、广东省农业科学院水稻研究所、广东省种子公司等教学、科研、推广部门的技术鉴定，米质为特一级。

（2）新品种紧粒桂野占的选育

用桂野占 2 号与双二早占 1 号杂交育成了紧粒桂野占。其主要特点是茎秆粗壮、耐肥、抗倒、着粒紧密、穗大粒多，平均每穗比桂野占 2 号多 15~20 粒，高产潜力大。增城区品比，紧粒桂野占 2 号、紧粒桂野占 4 号并列第一，比对照种桂野占 10 号增产 9.52%；大田生产一般亩产 425~475kg，高产田亩产超过 500kg。

（3）新品种青桂野 79 的选育

用不育系协青 A 与桂野占 2 号杂交育成。该品种株型茎态理想，茎秆粗壮，矮秆抗倒伏，叶片厚直，穗大粒多，抗病性强，高产性能好，稳产，为常规高产品种。在增城区 1991 年早造品比中亩产 472.5kg，比对照种三二矮增产 21.18%，比桂野占 10 号增产 12.5%；在广州市 1992 年早造品比中，亩产 402.5kg，比对照种三二矮增产 10.42%；大田生产一般亩产 450kg 左右，高产田亩产 587.5kg。

（4）新品种双野占 1 号的选育

用桂野占 3 号与双二占杂交育成的双野占 1 号的主要特点是粗生易管，适应性广，熟期适中，丰产性能好，抗病力强，米质优，饭味佳。突出优点是出米率、整米率高。据广东省农业科学院水稻研究所测定，糙米率为 80.3%，精米率为 71.2%，整精米率高达 71.3%。在增城区 1992 年早造品比中，亩产 445kg，名列第一，比对照种七桂早 25 增产 18.95%；在 1993 年早造品比中，亩产 416kg，比对照种七桂早 25 增产 33.76%，也名列第一；1993 年早造参加广州市区试鉴定，双野占 1 号在 14 个参试品种中名列第二，比对照种七桂早 25 增产 2.8%；增城区 1992 年、1993 年早晚造大田生产表证试种 1086 亩，一般亩产 400~450kg，比其他品种如七桂早 25、三黄占等增产、增收。

（5）新品种桂野丝苗的选育

用桂野占 3 号与驰名中外的增城丝苗高秆农家高脚丝苗种杂交，经 8 代定向选育而成，有桂野丝苗 1 号、桂野丝苗 2 号、桂野丝苗 3 号、桂野丝苗 6 号、桂野丝苗 22 号等。桂野丝苗各品系的共同特点是：早稻中熟，早晚两造兼用，矮秆抗倒，叶片窄直，叶色浓绿，分蘖力强，有效穗数多，丰产性能好，籽粒精实，谷壳金黄色，米粒苗条、晶莹洁白、玻璃质、软滑适中，饭味佳。但不同品系又有明显区别：桂野丝苗 1 号高产性能好，千粒重 17.1g，粒型、粒重、释色、米质均与增城丝苗品种十分相似，但产量成倍提高，米质经广东省粮食科学研究所粮油检测中心检定为特一级；桂野丝苗 2 号粒型较长、苗条美观，糙米长宽比为 3.23：1，稃端明显呈关刀尾，煮饭软滑可口而不黏，色味佳，倍受欢迎；桂野丝苗 3 号株型茎态与桂野丝苗 1 号相似，但粒型细小，千粒重仅 16.4g，糙米长宽比为 2.86：1。桂野丝苗 3 个不同品系各具特色。在增城区 1992 年早造品比中，桂野丝苗 1 号亩产 393.4kg，比对照种七桂早 25 增产 5.71%，比袋鼠丝苗增产 83.49%，桂野丝苗 2 号亩产 389.1kg，比对照种七桂早 25 增产 4.14%，比澳洲袋鼠丝苗增产 81.46%；在 1993 年早造复试中，桂野丝苗 1 号亩产 406kg，名列第一，比对照种三黄占增产 25.31%，桂野丝苗 6 号亩产 398kg，比三黄占增产 22.84%，桂野丝苗 2 号亩产 378kg，比三黄占增产 16.67%；增城区 1992 年、1993 年早晚造大田表证试种 1278 亩，一般亩产 400kg 左右，由于米质特优、增产、增收，深受欢迎。

（6）新品种美野占 2 号的选育

利用桂野占 313 与美国稻种 Eond 杂交，经 8 代定向培育成美野占 2 号，属早稻中熟优质品种。株型集散适中，叶片窄直，穗大粒多，熟色佳，结实率高，田间抗病力强，稳产性好，产量高，青枝腊秆，谷黄叶青，初步认为是一个优质、高产、抗病、高效的水稻良种。美野占 2 号在增城区 1993 年早造品比中亩产 494.1kg，名列前茅；在晚造品比中亩产 446kg，名列第一，比对照种七桂早 25 增产 43.41%；晚造大田生产表证试种 1.2 亩，验收亩产 407kg，在晚造百年一遇的恶劣天气下仍生长发育正常，实收产量比七桂早 25 增产 35%。

（7）新品种野华占 2 号的选育

利用桂野占 3 号与华引 1 号（美国优质稻种）杂交育成的优良品系野华占 2 号，其主要特征是：粗生、穗大粒多、高产性能好、抗病力强、米质优。其米粒粒型好、玻璃质，千粒重 19.1g，糙米长宽比为 3.23：1，呈长条形，是一个集优质、高产、高效于一体的优质稻新品种。早稻中熟，晚稻早熟，两造兼用。在 1993 年早造品比中，野华占 2 号亩产 552.6kg，名列前茅；在晚造品比中亩产 436kg，名列第二，比对照种七桂早 25 增产 40.19%；平均日产量为 4.11kg，名列第一，比七桂早 25 增产 52.0%。

（8）新品种野莉占的选育

用桂野占 3 号与 Labelle（美国稻种）杂交育成的优良品系有野莉占 1 号、野莉占 2 号。野莉占的主要特征是株型集散适中，分蘖力中等，有效穗数较多，穗大粒多，丰产性能好，后期熟色佳，结实率高，千粒重 19.6g，米质优。早造中熟，晚造早熟，两造兼用。在 1993 年增城区品比中，野莉占 2 号亩产 609kg，居 13 个参试品种之首；在晚造品比中亩产 423kg，名列第三，比对照种七桂早 25 增产 36.01%；平均日产量为 3.99kg，名列第二，比七桂早 25 增产 47.78%。初步认为是一个优质、高产、高效的新品种。

（9）新品种桂野香的选育

桂野香是用桂野占 3 号与著名农家种增城香占杂交育成的，有桂野香 6 号、桂野香 9 号、桂野香 10 号等多个品系。桂野香早造中熟，晚造早熟。其茎秆粗壮，分蘖力中等，穗大粒多，谷色金黄，米粒苗条、优质、具有清香味。一般亩产 350~400kg，产量比增城香占成倍增产。初步认为桂野香是一个集优质、清香、高产、高效于一体的新型特需稻品种。

（10）新品种野卢占 3 号的选育

用桂野占 3 号与三卢占 7 号杂交育成的野卢占 3 号属早稻中迟熟品种。其株型集散适中，矮秆抗倒伏，耐肥，分蘖力较强，有效穗数多，剑叶短直，后期青叶数多，米质优，籽粒细小，千粒重仅 16g。该品种抗病力强，稳产性能好，可以早晚两造兼用。在增城区 1993 年早造品比中，野卢占 3 号亩产 335.7kg；在晚造品比中亩产 387.5kg，比对照种七桂早 25 增产 24.6%；平均日产量为 3.31kg，比七桂早 25 增产 22.59%。

二、具有广西普通野生稻血缘品种桂青野的选育

（一）选育经过

黄珉猷等（1994）从 1983 年开始，将广西普通野生稻 81-377 作为母本，晚籼青华矮 6 号作为父本，遮光处理至抽穗后将二者杂交，获得杂交种 5 粒，当年晚造种下为 F_1，选择优良株系，以双桂 1 号作第二父本杂交，获 175 粒杂种。

1984 年早造种下为 BC_1F_1，获 170 个单株，从中再选优株，再用双桂 36 作第三父本杂交，获杂交种子 305 粒。

1985 年早造种下为 BC_2F_1，获 235 个单株，经观察从中选择 25 个优良单株进行混合收种。晚造种下为 BC_2F_2，群体分离现象较明显，表现复杂，与其他配组的野栽杂交后代不同，具有一定的倾向性，倾栽性状占了一定比例。在该复杂群体中，黄珉猷等（1994）以矮秆选择为前提，结合考虑偏栽性状，选择倾栽、典栽、倾野、栽野混合型等矮秆优良植株，对优异单株采用系谱法选择，对一般的单株采用混选法选留，共选出单株 52 个，混合体 1 个；淘汰典野和高秆类型。

1986 年早造，种植 52 个株系和 1 个混合播植区为 BC_2F_3，从中选出矮秆、穗部性状结构较好的早、中、迟熟类型单株 32 个。

1987 年早造种下为 BC_2F_4，在 32 个株系中，淘汰掉早熟型米质差、特迟熟型野性较多的株系，选择中熟、迟熟类型米质较优的矮秆单株 25 个。当年晚造种下为 BC_2F_5，在 25 个株系中，选择 9 个单株。

1988 年晚造种下为 BC_2F_6，在 9 个株系中选出 10 个单株。

1989 年晚造种下为 BC_2F_7，从 10 个株系中选出 11 个单株。

1990 年晚造，在 11 个株系中有 1 个株系表现性状稳定，矮秆，穗大粒多，结实率高，米质优，后期叶片不早衰，作为入选小区，经测产，折亩产 587.1kg，比对照品种团结 1 号增产 15.62%，定名为桂青野。

（二）桂青野特征特性

桂青野株型集散适中，分蘖力强，有效穗数多，耐肥，抗倒性强，高抗稻瘟病，剑叶中长，叶色青秀，后期熟色好。株高为 96cm，有效穗数为 2~26 万穗/亩，每穗粒数为 114 粒，结实率为 88.5%，千粒重 19.6g。谷壳褐黄色，出米率高，米粒较细长、透明、无腹白和心白。在南宁 7 月初播种，1 月初成熟，全生育期为 120~125d，比桂晚辐早熟 11d；在桂中 6 月下旬末 7 月上旬初播种，全生育期为 121~126d，比水辐 17 号早熟 7~9d。

桂青野属弱感光型晚稻早熟品种，秧龄弹性大，15~45d 秧龄的秧苗插后齐穗期相差不大，但以 25~30d 最适宜。疏播培育壮秧，每亩秧田播种量以 20~25kg 为宜。插植规格以 20cm×（10~13）cm、每丛插 3~4 苗为好。本田要施足基肥，早施、重施分蘖多。该品种后熟期较长，成熟较缓慢，不宜过早断水晒田，以利籽粒饱满，获得更好的收成。

据中国水稻所谷物化学分析室分析得出，桂青野糙米率为 77.99%，精米率为71.95%，整精米率为61.64%，粒长 6.2mm，粒长宽比为 2.84，垩白粒率为1%，垩白大小为9%，垩白度为 0.09%，透明度 1 级，糊化温度为 7℃，胶稠度为 58mm，直链淀粉含量为 25.99%，蛋白质含量为 10.61%。在试种过程中，各地普遍反映米质优良。

（三）桂青野试验试种表型

桂青野 1991 年参加广西农业科学院联合品比试验，亩产 421.2kg，比团结 1 号增产16.6%。由于表现突出，1992 年提升参加自治区级区域试验，桂南稻作区 10 个试点平均亩产 384.8kg，比对照品种桂晚辐增产 2.34%，熟期早熟 11d；桂中稻作区 6 个试点，平均亩产 315.5kg，比对照品种水辐 17 号略减产（不显著）。

1993 年继续参加区试，同时列为自治区科学技术委员会的中试项目。区试设南宁、柳州、玉林 3 个试点，平均亩产 342.72kg，比桂引 901 减产 1.77%，其中南宁点名列第一位，亩产 456.6kg，比桂引 901 增产 7.45%。中试在桂南、桂中设 5 个点，试种面积为 67.97 亩，平均亩产 405.94kg，比对照品种七桂早增产 15.37%~18.70%，比 713 增产10.8%，比团结 1 号增产 26.02%。

三、具有云南元江普通野生稻血缘品种品系的选育

本课题组根据前期构建的元江普通野生稻渗入系（见第二章），从 2009 年开始对其 BC$_2$F$_{12}$ 350 个株系进行各种抗性鉴定、农艺性状及米质评价。稻瘟病采用田间自然诱发鉴定和实验室鉴定，田间自然诱发鉴定采用重病田块，辅以感病品种诱导稻瘟病的发生，从中选出抗性为 3 级（抗病）以上株系 40 个；白叶枯病抗性采用实验室保存的 3 个强致病型生理小种人工剪叶接种鉴定，辅以自然发病方法鉴定，从中选出抗性为 3 级（抗病）以上广谱抗性（抗供试的 3 个菌株）株系 57 个；采用培养箱低温鉴定和田间自然冷害鉴定，筛选出耐冷性良好株系 30 个；对 350 个渗入系于芽期和苗期在实验室进行抗旱胁迫鉴定及田间全生育期抗旱性鉴定，筛选出 53 份抗旱材料；在云南省玉溪市易门县浦贝乡海拔 1300m 籼粳交错区，种植 350 个渗入系，每个渗入系以小区种植，3 次重复，调查一系列农艺性状，鉴定出农艺性状优良的株系 63 个；委托农业部食品质量监督检验测试中心（武汉）进行米质鉴定，米质达到国家优质稻谷标准三级的有 50 份。综合以上鉴定数据，筛选出具有突出优良性状的材料，如高抗稻瘟病、抗白叶枯病、抗干旱、抗寒冷、高产、大粒、大穗、叶片直立、株型好、根系发达、高产潜力大等，从中选育出 4 个新品种和 15 个新品系，其中有 2 个粳稻新品种（云资粳 41 号已通过审定，云资粳 47 号已进入云南省农作物品种审定区试），2 个籼稻品种（云资籼 42 号已通过审定，云资籼 44 号获得国家植物新品种权）。15 个新品系的农艺性状调查情况和理论产量见表 6-5，理论产量

表 6-5 从元江普通野生稻渗入系中选育的水稻高产优质抗逆良新品系

Tab. 6-5 Fine new lines of high yield, high quality and adversity resistance from Yuanjiang common wild rice introgression lines

品系名称 Cultivar name	生育期 Growth stage/d	每株有效穗数 Effective panicle per hill/穗	株高 Plant height/cm	每穗总粒数 Grain number per panicle/粒	结实率 Grain setting/%	千粒重 1000grain weight/g	单穗理论产量 Single panicle theoretical yield/g	单株理论产量 Individual theoretical yield/g	亩理论产量 Theoretical yield/kg
云资籼 52 号 Yunzixian 52	160.0	7.0	111.8	165.9	87.32	35.0	5.07	35.49	887.15
云资籼 54 号 Yunzixian 54	167.7	9.0	98.6	209.5	76.38	22.7	3.64	32.75	818.65
云资粳 51 号 Yunzijing 51	167.0	6.7	92.5	214.8	78.45	29.0	4.89	32.61	815.01
云资粳 53 号 Yunzijing 53	162.5	11.0	104.8	219.8	67.61	26.2	3.89	42.83	1070.71
云资籼 58 号 Yunzixian 58	164.7	8.3	89.1	193.8	79.43	29.9	4.60	38.35	958.85
云资籼 62 号 Yunzixian 62	164.7	6.7	114.8	226.3	88.75	28.6	5.74	38.29	957.20
云资粳 55 号 Yunzijing 55	165.3	9.7	74.2	176.1	66.64	30.7	3.61	34.87	871.77
云资籼 64 号 Yunzixian 64	173.0	6.0	88.5	283.9	78.77	24.3	5.43	32.56	814.01
云资籼 66 号 Yunzixian 66	160.3	6.0	84.2	205.8	85.53	31.5	5.55	33.30	832.58
云资粳 57 号 Yunzijing 57	176.0	10.3	111.0	241.1	72.85	20.9	3.66	37.85	946.18
云资粳 59 号 Yunzijing 59	173.3	6.3	117.0	226.6	76.18	31.4	5.42	34.33	858.27
云资籼 70 号 Yunzixian 70	168.3	6.7	105.4	243.5	74.57	26.8	4.86	32.42	810.40
云资籼 72 号 Yunzixian 72	171.3	7.0	94.6	198.8	82.23	31.7	5.18	36.24	905.91
云资粳 76 号 Yunzixian 76	173.3	9.7	95.8	190.4	60.23	32.9	3.77	36.42	910.45
云资粳 61 号 Yunzijing 61	173.7	8.0	106.2	240.6	76.48	24.9	4.58	36.61	915.15

都在 800kg/亩以上，属于高产潜力大的新品系，将会逐渐在多个地方进行试验种植，检验其适应范围后，逐步进入区试，有望成为高产、抗逆优势水稻新品种。

（一）新品种云资粳 41 号特征特性及试验试种

1. 特征特性

云资粳 41 号属典型粳稻，株型紧凑，生长旺盛，茎秆粗壮、坚韧、有弹性、抗倒性强。全生育期为 181d，成熟时青秆黄熟，剑叶角度中间型，成穗率高，株高 98cm，穗长 16.5cm，千粒重 26.3g，每穗总粒数为 199.3 粒，实粒数 175.1 粒，结实率为 87.9%，单株有效分蘖数为 10.1 个，落粒性适中，每亩有效穗数为 29.2 万穗，成穗率为 83.1%。糙米率为 80.2%，精米率为 69.4%，整精米率为 62%，粒长宽比为 1.8，垩白粒率为 30%，垩白度为 2.4%，透明度 2 级，碱消值为 7 级，胶稠度为 77mm，直链淀粉含量为 15.0%，稻米品质优，口感较好，蒸煮时有很浓的香味。适应在海拔 1750~1850m 种植。

2. 试验试种

2009~2010 年参加云南省中部常规粳稻区域试验（表 6-6），结果表明：该品种在楚雄、澜沧、玉溪、弥渡、保山、陆良、宜良和泸西 8 个不同生态区两年平均亩产为 738.6kg，比对照合系 41 号增产 7.57%，试点无严重病害记载，在 10 个参试品系中综合排名第二。在 2011 年云南省种子管理站组织的中海拔粳稻生产试验中，以楚粳 27（宜良）、楚粳 28（弥渡）和合系 41 号（楚雄、陆良和保山）作为对照品种，平均亩产为 733.8kg，比对照增产 8.3%，宜良减产 1.77%，弥渡减产 8.43%（表 6-7）。2011 年 8 月 23 日在陆良县经专家组现场评审后一致同意通过田间鉴评。

（二）新品种云资粳 47 号特征特性及试验试种

该品种属粳稻类型，株型紧凑，生长旺盛，茎秆粗壮、坚韧、有弹性、抗倒性强。全生育为 177~187d，有效穗数达 19~22 万穗/亩，株高 110~115cm，穗长 16~23cm，千粒重 25~27g，每穗总粒数为 180~240 粒，实粒数 163.2 粒，结实率为 78~81%，单株有效分蘖数为 8~10 个。中抗稻瘟病，抗白叶枯病。无芒，亩产 650~700kg。稻米品质优，口感较好。适宜在海拔 1750~1850m 种植。2012 年在陆良进行小区测产试验，产量为 648kg/亩。2013 年进行多点试验，在会泽种植亩产 528kg，陆良亩产 659kg。

（三）新品种云资籼 42 号特征特性及试验试种

1. 特征特性

云资籼 42 号为典型籼稻品种，株型较好，茎秆粗壮、坚硬、抗倒性较强，落粒性适中，具短芒，分蘖能力强，成熟时属于青秆熟。早稻全生育期为 151d，晚稻生育期为 131d。株高 90~110cm。成穗率较高，属大粒型，穗长 20.6cm，千粒重 30~32g，穗粒数为 130~160 粒，结实率在 80%以上，单株有效分蘖为 10.5 个。早稻亩产达 650kg，晚稻亩产达 450kg。糙米率为 78.8%，精米率为 70%，整精米率为 66%，粒长 7.0mm，粒长宽比为 2.8，垩白粒率为 12%，垩白度为 14.0%，透明度 1 级，碱消值为 7 级，胶

表 6-6　云资粳 41 号产量及主要性状结果表（两年平均）

Tab. 6-6　Results of yield and main characters from Yunzijing 41 (two years average)

试验点 Test place	亩产 Yield per mu/kg	每亩有效穗数 Effective panicle per mu/万穗	每穗总粒数 Grain number per panicle/粒	每穗实粒数 Filled grain number per panicle/粒	结实率 Grain setting/%	千粒重 1000 grain weight/g	每亩最高茎蘖数 Maximum number of tillers per mu/万个	全生育期 Whole growth period/d	株高 Plant height/cm	成穗率 Panicle rate/%	穗长 Panicle length/cm
楚雄 Chuxiong	857.5	28.7	149.6	112.1	75.4	25.3	32.8	177.5	101.5	87.7	16.8
澜沧 Lancang	395.0	20.8	130.0	111.0	85.0	29.0	21.6	199.0	78.5	96.0	17.0
玉溪 Yuxi	802.8	24.7	123.5	108.9	88.1	28.4	33.4	162.5	99.5	75.7	16.1
弥渡 Midu	844.2	36.4	130.3	98.6	75.7	25.5	41.2	179.5	110.4	88.2	17.0
保山 Baoshan	852.6	33.3	158.2	123.9	78.9	25.7	35.5	171.5	100.5	80.1	17.1
陆良 Luliang	760.9	26.4	158.5	120.5	76.2	27.2	31.0	184.5	111.0	85.2	17.3
宜良 Yiliang	749.2	25.3	129.7	104.2	80.4	26.7	32.5	151.5	104.3	78.5	17.0
泸西 Luxi	746.7	38.2	112.5	82.0	72.6	24.0	52.0	183.5	96.2	73.4	16.0
平均 Average	738.6	29.2	136.5	107.6	79.0	26.4	35.0	176.2	100.2	83.1	16.8

表 6-7　云资粳 41 号生产各试验点每亩产量结果
Tab. 6-7　Yield results per mu of test sites from Yunzijing 41

品系名称 Cultivar name	楚雄 Chuxiong	宜良 Yiliang	陆良 Luliang	保山 Baoshan	弥渡 Mile	平均 Average	[a] 增减产量 Increase or decrease in yield/kg	[a] 产量增减百分比 Percentage of increase or decrease in yield/%
云昌粳 1 号 Yunchangjing 1	750.0	726.7	756.3	899.0	803.0	787.0	109.7	16.2
云资粳 41 号 Yunzijing 41	806.0	686.4	804.4	717.2	655.0	733.8	56.5	8.3
岫粳 16 号 Xiujing 16	664.0	689.8	632.9	736.0	620.0	668.5	-8.8	-1.3
玉粳 13 号 Yujing 13	870.0	738.6	705.8	821.8	717.7	770.8	93.5	13.8
玉粳 14 号 Yujing 14	744.0	752.9	658.8	818.4	717.0	738.2	60.9	9.0
楚恢 9 号 Chuhui 9	576.0	714.1	667.4	698.2	709.7	673.1	-4.2	-0.6
云资粳 82 号 Yunzijing 82	768.0	707.3	555.8	865.2	587.7	696.8	19.5	2.9
靖粳 19 号 Jingjing 19	712.0	581.2	710.6	743.3	549.4	659.3	-18.0	-2.7
[b] 对照 Control	636.0	698.8	668.8	667.6	715.3	677.3		

a 表示与对照相比；b 表示不同区域对照不一致，宜良以楚粳 27，弥渡以楚粳 28 作对照，其余三点系以合系 41 作对照

a show compared with the control；b show different regional control was not the same，Chujing 27 in Yiliang and Chujing 28 in Midu，Hexi 41 in the other three

表 6-8　云资籼 42 号产量及主要性状结果表（两年平均）

Tab. 6-8　Results of yield and main characters from Yunzxian 42 (two years average)

试验点 Test place	亩产 Yield per mu/kg	每亩有效穗数 Effective panicle per mu/万穗	每穗总粒数 Grain number per panicle/粒	每穗实粒数 Filled grain number per panicle/粒	结实率 Grain setting/%	千粒重 1000 grain weight/g	每亩最高茎蘖数 Maximum number of tillers per mu/万个	全生育期 Whole growth period/d	株高 Plant height/cm	成穗率 Panicle rate/%	穗长 Panicle length/cm
景洪 Jinghong	571.2	20.0	156.1	103.7	66.4	32.8	42.5	139.0	120.8	47.1	22.3
林翔 Linxiang	546.8	12.9	166.7	136.7	82.0	29.6	14.0	173.0	103.5	92.1	22.5
蒙自 Mengzi	615.3	16.67	156.6	130.8	83.5	31.0	26.25	161.0	105.0	63.7	22.1
潞西 Luxi	613.0	14.0	177.0	122.1	69.0	30.0	18.5	139.0	116.0	75.7	20.5
文山 Wenshan	621.0	17.0	131.9	118.0	87.4	34.0	33.7	154.0	104.3	50.4	20.9
思茅 Simao	518.5	19.5	122.2	102.1	83.6	30.89	31.0	163.0	89.9	62.9	21.2
隆阳 Longyang	693.3	15.1	171.0	152.5	89.2	32.0	25.0	157.0	103.0	60.4	21.8
平均 Average	596.8	16.46	154.5	123.7	80.06	31.47	27.28	155.1	106.1	60.3	21.61

稠度为 80mm,直链淀粉含量为 15.6%,米品质优,口感较好。在籼稻区,比一般常规籼稻品种的米质优,比杂交稻的口感好,而且有一定的蒸煮香气。适宜在海拔 1400m 以下及相似气候地带的省内临沧、文山、红河、普洱、版纳、玉溪、保山、德宏等地区及省外籼稻区种植。

2. 试验试种

2009~2010 年参加云南省常规籼稻区域试验,结果表明:在林翔、蒙自、文山、思茅、景洪、隆阳和潞西等不同籼稻区两年平均亩产为 596.8kg,比对照红香软 7 号增产 9.42%,增产极显著,14 点次中 12 个点增产,增产点次率为 85.7,在 14 个参试品系中综合排名第二(表 6-8)。2011 年参加了云南省种子管理站组织的常规籼稻生产试验,以红香软 7 号作为对照,平均亩产 577.06kg,比对照增产 10.32%,增产点率为 100%(表 6-9),在 6 个供试品种中综合排名第二。2011 年 6 月 17 日在元江县经专家组现场评审后一致同意通过田间鉴评。

表 6-9 云资籼 42 号生产各试验点每亩产量结果
Tab. 6-9 Yield results per mu of test sites from Yunzixian 42

品系名称 Cultivar name	德宏 Dehong	临沧 Lincang	红河 Honghe	思茅 Simao	文山 Wenshan	平均 Average	比对照增减 Increase or decrease than control/%
临籼 23 号 Linxian23	433.8	7720.0	644.6	446.9	655.7	580.2	10.92
云资籼 42 号 Yunzixian 42	452.0	653.5	580.8	567.0	632.0	577.0	10.32
云恢 292 号 Yunhui 292	342.8	577.6	637.2	500.3	618.3	535.3	2.32
文稻 10 号 Wendao 10	341.6	693.4	694.0	313.5	636.0	518.8	−0.83
美香占 2 号 Meixiangzhan 2	352.2	555.4	572.6	473.6	640.0	518.8	−0.83
滇屯 503 号 Diantun 503	322.2	563.4	593.0	452.6	564.3	499.1	−4.59
对照(红香软 7)Control (Hongxiangruan 7)	387.0	561.3	565.0	513.8	588.3	523.1	0

(四)新品系云资籼 44 号特征特性及试验试种

该品种为典型籼稻类型,株型较好,茎秆粗壮、坚硬,颖壳黄色,颖尖无色,抗倒性较强,成熟时属于青秆熟。株高 90~100cm。全生育期为 140~155d。成穗率较高,属大粒型,穗长 23.2cm,千粒重 22~24g,穗粒数为 161.2 粒,结实率为 83.4%,单株有效分蘖数为 6.5 个,有效穗数为 17.3 万穗/亩。是一个优质、抗性强、产量高的新品种。2010年定名为云资籼 44 号,并在云南省元江县(海拔 425m)参加 1 年 2 季大田生产试种,产量表现较好,一般亩产 500~600kg。

四、具有马来西亚普通野生稻血缘品种远恢 611 的选育

来自马来西亚普通野生稻的高产 QTL *yld1.1* 和 *yld2.1* 均为具有显著增产效应的主效 QTL,通过建立紧密连锁的分子标记直接对其进行辅助选择在技术上是可行的。国家杂交水稻工程技术研究中心与中国科学院遗传与发育生物学研究所合作,直接从测交群体威 20A 野生稻//威 20B/威 20B///测 64 中选择含有高产 QTL *yld1.1* 和 *yld2.1* 的单株作高产基因供体，以优良晚籼恢复系测 64-7 为受体和轮回亲本进行回交，希望把高产 QTL 转入优良恢复系中，开展杂交水稻超高产育种研究。通过对各来源亲本 DNA 进行分析，筛选出新的在野生稻、V20A、测 64-7 之间具有良好多态性且与 *yld1.1* 和 *yld2.1* 紧密连锁的 SSR 标记 RM9、RM306、RM166 和 RM208，其中 RM9 和 RM306 位于 *yld1.1* 的两侧，与 *yld1.1* 的遗传距离分别为 2.5cM 和 3.2cM，RM166 和 RM208 位于 *yld2.1* 的两侧，与 *yld2.1* 分别相距 3.1cM 和 3.5cM。每个回交世代用分子标记进行辅助选择，田间选择综合农艺性状好且在 *yld1.1* 和 *yld2.1* 位点具有杂合野生稻特异带型的单株继续回交。至 BC_3F_1 后开始自交，各自交世代主要根据高产农艺性状进行田间选择，同时辅以分子标记选择。2000 年在 BC_3F_5 中筛选出优良恢复株系 Q611，经与 V20A、金 23A 等不育系测交鉴定，测交 F_1 具有强大的杂种优势。经继续多代自交稳定，携带野生稻高产 QTL 的强优晚稻恢复系 Q611 已基本育成。

据 2001~2003 年初步试验示范，Q611 与金 23A 所配杂交稻新组合金优 611 表现出了超高产潜力，作双季晚稻栽培单产可达 10.5t/hm² 以上，作一季晚稻栽培产量可达 12t/hm²。在 2003 年的双季晚稻"百亩片"示范中，平均单产达 9.75t/hm² 以上，比对照增产 20% 以上，高产田达 10.5t/hm²（邓启云等，2004）。为了全面评价野生稻高产 QTL 的增产效果及其育种价值，杨益善于 2003 年秋季分别以恢复系 Q611 及原受体亲本测 64-7 与 21 个不同类型的不育系测交，共配制 42 个组合，2004 年作一季晚稻种植，试验设 3 次重复，随机区组排列。结果为 Q611 所配组合平均产量达 7.74t/hm²，比测 64-7 所配组合（平均产量 6.70t/hm²）增产 15.5%，达极显著水平。选择分别与 *yld1.1* 和 *yld2.1* 紧密连锁的 SSR 标记 RM9 和 RM166 对 Q611 及其系列组合的 DNA 进行检测，在 Q611 的 DNA 中检测到 2 个纯合的野生稻特异带型，而在 Q611 系列组合中检测到杂合带型，说明来自野生稻的高产 QTL *yld1.1* 和 *yld2.1* 已经转入晚稻恢复系 Q611 中。以上结果表明，野生稻高产 QTL 在 Q611 及其系列组合中得到了充分表达，具有显著的增产效应，同时证明野生稻高产 QTL 及其携带者 Q611 在杂交水稻超高产育种中具有重要的实用价值。

参 考 文 献

陈大洲. 1990. 杂交晚稻新组合协优 2374. 江西农业科技, (3): 9.

陈大洲. 2004. 东野 1 号. 作物研究, 18(4): 244.

陈大洲, 陈泰林, 邹宏海, 等. 2002. 东乡野生稻的研究与利用. 江西农业学报, 14(4): 51-58.

陈大洲, 邓仁根, 肖叶青, 等. 1998. 东乡野生稻抗寒基因的利用与前景展望. 江西农业学报, 10(1): 65-68.

陈大洲, 肖叶青, 皮勇华, 等. 2003. 东乡野生稻耐冷性的遗传改良初步研究. 江西农业大学学报(自然科学版), 25(1): 8-11.

陈大洲, 肖叶青, 皮勇华, 等. 2007. 越冬粳稻品种"东野一号"的选育. 作物研究, 21(3): 254.

陈大洲, 肖叶青, 赵社香, 等. 1995. 江西东乡野生稻细胞质雄性不育系的恢源探讨. 杂交水稻, (6): 4-6.

陈英之, 陈乔, 孙荣科, 等. 2010. 改良水稻对褐飞虱的抗性研究. 西南农业学报, 23(4): 1099-1106.

陈勇, 曾亚文, 梁斌. 1997. 云南野生稻与栽培稻杂交 F_2 分离群体的性状分布多态性. 西南农业学报, 10(3): 16-20.

邓国富, 张宗琼, 李丹婷, 等. 2012. 广西野生稻资源保护现状及育种应用研究进展. 南方农业学报, 43(9): 1425-1428.

邓启云, 袁隆平, 梁凤山, 等. 2004. 野生稻高产基因及其分子标记辅助育种研究. 杂交水稻, 19(1): 6-10.

丁颖. 1933. 广东野生稻及由野稻育成之新种. 中华农学会报, (114): 205-217.

冯锐, 郭辉, 秦学毅, 等. 2014. 利用广西普通野生稻创新选育抗白叶枯病优质水稻三系不育系. 作物杂志, (4): 64-67.

付学琴, 贺浩华, 罗向东, 等. 2011. 东乡野生稻渗入系苗期抗旱遗传及生理机制初步分析. 江西农业大学学报, 33(6): 845-850.

广东省农业局. 1978. 广东省农作物品种志(下). 广州: 广东农业局.

广东省农业科学院水稻研究所野生稻研究组. 1988. 野生稻资源在常规稻育种上的利用. 广东农业科学, (1): 1-5.

郭辉, 冯锐, 陈灿, 等. 2016. 利用标记辅助选择培育抗褐飞虱水稻三系保持系和不育系. 西南农业学报, 29(12): 2769-2773.

郭辉, 冯锐, 张晓丽, 等. 2012. 利用普通野生稻褐飞虱抗性改良水稻恢复系的研究. 植物遗传资源学报, 13(3): 492-496.

韩飞, 侯立恒. 2007. 中国普通野生稻优异基因的研究与利用. 安徽农业科学, 35(25): 7794-7796.

韩飞怡, 桑洪玉, 韩法营, 等. 2015. 基于广西普通野生稻染色体单片段代换系的 $Rf3$ 和 $Rf4$ 复等位基因的恢复效应分析. 分子植物育种, 13(8): 1695-1702.

黄超武. 1985. 丁颖教授水稻育种的成就及其学术观. 广东农业科学, (1): 1-3, 38.

黄超武. 1992. 20 世纪我国水稻育种的光辉成就 《中国水稻品种及其系谱》读后. 广东农业科学, (6): 3-5.

黄大辉, 刘驰, 马增凤, 等. 2013a. 普通野生稻黑颖壳遗传分析及育种利用初探. 西南农业学报, 26(3): 839-842.

黄大辉, 刘驰, 马增凤, 等. 2013b. 普通野生稻红色种皮遗传分析及育种利用初探. 热带作物学报, 34(10): 1859-1862.

黄娟, 梁世春, 徐志健, 等. 2006. 广西野生稻种质在高蛋白育种中的应用初探. 广西农业科学, 37(1): 1-3.

黄珉猷, 周泽隆, 韦善富, 等. 1994. 野栽杂交晚籼品种桂青野的特性及选育. 广西农业科学, (3): 97-100.

简水溶, 万勇, 罗向东, 等. 2011. 东乡野生稻苗期耐冷性的遗传分析. 植物学报, 46(1): 21-27.

金旭炜, 王春连, 杨清, 等. 2007. 水稻抗白叶枯病近等基因系 CBB30 的培育及 $Xa30(t)$ 的初步定位. 中国农业科学, 40(6): 1094-1100.

雷雪芳, 肖晓春, 谭陈菊, 等. 2014. 东乡野生稻细胞质雄性不育系 47A 的选育. 浙江农业科学, 1(12): 1875-1877.

雷雪芳, 肖晓春, 谭陈菊, 等. 2015a. 东乡野生稻细胞质雄性不育系 41A 的选育. 杂交水稻, 30(2): 12-13.

雷雪芳, 杨茗, 谭陈菊, 等. 2015b. 东乡野生稻细胞质雄性不育系 L125A 选育. 安徽农业科学, 43(32): 64.

李道远, 陈成斌, 林世成, 等. 1992. 野栽杂交花培育种探讨. 广西科学院学报, 8(2): 53-58.

李金泉, 杨秀青, 卢永根. 2009. 水稻中山 1 号及其衍生品种选育和推广的回顾与启示. 植物遗传资源学报, 10(2): 317-323.

李容柏, 李丽淑, 韦素美, 等. 2006. 普通野生稻(Oryza rufipogon Griff.)抗稻褐飞虱新基因的鉴定与利用. 分子植物育种, 4(3): 365-375.

李容柏, 秦学毅, 韦素美, 等. 2003. 普通野生稻稻飞虱抗性在水稻改良中的利用研究. 广西农业生物科学, 22(2): 75-83.

李霞, 陈竹林, 谢建坤, 等. 2016. 东乡野生稻杂交后代生育早期耐冷性和耐旱性鉴定. 中国农业通报, 32(3): 8-15.

李颖邦, 康敏, 宋伟, 等. 2015. 低温对茶陵野生稻总基因组导入栽培稻后代耐冷性生理指标的影响. 作物研究, (1): 1-4.

李友荣, 侯小华, 魏子生, 等. 2001. 湖南野生稻抗病性评价与种质创新. 湖南农业科学, (6): 14-18.

李子先, 刘国平, 陈忠友. 1994. 中国东乡野生稻遗传因子转移的研究. 遗传学报, 21(2): 133-146.

林世成, 闵绍楷. 1991. 中国水稻品种及其系谱. 上海: 上海科学技术出版社.

林世成, 阙更生, 邢祖颐, 等. 1993. 广西普通野生稻 RBB16 抗白叶枯病育种初报. 广西农业科学, (1): 1-5.

刘祥集. 1936. 南路稻作育种场历年推广成绩报告. 农声, (201): 1-12.

刘雪贞, 潘大建, 吴惟瑞, 等. 2001. 广东普通野生稻雄性不育性的利用研究. 广东农业科学, (3): 7-8.

卢文倍, 莫永生, 韦政, 等. 2008. 野生稻种质在高大韧稻选育中的应用与展望. 安徽农业科学, 36(12): 4905-4906.

卢永根, 刘向东, 陈雄辉. 2008. 广东高州普通野生稻的研究进展. 植物遗传资源学报, 9(1): 1-5.

莫永生. 2004. 高大韧稻育种论及其新品种和应用技术. 南宁: 广西民族出版社.

潘熙淦, 陈大洲, 揭银泉. 1986. 一个新的水稻雄性不育细胞质源//傅相全. 杂交水稻国际学术讨论会论文集. 北京: 学术期刊出版社: 24-26.

潘晓飚, 王俊敏, 黄善军, 等. 2011. 野生稻回交导入群体的耐盐种质资源筛选. 浙江农业科学, 1(6): 1314-1316.

庞汉华. 1999. 栽培稻与野生稻杂交花培创新种质的研究. 作物品种资源, (2): 10-12.

桑洪玉, 韩飞怡, 李志华, 等. 2014. 2 份广西普通野生稻材料育性恢复基因 $Rf3$、$Rf4$ 的恢复力评价. 基因组学与应用生物学, 33(4): 744-750.

宋东海. 1994. 利用含有野生稻血缘的桂野占培育水稻良种的研究. 广东农业科学, (5): 4-6.

宋东海. 1999. 多元配组杂交在野生稻遗传育种中的应用. 广东农业科学, (2): 2-3.

覃宝祥, 刘立龙, 韩飞怡, 等. 2015. 普通野生稻染色体片段代换系的孕穗期耐冷性研究. 基因组学与应用生物学, 34(6): 1283-1289.

覃惜阴, 韦仕邦, 黄英美, 等. 1994. 杂交水稻恢复系桂 99 的选育与应用. 杂交水稻, (2): 1-3.

田舍, 谢学升. 1995. 三系杂交水稻系谱及应用. 武汉: 华中师范大学出版社: 1-20.

王乃元. 2006a. 野生稻(O. rufipogon)新胞质改良不育系稻米品质的研究. 作物学报, 32(2): 253-259.

王乃元. 2006b. 野生稻(O. rufipogon)新质源雄性不育恢复系的研究. 作物学报, 32(12): 1884-1891.

王胜利. 2013. 茶陵野生稻抗稻瘟病基因的克隆. 长沙: 湖南农业大学硕士学位论文.

王业文, 吴升华, 王保军, 等. 2010. 我国三系杂交水稻育种发展的几个阶段及目前存在问题. 陕西农业科学, 56(3): 92-95.

韦敏益, 吴子帅, 刘立龙, 等. 2016. 一个水稻长芒基因 $AWN-2$ 的定位与克隆. 基因组学与应用生物学, 35(4): 949-956.

文飘, 罗向东, 付学琴, 等. 2011. 东乡野生稻及其种间杂交后代的休眠特性研究. 杂交水稻, 26(6): 74-77.

邬柏梁, 何国成, 白国章, 等. 1979. 我省东乡县一带发现野生稻. 江西农业科技, (2): 6-7.

吴鸿深. 1986. 中山占宗族与晚稻育种. 广西农业科学, (3): 8-10.

吴俊, 庄文, 熊跃东, 等. 2010. 导入野生稻增产 QTL 育成优质高产杂交稻新组合 Y 两优 7 号. 杂交水稻, 25(4): 20-22.

吴妙燊, 李道远. 1990. 野生稻遗传资源利用展望//吴妙申. 野生稻资源研究论文选编. 北京: 中国科学技术出版社: 97-100.

吴让祥. 1986. 矮败早籼协青早不育系选育及其利用研究. 种子, (1): 16-28.

吴让祥. 1987. 杂交籼稻协优 64 的选育和利用. 种子, (1): 9-11.

吴子帅, 韦敏益, 周旭珍, 等. 2016. 水稻抽穗期 QTL qHD8. 3 的遗传分析与初步定位. 西南农业学报, 29(5): 993-997.

武汉大学遗传研究室. 1977. 利用华南野生稻和栽培稻杂交选育三系的研究. 遗传学报, 4(3): 219-227.

肖晓春, 王云基, 肖诗锦, 等. 2001. 东乡野生稻细胞质源雄性不育系 "东 B11A" 的选育. 江西农业学报, 13(2): 8-11.

肖晓春, 王云基, 肖诗锦, 等. 2004. 水稻三系不育系东 B11A 与菲 A 所配组合主要性状优势比较. 杂交水稻, 19(2): 19-20.

肖晓春, 王云基, 肖诗锦, 等. 2006. 新质源东乡野生稻胞质不育系的选育与利用. 杂交水稻, 21(1): 7-9.

肖叶青, 吴小燕, 胡兰香, 等. 2010. 赣香 B 近等基因导入系构建与目标性状筛选. 分子植物育种, 8(6): 1128-1132.

严小微, 唐清杰, 王惠艰, 等. 2014. 海南北部普通野生稻育性相关性状调查与分析. 植物遗传资源学报, 15(4): 882-887.

颜群, 潘英华, 秦学毅, 等. 2012. 普通野生稻稻瘟病广谱抗性基因 $Pi\text{-}gx(t)$ 的遗传分析和定位. 南方农业学报, 43(10): 1433-1437.

杨俊, 周丽洪, 陈玲, 等. 2015. 云南地区主产水稻和野生稻渗入系对水稻白叶枯病的抗性分析. 云南农业大学学报, 30(5): 665-670.

杨空松, 贺浩华, 陈小荣. 2005. 野生稻稻基因的挖掘利用及研究进展. 种子, 24(12): 92-95.

杨培忠, 卢升安, 刘丕庆. 2008. 优质水稻恢复系测 679 的选育与应用. 杂交水稻, 23(4): 15-17.

杨益善, 邓启云, 陈立云, 等. 2005. 野生稻高产 QTL 的分子标记辅助育种进展. 杂交水稻, 20(5): 1-5.

杨益善. 2005. 野生稻高产 QTL 导入晚稻恢复系的育种效果及其增产的生理和分子基础. 长沙: 湖南农业大学硕士学位论文.

杨益善, 邓启云, 陈立云, 等. 2006. 野生稻高产 QTL 高效表达的光合生理基础. 植物生理通讯, 42(3): 426-430.

殷富有, 李维蛟, 郭怡卿, 等. 2010. 普通野生稻杂交后代抗白叶枯病鉴定筛选. 江西农业学报, 22(8): 81-84.

余守武, 范天云, 杜龙刚, 等. 2015. 抗南方水稻黑条矮缩病水稻光温敏核不育系的筛选和鉴定. 植物遗传资源学报, 16(1): 163-167.

袁隆平. 2002. 杂交水稻学. 北京: 中国农业出版社: 1-10.

曾亚文, 陈勇, 徐福荣, 等. 1999. 云南三种野生稻的濒危现状与研究利用. 云南农业科技, (2): 10-12.

张辉. 2010. 水稻耐铝胁迫的 QTL 解析及水稻颖壳变褐基因的初步定位. 聊城: 聊城大学硕士学位论文.

章琦, 赵炳宇, 赵开军. 2000. 普通野生稻的抗水稻白叶枯病新基因 Xa23 的鉴定和分子标记定位. 作物学报, 26(5): 536-542.

钟代彬, 罗利军, 应存山. 1995. 野生稻在栽培稻育种中的应用. 种子, (1): 25-29.

周泽隆, 邓显章. 1991. 糯稻新品种 "西乡糯". 广西农学报, 4: 6-8.

Bhuiyan M A R, Narimah M K, Rahim H A, et al. 2011. Transgressive variants for red pericarp grain with high yield potential derived from *Oryza rufipogon*×*Oryza sativa*: field evaluation, screening for blast disease, QTL validation and background marker analysis for agronomic traits. Field Crops Research, 121(2): 232-239.

Brar D S, Buu B C, Khush G S. 2002. Transferring agronomically important genes from wild species into rice: application of tissue culture and molecular approaches. Kathmandu Nepal: Abstract of International Conference on Wild Rice. 17-18.

Cheema K K, Bains N S, Mangat G S, et al. 2008. Development of high yielding IR64×*Oryza rufipogon* (Griff.) introgression lines and identification of introgressed alien chromosome segments using SSR markers. Euphytica, 160(3): 401-409.

Dalmacio R, Brar D S, Ishii T, et al. 1995. Identification and transfer of a new cytoplasmic male sterility source from *Oryza perennis* into indica rice (*O. sativa*). Euphytica, 82(3): 221-225.

He H H, Li H B, Hu D L, et al. 2004. Varietal improvement by utilizing cold tolerance genes of Dongxiang wild rice. Canberra Australia: Proceedings of International Rice Cold Resistance, 23-27.

Heinrichs E A. 1985. Genetic evaluation for insect resistance in rice. IRRI, Los Banos, the Philippines.

Liang F S, Deng Q, Wang Y G, et al. 2004. Molecular marker-assisted selection for yield-enhancing genes in the progeny of "9311×*O. rufipogon*" using SSR. Euphytica , 139(2): 159-165.

Peleman J D, vander Voort J R. 2003. Breeding by design. Trends in Plant Science, 8(7): 330-334.

Ram T, Majumder N D, Mishra B, et al. 2007. Introgression of broad-spectrum blast resistance gene (s) into cultivated rice (*Oryza sativa* ssp. *indica*) from wild rice *O. rufipogon*. Current Science, 92(2): 225-230.

Shen X H, Yan S, Huang R L, et al. 2013. Development of novel cytoplasmic male sterile source from Dongxiang wild rice (*Oryza rufipogon*). Rice Science, 20(5): 379-382.

Vaughan D A, Morishima H, Kadowaki K. 2003. Diversity in the *Oryza* genus. Current Opinion in Plant Biology, 6(2): 139-146.

Wan Y T, Xiang A X, Fan C Z, et al. 2008. ISSR analysis on genetic diversity of the 34 populations of *Oryza meyeriana* distributing in Yunnan province, China. Rice Science, 15(1): 13-20.

Wang Y G, Deng Q, Liang F S, et al. 2004. Molecular marker assisted selection for yield-enhancing genes in the progeny of Minghui 63×*O. rufipogon*. Agricultural Sciences in China , 3(2): 89-93.

Xiao J H, Grandillo S, Sang N A, et al. 1996. Genes from wild rice improve yield. Nature, 384(6606): 223-224.

Xiao J H, Li J M, Grandillo S, et al. 1998. Identification of trait-improving quantitative trait loci alleles from a wild rice relative, *Oryza rufipogon*. Genetics, 150(2): 899-909.

Zhao J, Qin J, Song Q, et al. 2016. Combining QTL mapping and expression profile analysis to identify candidate genes of cold tolerance from Dongxiang common wild rice (*Oryza rufipogon* Griff.). Journal of Integrative Agriculture, 15(9): 1933-1943.

Zhao M, Lafitte H R, Sacks E, et al. 2008. Perennial *O. sativa*×*O. rufipogon* interspecific hybrids: I. Photosynthetic characteristics and their inheritance. Field Crops Research, 106(3): 203-213.

Zhou Y L, Uzokwe V N E, Zhang C H, et al. 2011. Improvement of bacterial blight resistance of hybrid rice in China using the *Xa23* gene derived from wild rice (*Oryza rufipogon*). Crop Protection, 30(6): 637-644.